国家级实验教学示范中心植物学科系列实验教材

植物化学保护实验

主　编　王鸣华　　沈慧敏　　周小毛

副主编　王　沫　　滕春红　　李晓刚

　　　　丁　伟　　李保同

北京大学出版社

PEKING UNIVERSITY PRESS

图书在版编目(CIP)数据

植物化学保护实验/王鸣华,沈慧敏,周小毛主编. —北京:北京大学出版社,2014.8
(国家级实验教学示范中心植物学科系列实验教材)
ISBN 978-7-301-24564-4

Ⅰ.①植…　Ⅱ.①王…　②沈…　③周…　Ⅲ.①植物保护－农药防治－实验－高等学校－教材　Ⅳ.①S481－33

中国版本图书馆 CIP 数据核字(2014)第 170628 号

书　　　　名:	植物化学保护实验
著作责任者:	王鸣华　沈慧敏　周小毛　主编
责 任 编 辑:	张　敏
标 准 书 号:	ISBN 978-7-301-24564-4/S・0026
出 版 发 行:	北京大学出版社
地　　　　址:	北京市海淀区成府路 205 号　　100871
网　　　　址:	http://www.pup.cn　　新浪官方微博:@北京大学出版社
电 子 信 箱:	zpup@pup.pku.edu.cn
电　　　　话:	邮购部 62752015　发行部 62750672　编辑部 62765014　出版部 62754962
印 刷 者:	北京飞达印刷有限责任公司
经 销 者:	新华书店

787mm×1092mm　16 开本　17.75 印张　400 千字
2014 年 8 月第 1 版　2014 年 8 月第 1 次印刷

定　　　　价: 38.00 元

国家级实验教学示范中心植物学科系列实验教材编写委员会

《植物化学保护实验》编写人员

主　　编　王鸣华　沈慧敏　周小毛
副 主 编　王　沫　滕春红　李晓刚　丁　伟　李保同
编写人员　（按姓氏笔画排列）

丁　伟　西南大学
王　沫　华中农业大学
王鸣华　南京农业大学
朱金文　浙江大学
朱福兴　华中农业大学
李晓刚　湖南农业大学
李保同　江西农业大学
李　俊　南京农业大学
吴国星　云南农业大学
沈慧敏　甘肃农业大学
周小毛　湖南农业大学
杨顺义　甘肃农业大学
崔建州　河北农业大学
滕春红　东北农业大学

统 稿 人　王鸣华　沈慧敏
审 稿 人　沈晋良　朱国念

前　　言

　　《植物化学保护》是植物保护专业本科生的专业必修课和三大支柱课程之一。植物化学保护是关于应用农药来防治病、虫、草及其他有害生物,保护农业生产可持续发展的一门应用性学科,教学内容多,信息量大是它的一大特点。同时植物化学保护也是一门传统的应用学科,通过植物化学保护的学习,学生可以得到农药学的基本概念,杀虫剂、杀菌剂、除草剂的发展概况、作用机理、防治对象、抗药性机理及防治策略,学习农药毒力测定和大田药效实验方法。《植物化学保护实验》课是植物化学保护课程的重要组成部分,对学生学习和掌握科学的思想方法,锻炼研究问题和理论联系实际的能力起着重要作用。通过实验教学使学生掌握农药学的研究方法与操作,巩固理论教学的效果,提高专业技能,同时又是后续课程,如《农药加工与管理》、《农药生物测定》及《农药残留与农产品安全》的基础,已成为培养植物保护专业人才的必要课程。既要重视学生专业基础知识的掌握和积累,又要重视学生通过实践教学环节,进行综合能力训练,使其掌握运用知识的能力和发现问题解决问题的能力,启发他们的创新意识和培养他们的创新能力。目前《植物化学保护实验》教材建设比较迟缓,教学内容不能及时反映农药科学的新进展。为满足教学需要,南京农业大学、甘肃农业大学、湖南农业大学等多所农业院校长期从事植物化学保护教学和科研工作的教师,在多年教学工作的基础上,经过整理修改,编写了这本《植物化学保护实验》教材。

　　根据植物化学保护教学特点和要求,本书内容共分五个单元:农药制剂加工及农药理化性质测定、农药生物测定、农药田间药效实验、农药毒理测定、农药环境毒理及农药残留检测。本书力求系统全面地阐述植物化学保护的实验技术与方法,以对学生进行全面系统的植物化学保护实验知识体系的培养与训练。通过综合性、设计性及开放性实验来鼓励学生的自觉学习热情,激发学生的创新欲望,提高学生自主思考解决生产实际问题的能力,使他们能快速适应不同的工作岗位。本书全面涵盖了植物化学保护的各研究领域,对各种实验方法进行了全面说明,可作为学生毕业后从事植物化学保护和农药学相关工作的参考书,也可以为广大从事农药研究、生产、管理工作者提供借鉴。

　　本书主要编写分工如下:第一单元由周小毛、李晓刚、李保同编写;第二单元由沈慧敏、滕春红、丁伟、李俊、杨顺义、崔建州编写;第三单元由沈慧敏、李俊、朱金文编写;第四单元由朱福星、朱金文、李俊编写;第五单元由王鸣华、王沫编写。全书由王鸣华、沈慧敏统稿。南京农业大学沈晋良教授、浙江大学朱国念教授进行了审稿,并提出了建设性的修改意见,在此深表感谢。

　　由于作者水平有限,加之时间紧迫,书中疏漏与不妥之处在所难免,希望得到广大读者的指正。

编　者

2013 年 10 月

目　　录

总则　植物化学保护学实验须知

植物化学保护是以植物病理学、农业昆虫学和农药学为基础的一门应用科学,其核心是介绍农药的科学使用,强调农药、有害生物与环境三者之间的关系,应用化学农药防治病、虫、草、鼠等有害生物,保护农业生产。而植物化学保护实验是本课程不可缺少的重要组成部分。由于植物化学保护实验中可能接触农药、试剂、溶剂等有毒有害化学品,因此实验操作者必须养成良好的实验室工作习惯,并严格遵守实验室相关规定,掌握植物化学保护学实验室基本常识,了解潜在危险及其预防办法。

(一) 学生实验室须知

为了保证实验的安全顺利开展,培养学生严谨的科学态度和良好的实验习惯,必须遵守以下实验室规章。

① 实验课前,必须先预习本次实验内容,明确实验目的,理解实验原理,熟悉实验基本方法与步骤,了解实验中所涉及的试剂与药品的毒性及其防护措施。

② 实验开始前,仔细清点实验仪器,核实后方能开始实验。

③ 实验中,仔细观察实验现象,严格遵守操作规程和安全守则,如出现意外应及时报告教师,以便迅速排除事故。

④ 实验期间遵守课堂纪律,不得随意走动,不得大声喧哗。

⑤ 在实验室内不得吸烟,食物与饮料不得带入实验室,实验结束后应洗手后再离开。

⑥ 不得将实验室内物品及药品带离实验室。

⑦ 实验产生的所有废弃物要放入专用的废物收集容器中,不得随意抛弃和倾倒。

⑧ 实验中注意节约药品和材料,按照规定称量取用药品,用完后及时放回原位。

⑨ 实验期间需着工作服,减少皮肤裸露。如药品有毒、有刺激性或腐蚀性,应佩戴相应防护设施。

⑩ 实验结束后轮流安排值日、整理实验室。

⑪ 实验完毕后整理实验数据,编写实验报告。

(二) 植物化学保护学实验室安全与环保准则

(1) 基本设施安全

实验室内的排水系统、实验室台面需耐火、耐腐蚀。电器设施需符合防火要求。

(2) 化学药品的正确取用

开始实验前应了解所用药品的毒性、理化性质及其防护措施。

① 取用易挥发、有毒化学品时应在通风橱内进行,同时应佩戴相应的防护用具。若出现中毒症状,应将患者迅速转移至室外通风处。

② 若使用强酸、强碱,注意避免脸部正对容器口,防止液体溅染或腐蚀性烟雾侵染。

③ 取用有机溶剂时应避免直接与皮肤接触。

④ 如需使用剧毒药品，如氰化物、汞盐、镉盐等，应由专人管理。

（3）实验室的防火、防爆

① 乙醚、乙醇、丙酮、苯等易燃有机溶剂，在取用后应迅速盖上容器盖，防止蒸气挥发，引起爆燃。

② 使用酒精灯前，应将酒精灯远离易燃溶剂，使用完毕后随手熄灭。

③ 了解灭火器的放置位置和使用方法。

④ 氢气、乙烯、乙醇、乙醚、丙酮、乙酸乙酯、一氧化碳等可燃性气体在与空气混合至爆炸极限时，若遇热源和明火，极易发生爆炸，因此在实验室内应保持良好的通风，同时注意使用明火和电源。

（4）事故处理和急救

为处理事故需要，实验室内应准备急救箱，内置物品：绷带、纱布、棉花、橡皮膏、医用镊子、剪刀等；烫伤膏、止血膏、消毒剂等；2％醋酸溶液、1％硼酸溶液、1％碳酸氢钠溶液、酒精、甘油等。下面介绍几种植物化学保护实验室常见事故发生时的急救处理方法。

① 火灾。若发生火灾，应保持冷静，立即采取相应措施，减少事故损失。首先，熄灭附近火源，切断电源，移除附近易燃物质。少量溶剂着火可任其燃烧；锥形瓶内溶剂着火可用石棉网或湿布盖熄；若纸张、纺织品类物品起火，可用湿布覆盖或灭火器灭火；如油类起火，应用黄沙覆盖或干粉灭火器灭火；若电器起火，可使用泡沫灭火器灭火。若火势较大，应立即疏散实验室内人员，在尽可能自救的情况下，通知消防队救火。

② 割伤。立即取出伤口中的玻璃或固体物，用蒸馏水清洗伤口后涂抹消炎止血药膏，用绷带扎紧。若伤口较大，应先按住主血管防止大量出血，同时尽快送往医院救治。

③ 烫伤。如被火焰或热水烫伤，应先在冷水中浸泡几分钟，然后涂以烫伤膏，注意不可挑破烫出的水泡。如烫伤面积较大，应尽快送医院救治。

④ 试剂灼伤。酸灼伤：立即用大量清水冲洗，再以 3％～5％碳酸氢钠溶液清洗，然后再用清水冲洗，严重时在清洗过后应立即送医院救治；碱灼伤：立即用大量清水冲洗，再以 2％醋酸溶液清洗，然后再次用清水冲洗，严重时在清洗过后应立即送医院救治。

⑤ 试剂溅入眼睛。首先应用大量清水冲洗，急救后送医院救治。

⑥ 中毒。若药剂进入口中未咽下时，应立即吐出，并用大量清水冲洗口腔；若已吞下，应根据药剂性质服用相应解毒剂，并立即送医院救治。

（5）实验室环保守则

① 实验过程中要胆大心细，取用药品和实验期间注意防止滴漏、抛洒，以免对实验室造成污染。

② 实验中产生的各种废物要有专门的收集容器进行分类收集，并定期清理。

③ 严格控制废气排放，有毒、刺激性或挥发性物质的处置必须在通风橱内进行。

④ 实验中所使用的生物材料严禁带出实验室，如涉及动物材料，其饲养和实验处理应遵循国家相关动物福利规定。

附表列出常见农药原药的急性毒性及中毒救治方法（F.7）、中国农药毒性分级标准（F.8）、世界卫生组织（WHO）农药毒性分级标准（F.9）、美国农药毒性分级标准（F.10）和欧盟农药毒性分级标准（F.11），供参考。

第一篇

农药制剂的加工及农药理化性质测定

第一章　农药剂型加工及质量检验

由农药和化工企业经过化学合成生产的农药称为原药。原药为固体的称为原粉,为液体的称为原油。原药中一般含有高含量的农药有效成分和少量的杂质,通常原药是不能直接使用的,必须进行加工制成各种制剂,以满足实际使用的各种要求。

在农药原药中加入适当的辅助剂,把原药制成可以使用的农药形式的工艺过程称为农药加工,也称为农药的制剂化。

农药加工主要是应用物理化学原理,根据各种助剂的作用和性能,采用适当的方法,制成不同形式的制剂,以利于在不同情况下充分发挥有效成分的作用。加工后的农药,具有一定的形态、组分、规格,称为农药剂型(pesticide formulation)。一种剂型可以制成不同含量和用途的产品,这些产品统称为农药制剂(pesticide preparation)。农药制剂的命名由有效成分含量、农药名称和剂型3部分组成,如40%毒死蜱乳油、50%多菌灵可湿性粉剂等。为适应使用者的不同需求,可将农药加工成各种形态。

(一) 农药剂型加工的意义

农药加工的目的在于方便应用,农药的加工与应用技术有密切关系,高效药剂必须配以优良的加工技术和适当的施药方法,才能充分发挥有效成分的应用效果,减少副作用。

农药加工可以使其有效成分充分发挥药效,使高毒农药低毒化,减少环境污染和对生态平衡的破坏,延缓有害生物抗药性的发展,使原药达到最高的稳定性,提高货架期,延长有效成分的使用寿命,提高使用农药的效率和扩大其应用范围。

(二) 选择农药剂型的主要因素

对于每种农药来说,剂型选择得恰当与否,对于它的推广运用、经济效益和社会效益,有着直接的关系。选择剂型的因素主要从以下几方面考虑。

(1) 原药的理化性状

原药的物理特性(如形态、熔点、溶解度、挥发性等)和化学特性(如水解稳定性、热稳定性等)直接影响其加工剂型的选择。如果原药易溶于水,则可加工成水剂、可溶性粉剂。但如果原药在水中不稳定,则不适于加工成水剂,应加工成可溶性粉剂。如果原药易溶于有机溶剂,则以加工成乳油、油剂为宜。但如果原药在水中和有机溶剂中溶解度都很低,则适合加工成可湿性粉剂、悬浮剂和水分散粒剂。

(2) 防治对象的生物特性

每种有害生物都有其特性,虽然某种原药可有多种剂型防治某一特定的有害生物,但其中某种剂型对这种特定的生物防效最好。例如使用辛硫磷防治地下害虫,以颗粒剂防治效果最好,且使用方便。再如防治柑橘介壳虫,由于介壳虫表皮蜡质层厚,以渗透性强的油剂或者乳油效果最好。

(3) 使用技术的要求

使用方式是茎叶喷雾,还是土壤处理,是喷粉、喷雾还是烟熏;使用的目的是速效,还是要求持效期长；使用技术要求不同，选择的剂型也不同。一般常量喷雾应选择乳油、可湿性粉剂和悬浮剂等剂型，超低容量喷雾应选择油剂，有时候也可选择高浓度乳油。

（4）气候环境条件

使用时的气候环境条件，也是影响剂型选择的重要因素。例如 2,4-D 丁酯乳油容易飘移至附近的敏感作物上造成药害，但加工成水乳剂则可减少飘移。在森林和保护地防治病虫害，使用烟剂就比较方便。

（5）加工成本及市场竞争力

农药是一种商品，因此，选择加工剂型时必须考虑加工成本及市场竞争力，否则，即使是优良的剂型，推广也会遇到许多困难。例如，缓释剂是一种很好的剂型，持效期长、安全、对环境污染小，但由于其加工成本高，市场竞争力差，因此发展缓慢。

（三）农药加工的基本原理

1. 农药分散度

农药被分散的程度称为农药分散度。在农药加工和使用过程中，分散度是衡量制剂质量或喷洒质量的主要指标之一。

若把边长为 1 cm 的立方体分割成边长为 10 μm 的立方体，再分割成边长为 1 μm 的立方体，其总体积不会发生变化，但其总表面积、颗粒个数和覆盖面积均随分割次数的增加而大幅度增加。这正是制剂加工和农药使用时所需要的。

农药的分散度通常以其分散颗粒制剂的大小来表示，分散度越大，粒子越小。也可用颗粒的总表面积与总体积之比表示，称为比面。比面越大，粒子越小，个数越多，分散度越大。

农药加工过程中，正是通过加工手段来增加药剂的分散度。如将固体药剂粉碎，粉碎得越细，分散度越大。乳剂本身也是一种良好的液体分散体系。

2. 农药分散度对农药性能的影响

农药分散度的大小对农药性能及应用效果会产生一系列重要影响。

（1）影响覆盖面积

农药的分散度越大，其覆盖面积越大。这对保护性杀菌剂和触杀型除草剂防效的发挥特别重要。因为只有保护性杀菌剂全面覆盖植株，才能有效地防止气传病原菌的侵入，使药剂得以发挥效果；如果分散度不够，不能全面覆盖植株，病原菌就可以在没有着药的地方侵入，使作物感病。触杀型除草剂只有全面覆盖已长出的杂草或全面封闭土层，才能有效地防除杂草，否则效果就不好，所以要求有较大的分散度。用触杀型杀虫剂防治体小或活动性不大的蚜虫、螨类及蚧类等，亦要求药剂有很好的分散度和覆盖密度才能奏效。胃毒杀虫剂更需要有大的分散度和良好的覆盖面，否则害虫无法吃到足够的药剂而影响药效的发挥。

（2）影响药剂的附着性

药剂颗粒在处理表面上的附着性受多种因素影响，其中颗粒大小和重量是主要因素。颗粒越大，质量越大，则越容易从处理表面上滚落。适当提高分散度，有利于增加药剂在处理表面上的沉积量，从而使药效得以充分发挥。

（3）影响药剂颗粒的运动性能

不管是粉剂还是液体药剂，被喷洒出去以后，由于其分散不同，药剂形成的颗粒的运动轨迹也不同。粗颗粒，由于重力大，很快向垂直方向沉落，在空间运行距离很短，不能到达保护作物表面或接触到作物表面，不能附着而坠落；比较细的颗粒，由于重力小，可以在空间做水平方向运动，接触到作物表面不坠落且分布均匀；更细的颗粒，当直径在 2 μm 以下时，则在空气中形成烟雾，可以长时间悬浮在空中。据 Gloscolw 在空气不流动的静态下测定，直径 1 μm 的雾滴沉降速度为 0.003 cm/s，这样药剂雾滴可向作物枝叶茂密的深处扩散，不但可以沉积到作物枝叶的正面，也可以附着到作物枝叶的背面，有利于提高防治效果。但是，药剂的分散度太大时，又易受气流的影响，特别是上升气流对其影响更大，在未沉积前，常常被气流带走，使沉积量减少，从而影响药效。因此，药剂的分散度不仅要以作物、防治对象和药剂本身的性质而定，又要在合适的条件下应用，才能发挥最好的药效。

（4）影响药剂颗粒的表面能

药剂的表面能包括溶解能力、气化能力、化学反应能力及吸附能力。溶解能力、气化能力和化学反应能力的提高有利于药剂进入防治对象体内，有利于速效性的提高，但使持效时间变短，对药剂的储藏，尤其是对低浓度粉剂的储藏稳定性不利。所谓吸附能力，是指颗粒之间吸引合并的能力，以及颗粒在受药体表面上的附着能力。药剂的表面能与分散度成正相关。

（5）影响悬浮液的悬浮率及乳状液的稳定性

可湿性粉剂兑水成悬浮液使用，要求有较高的悬浮率；胶悬剂和各种悬浮制剂本身要求有很好的悬浮性，兑水使用时才能有很高的悬浮率。乳油和乳剂使用时形成乳状液以及乳剂本身都要求有较好的稳定性，以有利于储存和使用。分散度提高，药剂的粒度变小，有利于提高悬浮液的悬浮率和提高乳状液的稳定性，也有利于药效发挥。

3. 农药加工中的润湿原理

固体表面原来的气体被液体所取代、覆盖的过程称为润湿。在农药加工、固体农药制剂兑水和农药稀释液喷洒到靶标生物的过程中，表面活性剂（SAa，其相关概念和作用机理见下文）的润湿作用是一种极为重要和普遍的物理化学现象。如悬浮剂在加工过程中加入润湿剂，使水溶性很小的固体原药先润湿，以便在水相中研磨，并形成微细粒径的固体原药均匀分散和悬浮于液体的悬浮剂。可湿性粉剂在兑水喷雾的使用过程中也涉及润湿现象：一是可湿性粉剂在固体微粒表面被水润湿，形成稳定的悬浮液；二是悬浮液对昆虫或植物等靶标生物表面的润湿。

从物理化学的角度来看，液体能否在固体表面润湿，通常取决于三种力的作用，如图 1-0-1 所示。

$$\gamma_2 = \gamma_3 + \gamma_1\cos\theta \quad \cos\theta = (\gamma_2 - \gamma_3)/\gamma_1$$

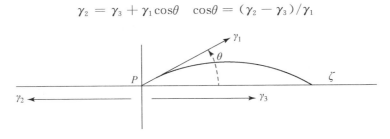

图 1-0-1　药液在固体表面接触角的形成

γ_2 为固-气界面张力，它的作用是力图缩小固体表面积，即增加固-液界面面积，使液体在固体表面润湿；γ_1 为液体的表面张力（即液-气的界面张力），γ_1 在固体表面方向上存在一个分力

$\gamma_1 \cdot \cos\theta$，它的作用是力图使液体表面积尽量缩小；$\gamma_3$ 为固-液界面张力，它的作用与 γ_2 相反，力图使固-液界面面积缩小。当液滴稳定下来时，上述三种力达到平衡。得到湿润方程式。

$$\gamma_2 = \gamma_1 \cdot \cos\theta + \gamma_3$$

$$\cos\theta = (\gamma_2 - \gamma_3)/\gamma_1$$

式中，θ 为液体在固体表面上的接触角。对于给定的固体和液体来说，γ_2 和 γ_3 是相对不变的。因此，液体表面张力 γ_1 愈小，接触角 θ 也愈小，表示该固体表面愈易被液滴所润湿。

　　含有农用表面活性剂的药液在防治靶标（昆虫或植物）表面上的润湿作用大体可以分为完全润湿、部分润湿及不润湿三种情况。

　　多数农药制剂中都含有表面活性剂，因此农药兑水后，其表面活性剂分子在水表面层形成单分子定向排列，即亲水基团插入水一侧，而亲油基团插入空气一侧，可降低水的表面张力和水的表面能。同时，其表面活性剂分子在水与固体农药微粒的界面上形成定向排列的吸附层，即亲油基团吸附在农药微粒一侧，而亲水基团插入水一侧，可降低固-液界面张力和界面自由能，从而起到对农药微粒的润湿作用，使其形成均匀的悬浊液。含有表面活性剂的药液在固体表面上不润湿（$90° < \theta < 180°$）和完全润湿（$\theta = 0°$）两种情况都无实际应用意义。因为在不润湿情况下，当药液喷到昆虫或植物表面上时，易引起滚落而明显降低药效；在完全润湿的情况下，当药液喷到固体表面时，充分铺展开的药液很容易流失，附着在固体表面的药液量极少，也会明显降低药效。因此，只有当含有表面活性剂的药液在固体表面上为部分润湿（$0° < \theta < 90°$）时，对农药加工和使用才有实际应用价值。

4. 农药加工中的分散原理

　　把一种或几种固体或液体微粒均匀地分散在一种液体中就组成了固-液或液-液分散体系。被分散成许多微粒的物质叫做分散相，而微粒周围的液体叫做连续相或分散介质。某些农药制剂加工过程中或农药制剂兑水后常会形成含有农药有效成分的分散体系。制备这些分散体系都必须用分散剂。分散剂是表面活性剂的一种，它能降低分散体系中固体或液体微粒聚集的物质。农药表面活性剂类分散剂是最常用和最重要的农药助剂。悬浮液和乳状液是农药加工和应用中最常遇到的两类分散体系。

　　（1）表面活性剂类分散剂的分散过程

　　根据分散体系的表面化观点，其分散过程主要包括以下三步。

　　① 湿润。在表面活性剂存在的情况下将固体的外部表面湿润，并从内部表面取代空气。

　　② 固体和凝聚体的分裂。用机械能（如超微粉碎机、砂磨机等）将其破碎到规定的粒径细度，并让助剂湿润其表面和内部。这通常是加工悬浮剂等液态分散体系的过程。加工可湿性粉剂等固态分散体系的过程有所不同，通常先将所有组合混合，然后再经机械粉碎至规定粒径。当使用前兑水稀释时才产生湿润、分裂及分散，这是粒径的电荷和表（界）面张力起了重要的作用。

　　③ 分散体系的形成、稳定及破坏同时发生。分散体形成后，保持其稳定是关键。对悬浮液而言，破坏的主要原因是粒子密度减少、不可逆的碰撞絮凝、分层和结块引起的沉降及形成结晶等。

5. 表面活性剂的物理化学和分散体系的表面化学理论

　　农药用表面活性剂，其分散作用基本原理主要为吸附作用、表面电荷及位阻障碍三种解释。

（1）吸附作用

以表面活性剂作为农药分散体系中的分散剂，它的分散作用首先是基于其在液-液界面和固-液界面上的吸附原理。这是由于分散剂的两亲分子结构使其易于在溶液内部迁移并富集于液面、油-水界面及固体粒子表面上，即易于发生界面吸附。

分散剂的吸附方式可能有以下几种。

① 离子交换吸附。只具有强烈带电吸附位的吸附剂与结构上有带电吸附位的化学农药形成的吸附，如载体硅酸盐、氧化锡及作为悬浮剂和分散剂用的铝镁硅酸盐。

② 离子对吸附。指离子型分散剂吸附于具有相反电荷的、未被反离子所占据的固体表面位置。离子型分散剂都带有电荷，当固体表面带有相反电荷时，由于不同电荷间的引力，离子型分散剂即吸附于固体表面。

③ 氢键吸附。分散剂分子或离子与固体表面极性基团形成氢键吸附，许多化学农药在结构上并无带电荷的吸附位，但有能形成氢键的极性基团，因此这可能是分散剂吸附在农药或载体上最普遍的方式。如速灭威、稻丰散、多菌灵及敌草隆等有效成分，其结构上的氨基及羰基很容易和分散剂（如木质素磺酸盐）的酚羟基形成氢键吸附。实验表明，像木质素磺酸盐类经过合适的化学变化可形成不同分子质量、不同磺化程度及不同含糖量的产品，就能适应多种化学农药制剂加工对分散剂的要求，以形成合适的分散体系。

④ π电子极化吸附。当分散剂分子中含有π电子的芳香环时，它可与原药和（或）载体表面的强正电性位置相互吸引，形成π电子极化吸附。

⑤ 憎水作用吸附。分散剂分子的亲油基在水介质中易于相互连接形成憎水链，并与已吸附于表面的其他表面活性剂分子聚集而吸附，即以聚集状态吸附于农药固体表面。

（2）表面电荷

在农用表面活性剂中有许多阴离子分散剂，它们除具有上述各种吸附性能外，还可使分散粒子上带有负电荷，并在溶剂化条件下形成一个静电场。这时带有相同电荷的农药粒子间产生相互排斥，从而提高分散体系的分散作用和物理稳定性。这在加工农药水悬剂、油悬剂、超低容量悬浮剂、可湿性粉剂、水分散粒剂及干悬浮剂等过程中选择分散剂时具有普遍意义。

解释粒子表面电荷现象的理论为 Zeta 电位概念。电位的高低主要有离子型分散剂在粒子表面上各种吸附方式所决定。因此，凡能影响吸附作用的内外因素均可反映到 Zeta 电位的变化。Zeta 电位的高低和变化可以说明分散剂带电荷的情况和吸附在颗粒上分散剂吸附和解吸附的难易程度，从而用来判别分散效果及分散体系的稳定程度。

（3）位阻障碍

分散剂分子能较牢固地吸附在分散的固体颗粒上，构成空间屏障以抵抗分散粒子间的接触，这种空间排斥作用称为分散剂的位阻障碍。这种效应在应用聚合物分散剂，尤其是阴离子、高分子分散剂时表现比较明显。由聚合物分散剂吸附形成的农药分散体系，在研制各种水悬浮剂时特别重要。但这类制剂的储藏稳定性是关键的技术指标，通常要求在室温下至少具有两年的稳定性。

6. 农药加工中的乳化原理

两种互不相溶的液体，如大多数难溶或不溶于水的农药原油或原药的有机溶液与水经充分搅拌，其中原油或原药的有机溶液以 0.1～50 μm 粒径的微粒（油珠）分散在水中，这种现象称为乳化,这样得到的油-水分散体系称为乳状液。其中,分散的原油或原药的有机溶液微粒称为分散相,而另一种液体介质(水)称为连续相。两种互不相溶的液体形成液-液(如油-水)分散体系(乳状液)的现象就称为乳化作用。但上述方法得到的乳状液由于油、水两相界面较大,体系具有较高的表面能,因此,从热力学上来说,是一个很不稳定的体系,一旦静置后,其分散相液珠微粒自动聚结,而使体系很快分成油、水两相。所以在农药加工制剂中必须加入乳化剂,以便在兑水使用时形成稳定的乳状液。

在油-水两相形成乳化液过程中,其增加的表面能(ΔE)相当于其界面张力(γ)与新增的表面积(ΔA)的乘积($\Delta E = \gamma \cdot \Delta A$)。如果降低界面张力,也就降低了表面能,分散体系就趋于稳定。乳化剂是一种表面活性剂,它能定向排列在油-水界面上,其亲水基团向水相一侧,亲油基团向油相一侧,形成界面保护膜,从而使两相间的界面张力明显降低,即降低了油珠的表面能。这不仅易于产生乳化作用,而且能阻止油珠重新聚集合并,形成稳定的乳化液。离子型乳化剂因电离可使分散油珠带上相同电荷,阻止油珠相互靠拢。非离子型乳化剂虽不产生电离,但大多数可与水发生氢键作用,生成水化物的基团或亲水键。在农药乳油加工过程中,通常使用(阴)离子与非离子复配型乳化剂,形成复配型乳化剂界面保护膜比较牢固,使乳状液更加稳定。

农药乳状液可分为两种类型。一种是水包油型(O/W),此时油是分散相,水是连续相。这是化学农药乳状液的基本类型。农药乳油、水乳剂、固体乳剂、微乳状液及某些水悬剂等施用时均属此类型。另一种是油包水型(W/O),此时水是分散相,油是连续相。如在农药反转型乳油中形成的属此类型,但实际施用时,仍需转化成 O/W 型乳状液。这是通过选择适当的助剂分配和稀释条件来实现的。还有其他类型乳状液,如多重型乳状液水悬剂。

实验 1　农药乳油的加工与质量检验

乳油是指将农药原药按一定比例溶解在有机溶剂中,并加入一定量的乳化剂与其他助剂,配制成的一种均相透明的油状液体,是农药的传统剂型之一。乳油与水混合后可形成稳定的乳状液,如以油或水作为分散相,乳状液可分为水包油(O/W)和油包水(W/O)两种类型。农药乳油的质量检验主要包括有效成分含量、物理化学性能特点方面。通过测定乳油的 pH、水分、挥发性、表面张力、黏度、持久泡沫量、乳化分散性、乳液的稳定性、储存稳定性及有效成分的分解率等指标,是检验乳油质量是否合格的重要参考标准。

【实验目的】

掌握乳油的基本配制原理和技术,了解其质量检验方法。

【实验原理】

农药乳油由原药、溶剂、乳化剂和根据需要添加的各种其他组分制备而成,质量好的农药乳油在保质期保存不会变质,在生产使用时可用不同比例的水稀释成乳状液后喷雾使用。加工的关键在于对溶剂和乳化剂的选择和调配,加工过程是一个物理过程,将各组分合理调配后形成单相透明的液体。

【实验材料】

① 溴氰菊酯(deltamethrin)原药。

② 溶剂:苯,二甲苯,甲苯。

③ 助溶剂:乙醇,甲醇,二甲基亚砜,二甲基甲酰胺,环己酮,丁醇。

④ 非离子型乳化剂：农乳700,农乳600,NP-10。

⑤ 阴离子型乳化剂：农乳500。

⑥ 复配乳化剂：2201,0203B,0201B。

⑦ 水：标准硬水342 mg/L,自来水,去离子水。

⑧ 其他：$MgCl_2 \cdot 6H_2O$,无水氯化钙。

【实验设备及用品】

电子天平(精确至0.01 g),电热恒温干燥箱(54±2)℃,电热恒温水浴箱,冰箱,SC-15型数控超级恒温浴槽,超声波清洗器,酒精喷灯;1 mL微量注射器,250 mL烧杯,50 mL烧杯,50 mL三角瓶,10 mL玻璃试管,100 mL具塞磨口量筒,胶头滴管,玻璃棒,容量瓶,安瓿瓶,药匙,移液管,吸水纸等。

【实验步骤】

采用不同的溶剂和乳化剂加工5%溴氰菊酯乳油50 mL,其中溴氰菊酯(折百)5%,乳化剂5%～10%,溶剂补足100%。

(1)溶剂的筛选

取5支试管,每支试管放入(1.20±0.02)g溴氰菊酯样品,用移液管分别取2 mL溶剂于每支试管中,室温下轻轻震摇(必要时可微热以加速溶解)。如果不能全部溶解,再加2 mL溶剂并微热助溶;如果还不能完全溶解,再加2 mL溶剂,重复上述操作,如果溶剂加至10 mL还不能完全溶解,则弃去,选择另一种溶剂。按照此方法观察溴氰菊酯在乙醇、甲醇、丁醇、二甲基亚砜、二甲基甲酰胺、二甲苯、苯、甲苯、环己酮几种溶剂中的溶解情况,并选择溶解度较大的溶剂溶解溴氰菊酯。

(2)乳化剂品种的选择

选择乳化剂农乳500、农乳600、农乳700、NP-10中的任意一种单体或复配型乳化剂2201、0203B、0201B中的任意一种,用量为5%～10%,观察所制备乳油的外观及乳液稳定性。若合格,则进行其他性能指标的检测;若不合格,选择一种非离子与一种阴离子乳化剂的复配,重复上述操作。

(3)乳化剂用量的选择

确定乳化剂的品种后,进行其用量的筛选。确定乳化剂的用量后,进行乳液稳定性、低温稳定性和热储稳定性的实验。

(4)342 mg/L标准硬水的配制

称取$MgCl_2 \cdot 6H_2O$ 13.9 g和无水氯化钙30.4 g溶于1000 mL蒸馏水中,溶液过滤,收集滤液,取10 mL滤液于1000 mL容量瓶中,蒸馏水定容至刻度,备用。

(5)乳液稳定性的评价

在250 mL烧杯中,加入100 mL 25～30℃标准硬水,用移液管移取0.5 mL乳油样品(稀释200倍),在不断搅拌下缓缓加入标准硬水中,加完乳油后,继续用2～3 r/s的速度搅拌30 s,立即将乳状液移至清洁、干燥的100 mL量筒中,并将量筒置于恒温水浴中,在(30±2)℃范围内静置1 h,观察乳状液分离情况,如在量筒中无浮油(膏)、沉油和沉淀析出,视为乳液稳定性合格。

评价乳油在水中的分散性、乳化性和乳液稳定性时,采用1000 mL量筒,按要求的条件进行。评价标准如下。

① 分散性。在100 mL量筒中加入99.5 mL蒸馏水,并移入0.5 mL乳油,观察其分散状态。

差：不分散，呈油珠或颗粒下沉。

可：能分散成乳白雾状。

良：大部分乳油自动分散成乳白雾状，有少量可视粒子或少量浮油。

优：能自动分散成带蓝色荧光的乳白雾状，并自动向上翻转，基本无可视粒子，壁上有一层蓝色乳膜。

② 乳化性。将乳油滴入量筒后盖上塞子，翻转量筒 15 次，观察初乳态。

差：乳液呈灰白色，有可视粒子。

可：乳液呈乳化状态，无光泽。

良：乳液呈浓乳白色或稍带蓝色，底部有乳光，乳液附壁有乳膜。

优：乳液呈蓝色透明或半透明状，有较强的乳光。

③ 稳定性。将乳状液在(30±2)℃静置 1 h 观察。上无浮油，下无沉淀为合格。其他情况为不合格。

(6) 酸度测定

用 pH 计测定乳液的 pH，测定方法参见实验 18。

【结果与分析】

表 1-1-1　农药乳油质量检验结果

加工产品编号	分散性	乳化性	稳定性
1			
2			
3			
4			
5			

思　考　题

(1) 如何配制一种合格的乳油？

(2) 如何选择乳化剂并进行乳液稳定性的评价？

(3) 乳油的发展方向？

实验 2　农药可湿性粉剂的加工与质量检验

可湿性粉剂是指可分散于水中形成稳定悬浮液的粉状制剂。可湿性粉剂是研发新剂型悬浮剂、水分散粒剂、可乳化粉剂、可乳化粒剂、可分散片剂等的基础，虽然近些年随着各种农药新剂型的研制成功，可湿性粉剂在现在的农药剂型生产中仍然采用很多；其配方组成一般包括农药原药、润湿剂、分散剂、载体等，根据生产生活的实际需要，主要从流动性、润湿性、分散性、悬浮性、细度、水分、起泡性、储存稳定性等方面来评价可湿性粉剂的质量。

【实验目的】

① 学习可湿性粉剂的制备步骤及技术。

② 了解可湿性粉剂的质量控制指标并学习其检测方法。

③ 制备 50% 多菌灵可湿性粉剂。

【实验原理】

农药可湿性粉剂是由农药原药、分散剂、润湿剂、填料按一定的比例经过混合后,将混合物经过机器粉碎制备成的固体粉状制剂。药剂加水后润湿时间越短越好,并能够迅速分散成稳定的悬浮液,分散后悬浮液的稳定时间长为最佳。

【实验材料】

多菌灵(carbendazim)原粉,滑石粉,ABS-Na,扩散剂 NNO,润湿剂拉开粉。

【实验设备及用品】

天平,研钵,200 目筛子,铜环(内径 5 cm,厚度 0.2 cm,高 0.6 cm),秒表,40 目筛子,滤纸,具塞磨口量筒,高速粉碎机,气流粉碎机,载片。

【实验步骤】

(1) 配制 50% 多菌灵可湿性粉剂

92% 的多菌灵原粉 11 g(55.2%),拉开粉 1.5 g,滑石粉(300 目)7.4 g,ABS-Na 1 g,扩散剂 NNO 1 g。

将上述原料在研钵中初步磨细、混匀后分别于高速粉碎机、气流粉碎机中粉碎制成 50% 多菌灵可湿性粉剂,高速粉碎时间应大于 10 min。要求 99% 能通过 200 目筛。

(2) 可湿性粉剂的性能检测

① 湿润性能的测定:将一定量的可湿性粉剂从规定的高度倾入盛有一定量标准硬水的烧杯中,测定其完全润湿的时间。

测定方法:取标准硬水 100 mL,注入 250 mL 烧杯中,将此烧杯置于(25℃±1)℃的恒温水浴中,使其液面与水浴液面平齐,待硬水至(25℃±1)℃时,称取(5±0.1)g 的试样(试样应为有代表性的均匀粉末,而且不允许成团、结块),置于表面皿上,将全部试样从与烧杯口齐平的位置一次性均匀地倾倒在该烧杯的液面上,但不要过分地扰动液面,加试样时立即用秒表计时,直至试样全部润湿为止(留在液面上的细粉膜可忽略不计),记下润湿时间(精确至秒),如此重复 5 次,取其平均值,作为该样品的润湿时间。

② 粉粒细度测定:将烘箱中干燥至恒重的试样,自然冷却至室温,并在试样与大气达到湿度平衡后,称取试样,用适当孔径的试验筛筛分至终点,称量筛中残余物,计算细度。

测定方法:参见实验 17"农药粉粒细度测定"。

③ 悬浮率的测定:用标准硬水将待测试样配制成适当浓度的悬浮液,在规定的条件下,于量筒中静置 30 min,测定底部 1/10 悬浮液中有效成分含量,计算其悬浮率。

测定方法:参见实验 19"农药悬浮率测定"。

【结果与分析】

表 1-2-1　农药可湿性粉剂悬浮率检验结果

加工试样编号	湿润时间/min	细度(325 目筛)/(%)	悬浮率/(%)
1			
2			
3			
4			
5			

思 考 题

（1）影响可湿性粉剂理化性能的因素有哪些？

（2）比较不同加工器械的优缺点。

实验 3　农药悬浮剂的加工与质量检验

悬浮剂是指以水为分散介质，将原药、助剂（润湿分散剂、增稠剂、稳定剂、pH 调整剂和消泡剂等）经湿法超微粉碎制得的农药剂型，是非水溶性的固体有效成分与相关助剂在水中形成的高分散度的黏稠悬浮液制剂，用水稀释后使用；影响悬浮剂性能主要在流动性、分散性、悬浮性、细度、黏度、pH、起泡性、储存稳定性等方面。悬浮剂在现代农药剂型的发展中非常重要，是除了乳油、可湿性粉剂之外的主要的常见剂型，是一种优良的剂型，长期的稳定性是影响悬浮剂质量的关键。

【实验目的】

① 掌握悬浮剂的加工方法。

② 了解悬浮剂配方筛选的步骤及其常用的助剂种类。

③ 了解悬浮剂的质量控制指标并学习其测定方法。

【实验原理】

农药固体原药的微粒在表面活性剂的作用下能够在水中形成的悬浮体系十分稳定，使用时加水于悬浮剂形成悬浊液。

【实验材料】

硫磺粉，多菌灵（carbendazim）原药，农乳 0201，农乳 1600，木质素磺酸钠，拉开粉，硼酸，CMC，MF，乙二醇，甘油。

【实验设备及用品】

调速搅拌器，三口瓶，玻璃珠（2 mm、0.8 mm），三角瓶，铁丝滤网，载玻片，量筒，显微镜。

【实验步骤】

（1）配制 40% 多菌灵悬浮剂（配 100 g）

多菌灵原药（折 100%）40 g，木质素磺酸钠 3 g，硼酸 10 g，农乳 1600 3 g，甘油 4 g，水 40 g。

将称取的上述药品中的前五种置于研钵中研磨一会，加入少量水，继续研磨 20 min，而后将混合物置入三口瓶中，用余下的水清洗研钵并一起并入到三口瓶中，放入直径 2 mm 或 0.8 mm 左右的玻璃珠（约放 50 g），装好调速搅拌器，调整转速，以使搅拌棒上的搅拌头能使玻璃珠稳定均匀地转动为宜，搅拌 3 h 后停止，滤去玻璃珠，经检测合格后即得产品。

（2）物性测定

① 将配制好的药剂用水适当稀释后，在显微镜下测定上述产品的颗粒直径，要求在 5 μm 左右。

② 将配制好的药剂放置在量筒中，静置 48 h，观察制剂稳定情况，有无液体和固体析出或分层现象，并分析析出量在总量中所占的比例。

【结果与分析】

表 1-3-1　农药悬浮剂质量检验结果

加工试样编号	颗粒直径/μm	稳定性
1		
2		
3		
4		
5		

思　考　题

（1）比较两种不同直径玻璃珠对制剂的影响，并讨论其原因。

（2）影响悬浮剂物理稳定性的因素有哪些？

（3）要加工成悬浮剂的原药应具备哪些性质？

实验 4　农药水乳剂的加工与质量检验

农药水乳剂（EW），也称浓乳剂（CE），是有效成分溶于有机溶剂中，并以微小的液珠分散在连续相水中，成非均相乳状液制剂。水乳剂不含或少含苯类等溶剂，相对较安全，刺激的有毒气味少，对环境的污染较小，一般在生产过程中采用水作为基质，可以有效降低成本。水乳剂主要有农药原药、溶剂、乳化剂、分散剂、共乳化剂、防冻剂、消泡剂、抗微生物剂、pH 调节剂、增稠剂等成分组成，水质影响水乳剂的配制质量，去离子水可有效提高制剂稳定性。

【实验目的】

① 掌握水乳剂的加工原理与加工方法。

② 了解水乳剂的先进性及加工难点。

③ 了解水乳剂质量检测方法，会判断水乳剂产品是否合格。

【实验原理】

水乳剂又称浓乳剂，一般是把原药、溶剂、乳化剂、共乳剂混合使之形成均匀的油相；把水、分散剂、抗冻剂等混合使之形成单一水相；把水相和油相相互混合后高速搅拌可以形成分散良好的水乳剂。溶剂、共乳化剂和乳化剂的选择是配制成功的关键。

【实验材料】

① 助溶剂：甲醇，乙醇，乙二醇，二甲基亚砜，二甲基甲酰胺。

② 乳化剂：农乳 0201B，农乳 2201，农乳 500，农乳 600，农乳 1600，OP-7，OP-10。

③ 溶剂：蒸馏水，去离子水。

④ 农药：氯氰菊酯（cypermethrin）原药。

【实验设备及用品】

搅拌器，烧杯，三角瓶，天平，试管，玻璃棒，滴管。

【实验步骤】

(1) 配制 5% 氯氰菊酯水乳剂

表 1-4-1   5% 氯氰菊酯水乳剂配方

组　　分	组成/(%)	组　　分	组成/(%)
氯氰菊酯	5	溶剂、助溶剂	5
乳化剂 A(非极性)	6.5	水	补足 100
乳化剂 B(极性)	15		

在天平上准确称取氯氰菊酯、适量溶剂、助溶剂、增溶性乳化剂、水。先将乳化剂和水混合制成水相(此时要求乳化剂在水中有一定的溶解度,如需要也可将高级醇加入其中),然后将原药和溶剂、助溶剂混合制成油相。在搅拌条件下将油相加入到水相中,混匀震荡,并在水浴中微微加热,制成均相透明的 O/W 型微乳状液体。

(2) 质量检测

① 外观。要求外观为透明或近似透明的均相液体,这一特征实际上是反映了体系中农药液滴的分散度或粒径,是保证制剂物理稳定的先决条件。

② 乳液稳定性。按农药乳油的国家标准规定的乳液稳定性的测定方法,用 342 mg/L 标准硬水,将样品稀释后,于 30℃ 静置 60 min,保持透明状态,无油状物悬浮和固体物沉淀,并能与水以任何比例混合,视为乳液稳定。

③ 倾倒性实验:将置于容器中的水乳剂试样放置一定时间后,按照规定程序进行倾倒,测定滞留在容器内试样的量;将容器用水洗涤后,再测定容器内的试样量。

实验方法:混合好足量试样,及时将其中的一部分置于已称量的具磨口塞量筒(500 mL±2 mL)中(包括塞子),装到量筒体积的 8/10 处,塞紧磨口塞,称量,放置 24 h。打开塞子,将量筒倾斜 45°,倾倒 60 s,再将量筒倒置 60 s,再次称量筒和塞子,将相当于 80% 量筒体积的水(20℃)倒入量筒中,塞紧磨口塞,将量筒颠倒 10 次后,按上述操作倾倒内容物,第三次称量量筒和塞子。

计算:倾倒后的残余物质量百分含量 w_{1-1}(%)和洗涤后的残余物质量百分含量 w_{1-2}(%)分别按公式(1-4-1)和(1-4-2)计算:

$$w_{1-1} = \frac{m_2 - m_0}{m_1 - m_0} \times 100\% \tag{1-4-1}$$

$$w_{1-2} = \frac{m_3 - m_0}{m_1 - m_0} \times 100\% \tag{1-4-2}$$

式中,m_0 为量筒、磨口塞质量,g;m_1 为量筒、磨口塞和试样的质量,g;m_2 为倾倒后,量筒、磨口塞和残余物的质量,g;m_3 为洗涤后,量筒、磨口塞和残余物的质量,g。

倾倒后残余率≤8%、洗涤后残余率≤1%即为合格。

④ 持久起泡性试验:将规定量的试样与标准硬水混合,静置后记录泡沫体积。

测定方法:将 250 mL 量筒(分度值 2 mL,0~250 mL 刻度线 20~21.5 cm,250 mL 刻度线到塞子底部 4~6 cm)加标准硬水至 180 mL 刻度线处,置量筒于天平上,称入试样 1.0 g(精确至 0.1 g),加硬水至距量筒塞底部 9 cm 的刻度线处,盖上塞,以量筒底部为中心,上下颠倒 30 次(每次 2 s),放在实验台上静置 1 min,记录泡沫体积。

【结果与分析】

表 1-4-2　农药水乳剂质量检验结果

加工试样编号	外 观	稳定性	倾倒性		持久起泡性/mL
			倾倒后/(%)	洗涤后/(%)	
1					
2					
3					
4					
5					

思　考　题

（1）何种农药原药适合加工成为水乳剂？

（2）水乳剂和乳油的异同有哪些？

（3）水乳剂较乳油等其他传统剂型的优越性在哪里？

（4）水乳剂的加工难点是什么？

实验 5　农药颗粒剂的加工与质量检验

颗粒剂（GR）是有效成分均匀吸附或分散在颗粒中，及附着在颗粒表面，具有一定粒径范围可直接使用的自由流动的粒状制剂。它是由原药、载体和助剂制成的。颗粒剂的加工有包衣造粒法、挤出成型造粒法、吸附造粒法、流化床造粒法、喷雾造粒法、转动造粒法等方法。为保证颗粒剂质量，需要检测有效成分含量、粒度、水分、脱落率（强度）、热储稳定性、热压稳定性等。

【实验目的】

① 了解颗粒剂的配方组成及各组分的用途。

② 了解颗粒剂的质量控制指标并学习其检测方法。

【实验原理】

农药颗粒剂是农药原药有效成分、填料、黏结剂、表面活性剂等组成的固体剂型，通过滚动可以实现颗粒的形成。

【实验材料】

硅砂（60～20 目），丁草胺（butachlor）原药，聚乙烯醇，异丙醇，警戒色染料。

【实验设备及用品】

天平，标准筛，烧杯，电炉，喷雾器，玻棒，量筒。

【实验步骤】

（1）用品准备

① 载体材料的准备：取较粗河砂适量，以水清洗干净泥土，风干后过筛，上过 20 目筛，下过 60 目筛，中间部分既是粒径合适的载体材料，烘干后备用。

② 称取聚乙烯醇颗粒 2 g 溶于 20 g 热水中，冷却后置入喷雾器中。

③ 另称取丁草胺原油 10 g（折 100%）置入喷雾器中。

（2）加工

先称取处理过的硅砂 188 g 置入白瓷盘，并均匀推开，而后对其表面以聚乙烯醇溶液均匀喷雾，一边喷雾，一边翻动。为使均匀，将聚乙烯醇溶液量喷至 70% 时停止；再用装有丁草胺原油的喷雾器对载体均匀喷雾，至药液全部喷完为止，稍晾一会，再将剩余的聚乙烯醇溶液全部喷于硅砂（此时已黏附药剂）表面，晾干，即是 5% 丁草胺颗粒剂。

（3）质量性能评价

① 水中崩解性测定。在 300 mL 烧杯中加入 200 mL 蒸馏水，将约 0.2 g 试样由水面上均匀分散落下，静置后，观察试样在水中的崩解时间，一般崩解时间为 5～10 min 内，有特殊要求者可达 30 min 以上（对非崩解型粒剂不规定此项指标）。

② 脱落率的测定（滚动法）。将一定量预先过筛的试样（a），装入滚动器的滚筒内，以 >5 r/min 的速度滚动 15 min 后，倒出试样再用原筛子筛 10 min，称筛上粒剂质量（b），按照公式（1-5-1）计算其脱落率。

$$脱落率 = \frac{a-b}{a} \times 100\% \tag{1-5-1}$$

式中，a：脱落前有颗粒剂质量，g；b：脱落后颗粒剂质量，g。

【结果与分析】

表 1-5-1　农药颗粒剂质量检验结果

加工试样编号	崩解时间/min	脱落率测定		
		脱落前质量/g	脱落后质量/g	脱落率/(%)
1				
2				
3				
4				
5				

思 考 题

（1）颗粒剂在使用上有什么优缺点？

（2）比较颗粒剂与水分散性粒剂的异同。

实验 6　农药水分散粒剂的加工与质量检验

水分散粒剂（WDG）是加水后能迅速崩解并分散成悬浮液的粒状制剂。它在水中能较快地崩解、分散，形成高悬浮的分散体系。水分散粒剂的加工是把农药原药有效成分、分散剂、润湿剂、崩解剂、黏结剂等助剂和填料采取湿法或者干法粉碎，使得所有组分都微细化后使用造粒机造粒得到水分散粒剂。水分散粒剂分为水溶性和水不溶性农药复配的水分散粒剂、微囊性水分散粒剂、分层性水分散粒剂、用热活化黏结剂加工的水分散粒剂。水分散粒剂是在可湿性粉剂和颗粒剂基础上发展形成的,在水分、细度、润湿性、分散性、强度、悬浮率等指标的检验方法与可湿性粉剂、颗粒剂、悬浮剂相似。水分散粒剂因为其安全性好、经济效益好,使用方便深受市场欢迎,是农药发展潜力最大剂型之一。

【实验目的】

① 掌握水分散粒剂的加工方法与加工原理。

② 配制合格的 20% 的氟啶脲水分散粒剂,要求其悬浮性和分散性好,崩解迅速。

③ 了解制备水分散粒剂常用的助剂及载体种类。

【实验材料】

95% 氟啶脲(chlorfluazuron)原药,二丁基萘磺酸盐,木质素磺酸钠,尿素,可溶性淀粉,轻质碳酸钙。

【实验设备及用品】

天平(精确至 0.01 g),高速万能粉碎机,气流粉碎机,电热恒温干燥箱,挤压造粒机,研钵,秒表,药匙,滤纸,具塞磨口量筒(250 mL),烧杯(250 mL),玻璃棒,胶头滴管。

【实验步骤】

(1) 配制 20% 氟啶脲水分散粒剂

20% 氟啶脲水分散粒剂配方(100 g)。氟啶脲 20%,二丁基萘磺酸盐 5%,木质素磺酸钠 5%,尿素 3%,可溶性淀粉 3%,轻质碳酸钙补足 100%。

(2) 水分散粒剂的加工

① 混合粉碎。将氟啶脲、选定的分散剂、润湿剂、填料等称好的样品初步混合后,置于小型高速粉碎机、万能粉碎机中进行粉碎。

② 捏合。将粉碎后的物料置于烧杯中,边搅拌边滴加含有一定黏结剂的水至能初步捏成泥,加水量通常为物料总量的 15%～20%。

③ 造粒。将捏合好的湿物料投入到挤压造粒机挤出造粒。

④ 干燥。将挤出的湿颗粒置于 30～35℃烘箱中干燥,制剂中残余水分含量控制在 0.5%～1.0% 为宜。

(3) 测定 20% 氟啶脲的质量控制指标

① pH 的测定。称取 1 g 样品,转移至有 50 mL 水的量筒中,加水配成 100 mL,强烈摇动 1 min,使悬浮液静置 1 min,然后测定上清液的 pH。

② 润湿性的测定。加 500 mL 342 mg/L 硬度水于 500 mL 刻度量筒中,用称量皿快速倒 1.0 g 样品于量筒中,不搅动,立刻记秒表,记录 99% 样品沉入筒底的时间。

如此重复五次,取其平均值,作为该样品的润湿时间。

③ 崩解性的测定。向含有 90 mL 蒸馏水的 100 mL 具塞量筒(内高 22.5,内径 28 mm)中于 25℃下加入样品颗粒(0.5 g),之后夹住量筒的中部,塞住筒口,以 8 r/min 的速度绕中心旋转,直到样品在水中完全崩解。

【结果与分析】

表 1-6-1　农药水分散粒剂质量检验结果

加工试样编号	pH	湿润性/min	崩解性/min
1			
2			
3			
4			
5			

思　考　题

（1）评价个人制备的 20％氟啶脲水分散粒剂的性能，并讨论其影响因素。

（2）与传统的剂型相比，水分散粒剂有哪些优缺点？

实验 7　农药微乳剂的加工与质量检验

微乳剂（ME）是透明或半透明的均一液体，用水稀释后成为微乳状液体的制剂。有效成分、乳化剂和水是微乳剂的三个基本组分。为了制得符合质量标准的微乳产品，有时还得加入适量溶剂、助溶剂、稳定剂和增效剂。微乳剂的配制可采用将乳化剂和水混合后制成水相法、可乳化油法、转相法（反相法）、二次乳化法等方法。微乳剂用水作为连续相，可以尽可能少用或不使用有机溶剂，有利于环境保护和可持续的发展，微乳剂粒径较小，通透性高，有利于药效的发挥，无闪点，运输储存安全，保质期相对较长，是当前有利于环保的剂型之一。

【实验目的】

① 掌握微乳剂的加工方法与加工原理。

② 了解微乳剂质量检测方法。

③ 了解微乳剂的加工难点。

【实验原理】

农药微乳剂一般是水包油（O/W）型，微乳剂可在水中稀释成感官透明、半透明的稀微乳状液。一般采用转相法制备：农药原药、乳化剂和溶剂充分混合成均匀透明的油相，一边搅拌一边加入去离子水，形成乳状液，再一边搅拌一边加热，马上可以转化为水包油型，冷却至室温后过滤可得到稳定的水包油型微乳剂。温度是微乳剂稳定的关键之一。

【实验材料】

92％阿维菌素苯甲酸盐（emamectin benzoate）原药，二甲基甲酰胺，环己酮，OP-10，农乳 600，农乳 500，正戊醇，水，342 mg/L 标准硬水。

【实验设备及用品】

FA25 型实验室高剪切分散乳化机，DR-HW-1 型电热恒温水浴箱，DHG-9031A 型电热恒温干燥箱，NDJ-1 型旋转黏度计，PHS-3c 精密 pH 计。

天平（精确至 0.01 g），药匙，烧杯，三角瓶，试管，玻璃棒，滴管，安瓿瓶，胶头滴管，移液管，量筒。

250 mL 具塞量筒(分度值 2 mL,0～250 mL 刻度线 20～21.5 cm,250 mL 刻度线到塞子底部 4～6 cm),工业天平(感量 0.1 g,载量 500 g)。

【实验步骤】

(1)配制 100 g 1% 甲维盐微乳剂

阿维菌素苯甲酸盐原药含量 1%;溶剂:10% 二甲基甲酰胺,5% 环己酮;表面活性剂:OP-10,农乳 600,农乳 500 以 3:1:1 的比例进行混配,用量 15%;助表面活性剂:正戊醇 2%;水:补足 100%。

溶剂、助表面活性剂与原药混合,加入表面活性剂搅拌,使原药完全溶解,加水后用高剪切分散乳化机搅拌至澄清透明。

(2)质量控制指标及检测方法

① 外观。透明或近似透明的均相液体。

② 透明温度区域的测定。取 10 mL 样品于 25 mL 试管中,用搅拌棒上下搅动,于冰浴上渐渐降温,至出现浑浊或冻结为止,此转折点的温度为透明温度下限 t_1;再将试管置于水浴中,以 2℃/min 的速度慢慢加热,记录出现浑浊时的温度,即透明温度上限 t_2,则透明温度范围为 t_1～t_2。

③ 浊点的测定。透明温度区域的测定中,t_2 即为浊点。

④ 持久起泡性实验。将具塞量筒加标准硬水至 180 mL 刻度线处,置量筒于天平上,称入试样 1.0 g(精确至 0.1 g),加硬水至距量筒底部 9 cm 的刻度线处,盖上塞,以量筒底部为中心,上下颠倒 30 次(每次 2 s)。放在实验台上静置 1 min,记录泡沫体积。

【结果与分析】

表 1-7-1　农药微乳剂质量检验结果

加工试样编号	外　观	透明温度区域/(℃)	浊　点/(℃)	持久起泡性/(mL)
1				
2				
3				
4				
5				

思　考　题

(1)微乳剂与乳油、水乳剂之间的相同点和不同点有哪些?

(2)微乳剂在加工和储存过程中容易出现哪些问题?

(3)影响微乳剂浊点的因素有哪些?

实验 8　农药微胶囊剂的加工与质量检验

农药微胶囊剂是用物理或化学的方法使原药分散成几微米到几百微米的微粒,然后用高分子化合物包裹和固定起来,形成具有一定包覆强度、能控制释放有效成分的微球。由囊壁和囊心组成,囊心为农药化合物,囊壁为可控释放的高分子材料。囊心可以通过溶解、渗透、扩散的过程,透过膜壁而释放出来,而释放速度又可通过改变囊皮的化学组成、厚度、硬度、孔径大小等加以控制。微胶囊的优势在于囊心与外界环境隔开,可免受外界的湿度、氧气、紫外线等因素的影响,提高了稳定性,降低了挥发性,从而延长其持效期和保存期,并显著降低高毒性杀虫剂对人畜的危害。

农药微胶囊关键技术包括两个方面。其一是制备方法。依据囊壁形成的机理和成囊条件,微胶囊制备方法大致可分为化学法、物理法和物理化学法:化学法一般包括界面聚合法、锐孔-凝固浴法、乳液聚合法、原位聚合法等;物理法有喷雾法、空气悬浮法、锅包法、包结络合法等;物理化学法有复凝聚法、油相分离法、溶剂挥发法、复相乳化法、熔化分散冷凝法等。其中,界面聚合法、乳液聚合法和复合凝聚法是目前农药微胶囊制备的主要方法。其二是囊壁材料的选择与制备,目前研究较多的主要有聚异氰酸酯、多官能团酰基卤、聚氨酯、聚脲或聚脲醛树脂等。可控释放性优异、载药率高、可生物降解的载体材料一直是该领域研究的重点。

【实验目的】

① 掌握农药微胶囊剂的配方原理与加工方法。

② 熟悉界面聚合法制备农药微胶囊剂的加工工艺。

③ 了解微胶囊剂的先进性与加工难点。

④ 掌握农药微胶囊剂质量控制指标及检验方法。

【实验原理】

水溶性单体与脂溶性单体在农药粒子表面发生聚合,生成聚合物包裹膜,将农药包裹在内部形成微囊。通过调节农药活性成分、壁材和分散剂的用量,控制反应条件,可以得到一定粒径大小与分布的农药微胶囊。

【实验材料】

毒死蜱(chlorpyrifos)原药(98.0%),聚乙烯醇,消泡剂,壬酰氯,聚亚甲基聚苯基异氰酸酯,二亚乙基三胺(分析纯),碳酸钠(分析纯),蒸馏水(自制)。

【实验设备及用品】

高速搅拌机,真空泵,布氏漏斗,真空干燥箱,500 mL 烧杯。

【实验步骤】

1. 微胶囊剂加工

① 在 500 mL 烧杯中加入 300 mL 0.5%聚乙烯醇水溶液和 6 滴消泡剂。

② 在高速(20000 r/min)搅拌下加入 29.8 g 毒死蜱、13 g 壬酰氯、2 g 聚亚甲基聚苯基异氰酸酯,然后加入 20 g 二亚乙基三胺、10 g 碳酸钠、100 mL 蒸馏水。

③ 加料完毕,减慢速度继续搅拌 1 h,静置 1 h,用布氏漏斗过滤,真空干燥,得毒死蜱微胶囊剂。

2. 质量指标与检验方法

(1) 有效成分含量测定(高效液相色谱法)

① 毒死蜱标准溶液配制。准确称取毒死蜱标准品 100 mg(精确至 0.0002)于 10 mL 容量瓶中,用色谱甲醇定容,得到 10 mg/mL 的标准溶液。

② 毒死蜱 HPLC 标准曲线绘制。分别取上述 10 mg/mL 标准溶液 1、2、3、4、5 mL 于 10 mL 容量瓶中,用色谱甲醇定容至刻度线,得到系列浓度溶液。用高效液相色谱仪测定,每个浓度连

续测定 3 次（进样前，待测溶液过 0.45 μm 滤膜），以平均峰面积为纵坐标，毒死蜱质量浓度为横坐标，作线性关系图。

高效液相色谱操作条件。

柱温	室温
色谱柱	C$_{18}$（4.6 mm×150 mm, 5 μm）
检测波长	289 nm
流速	1.0 mL/min
进样量	20 μL
流动相	$V_{甲醇}$：$V_{水}$＝90：10 等度洗脱
保留时间	7.5 min

在上述色谱操作条件下，待 HPLC 基线稳定后，连续注入数针标准溶液，直至相邻两针毒死蜱相对响应值变化＜1％后，按照标准溶液、试样溶液、试样溶液、标准溶液的顺序进行测定。将测得两针试样溶液峰面积以及试样前后两针标准溶液峰面积分别平均。按公式（1-8-1）计算出样品中毒死蜱的质量分数 X。

$$X = \frac{r_2 \times m_1 \times w}{r_1 \times m_2} \times 100\% \tag{1-8-1}$$

式中，r_1：标准溶液中毒死蜱峰面积平均值；r_2：测定试样中毒死蜱峰面积的平均值；m_1：称取的毒死蜱标准品质量，g；m_2：称取的微胶囊试样质量，g；w：毒死蜱原药的质量百分含量。

（2）粒径大小及分布测定

采用激光粒度分布仪测定毒死蜱微胶囊粒径大小及分布。

（3）微胶囊形貌

采用光学显微镜（OM）和扫描电子显微镜（SEM）分别观察毒死蜱微胶囊外观形貌特征，并选取有代表性区域拍照。

（4）毒死蜱微胶囊载药量与包封率测定

采用高效液相色谱法分别测定毒死蜱微胶囊总的有效成分和毒死蜱微胶囊囊外有效成分。

① 毒死蜱微胶囊总的有效成分量测定。准确称取毒死蜱微胶囊 10 mg（精确至 0.0002 g）倒入 50 mL 烧杯中，用少量体积的二氯甲烷溶解，待二氯甲烷挥发干后，加入适量甲醇，超声振荡，振荡后的溶液过 0.45 μm 滤膜，然后转移至 10 mL 容量瓶中，定容，振荡摇匀。

② 毒死蜱微胶囊囊外有效成分量测定。精密称取一定质量的毒死蜱微胶囊干样，加入适量甲醇萃取微胶囊外的毒死蜱，将萃取液过 0.45 μm 滤膜，然后转移至 50 mL 容量瓶中，定容，振荡摇匀。

每个试样连续测定 3 次，计算出毒死蜱微胶囊总的有效成分量与囊外有效成分量，按公式（1-8-2）、（1-8-3）分别计算出微胶囊的载药量（δ）与包封率（φ）。

$$\delta = \frac{总的有效成分量 - 囊外有效成分量}{称取微胶囊的质量} \times 100\% \tag{1-8-2}$$

$$\varphi = \frac{总的有效成分量 - 囊外有效成分量}{加入毒死蜱的质量} \times 100\% \tag{1-8-3}$$

（5）毒死蜱微胶囊缓释性能

采用柱层析法测定毒死蜱微胶囊释药性能。准确称取毒死蜱微胶囊 10 g 于层析柱（20 cm×1.6 cm，24 号标准磨口）中，自下而上依次加入少量脱脂棉、2 g 无水硫酸钠和毒死蜱微胶囊粉末，放置于自然环境中，每隔 2 d 用定量甲醇淋洗。以 2.5 g 毒死蜱原药作为对照，并确定出将毒死蜱完全淋洗的最少淋洗液用量。淋洗液用 HPLC 进行测定，每个试样连续测定 3 次。按毒死蜱质量分数（X）计算公式，计算出淋洗液中毒死蜱的含量，以毒死蜱的累积释药率（Y）与时间（t）为坐标轴作毒死蜱释放曲线。

【结果与分析】

① 采用式（1-8-1）计算毒死蜱微胶囊中有效成分的含量。

② 打印并裁切激光粒度仪记录的微胶囊粒径大小及分布的谱图。

③ 记录光学显微镜（OM）和扫描电子显微镜（SEM）观察的毒死蜱微胶囊外观形貌。

④ 采用式（1-8-2）和（1-8-3）分别计算毒死蜱微胶囊载药量与包封率。

⑤ 以毒死蜱的累积释药率（Y）与时间（t）为坐标轴作毒死蜱释放曲线。

【注意事项】

（1）分散剂聚乙烯醇必须充分溶解于 50℃ 热水中，才能稀释成 0.5% 水溶液。

（2）搅拌速度控制前快后慢，否则微胶囊粒径分布不均匀。

思　考　题

（1）界面聚合法制备毒死蜱微胶囊时影响成囊的因素有哪些？

（2）农药微胶囊化的方法有哪些？试述其原理。

（3）影响农药微胶囊剂缓释性能的因素有哪些？

实验 9　农药烟剂的加工与质量检验

农药烟剂中的活性成分通过发烟剂的作用挥发、蒸发或升华，通常以 0.5～5 μm 的固体微粒分散悬浮于大气中。烟剂中的有效成分形成高度分散的体系，有着巨大的表面积和表面能，药剂的活性得到增强，大大增加了与防治对象的接触机会，改善了附着、渗透、溶解能力，充分发挥其触杀、抑制呼吸等综合生物效能，而且消失较快、残留量低。由于其处于气体状态，对密闭体系的病虫害防治十分有利。对于一些不利于喷洒药剂的环境和场所也有独特的优势，因而在森林、灌木丛、果树、草丛、甘蔗等高秆作物及保护地，花房、库房、货物车船、家庭及特殊建筑物，以及蔬菜和花卉的塑料大棚、温室的病虫害防治都有重要的应用价值。

烟剂一般由有效成分和供热剂组成，供热剂包括氧化剂、燃料和助剂。改变供热剂的组成或配比可改善其燃料和发烟性能以满足有效成分成烟所需要的热量和最佳温度。烟剂的易燃性与安全性、燃烧速度和燃烧温度、供热剂的燃烧性能与有效成分的成烟性能等是烟剂配方筛选的重要因素。烟剂的主要加工方法有混合法、分离法和分层法。

【实验目的】

① 掌握农药烟剂的配方原理与加工方法。

② 熟悉混合法制备粉体烟剂的加工工艺。

③ 了解农药烟剂的应用特点与加工难点。

④ 掌握农药烟剂质量控制指标及检验方法。

【实验原理】

可燃性的植物纤维、锯末粉或多孔性物质吸收一定量的氧化剂（硝酸钾或硝酸铵）后干燥，再与在发烟温度下易挥发、蒸发或升华，而不显著分解，且与发烟剂相容性好的农药原药混合，经包装并加装引芯，制成农药烟剂。

【实验材料】

① 原药：林丹（lindane），百菌清（chlorothalonil），胺菊酯（tetramethrin），硫磺（sulfur）。

② 发热剂：硝酸铵，硝酸钾，氯酸钾。

③ 燃料：锯末。

④ 阻燃剂：陶土，氯化铵。

【实验设备及用品】

天平（最大称重量 1000 g），铁锅，研钵。实验所用的主要配方见表 1-9-1。

表 1-9-1　烟剂实验主要配方

烟剂名称	有效成分	硝酸铵	氯化铵	锯末	陶土
林丹烟剂	8	40	2	20	5
百菌清烟剂	5	40	2	20	5
胺菊酯烟剂	1	40	2	20	5
硫磺烟剂	20	40	2	20	5

【实验步骤】

1. 加工步骤

① 将锯末过筛，除去较大颗粒，余下的放入锅内炒干至红褐色备用。

② 将硝酸铵研碎，放入铁锅中，加热熔化，蒸去水分，冷至 100℃后（硝酸铵开始结晶）加入一半炒好的锯末，强力搅拌，使其充分黏合，出锅冷却，研碎，再加入另一半炒好的锯末混匀。

③ 将药剂粉碎，加入陶土和氯化铵，与上述燃烧剂混匀，用塑料袋或多层纸袋包装。

④ 将草纸或吸水力强的纸剪成 5 cm×15 cm 的长条制作引芯，在硝酸钾或氯酸钾饱和溶液中连续浸 2～3 次，晾干后即可。

2. 质量指标与检验方法

（1）有效成分含量测定

具体方法参见原药或制剂的分析方法。

（2）有效成分成烟率（在 80% 以上）

准确称取样品数（相当于有效成分 0.5 g，精确至 0.0002 g）放入 20 mL 坩埚中，随后将坩埚置入成烟率测定装置（图 1-9-1）的玻璃罩内，检查整个系统，做到密闭不泄漏，测试时首先打开水抽（或真空泵）使其系统形成负压，然后用电炉（500 W）缓缓加热，使烟剂发烟，待发烟完毕，整个系统不见烟迹，停止抽气。将三个吸收瓶中的吸收液移到 500 mL 容量瓶中，再用干净的吸收液冲洗整个系统（一般冲洗三次），冲洗液并入 500 mL 容量瓶中，稀释至刻度，分析此溶液的有效成分含量，按式（1-9-1）计算其成烟率（S）。

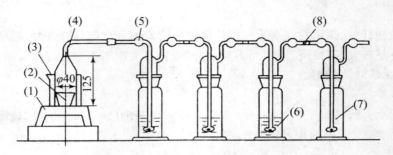

图 1-9-1 成烟率测定装置

(1) 电炉,(2) 坩埚,(3) 烧杯,(4) 玻璃罩,(5) 卢氏吸收瓶,(6) 吸收瓶,(7) 缓冲瓶,(8) 胶管

$$S = \frac{B \times W}{A \times G} \times 100\% \qquad (1\text{-}9\text{-}1)$$

式中,B:吸收液的有效成分的含量,%;A:样品的有效成分含量,%;W:吸收液的总质量,g;G:样品的质量,g。

(3) 点燃现象及 1 kg 包装发烟时间

一次点燃,引燃后浓烟持续不断并具有一定冲力;发烟过程中不产生明火和火星;燃烧后,残渣结构疏松、无余烬。1 kg 包装发烟时间:一般杀虫烟剂 7~15 min,杀菌烟剂 10~20 min。

取 1 kg 包装烟剂,在包装盒(袋)的上方中央处用引线一根从上至下垂直插入到底,轻轻拍动包装盒(袋),使药粉与引线贴紧,然后用火柴点燃引线,观察点燃现象,从烟剂发烟开始至浓烟结束用秒表计算发烟时间。

(4) 1 kg 包装燃烧温度(实测的燃烧温度 $t \pm 30\,^{\circ}\!\text{C}$)

取 1 kg 包装烟剂,按上述点燃方法插入引线,用 500 ℃ 水银温度计 1 支,将温度计的水银球一端插到烟剂的中心位置(若使用热电阻温度计应将电表放平,校正零点,打开电表开关)后点燃引线,烟剂在燃烧过程中温度计指数逐渐上升,达到某一高度后又开始下降,温度计指数达到最高点的温度即为该烟剂的燃烧温度。

(5) 安全实验(80 ℃ 连续恒温 72 h 不自燃)

称取烟剂(或供热剂)试样 100 g 各三份,分别放入三个盒中,旋转电热恒温箱上的温度调节器,将箱内温度控制在(80 ± 2)℃ 范围内,再将三份试样放入恒温箱内中部,相互间隔一定距离。从试样放入恒温箱算起,在 72 h 内每隔 2 h 观察一次,如发现其中一个试样自燃,即为安全实验不合格。

(6) 粉粒细度(40 目、60 目、80 目或 100 目筛通过 90% 以上)

参见第二章农药物理性能测定方法。

(7) 水分含量(小于 10%)

参见第二章农药物理性能测定方法。

注:烟剂的燃烧温度和发烟时间随烟剂的配方、质量和包装物形状不同而不同。实测的燃烧温度是指 1 kg 包装的燃烧温度。

【结果与分析】

① 采用式(1-9-1)计算相应农药烟剂的成烟率。

② 分别记录有效成分含量、点燃现象及 1 kg 包装发烟时间、1 kg 包装燃烧温度、安全实验情

况、细度和水分测定结果。

表 1-9-2　农药烟剂质量检验结果

烟剂名称	有效成分含量	成烟率	1 kg 包装发烟时间	燃烧温度	安全性实验	细度	水分
林丹烟剂							
百菌清烟剂							
胺菊酯烟剂							
硫磺烟剂							

【注意事项】

（1）硝酸铵加热熔化、研磨时一定注意安全，建立必要的保护措施。

（2）称量样品和加工试样中戴防护手套，实验结束用肥皂洗手，避免中毒。

思　考　题

（1）根据有效成分性质的不同，烟剂可分为哪三种组合形式？

（2）农药烟剂的配方原理。

（3）烟剂对农药原药有哪些要求？

实验 10　农药毒签的加工

农药毒签是通过阿拉伯胶将磷化锌与草酸附着在竹签或木签一端，主要应用于防治危害林木和果树的杨大透翅蛾、芳香木蠹蛾、光肩星天牛、桃红颈天牛等蛀干性害虫。由于虫道较深且弯曲、虫粪堵塞等原因，采用药泥、药棉塞孔、药水注射等方法防治蛀干性害虫，药剂难及虫体，杀虫效果不够理想，野外操作既不方便也不安全。将毒签药段插入虫道内，由于树液和虫粪的水分与药接触，产生剧毒气体磷化氢。虫道恰似一个小熏蒸室，虫道内的虫粪阻碍毒气向外扩散，磷化氢有较高的扩散速度和渗透能力，能熏杀不同隐蔽情况下的幼虫，杀灭率达到 95% 以上，对树干虫道内的成虫和蛹也具有同样的杀虫效果。采用毒签防治蛀干害虫，操作简便、省工省力、成本低、不污染环境，保护天敌，是一种优良的防治果树蛀干害虫方法。

【实验目的】

① 掌握农药毒签的配方原理。

② 熟悉酸包药型农药毒签的加工方法。

③ 了解农药毒签的应用特点与技术要求。

【实验原理】

毒签在常温、干燥的环境下不发生任何化学反应，当插入活立木虫孔后，毒签上的胶会吸收虫孔内的水分并软化，从而使胶中的磷化锌与草酸两种药品相接触并发生化学反应，缓慢释放出具有剧毒的磷化氢气体，当蛀干害虫幼虫吸入一定量毒气后会中毒死亡，从而达到杀虫的目的。草酸与磷化锌的化学反应方程式为：

$$Zn_3P_2 + 3C_2H_2O_2 \cdot 2H_2O = 3ZnC_2O_2 + 2PH_3 \uparrow + 6H_2O$$

【实验材料】

磷化锌（zinc phosphide），草酸，阿拉伯树胶粉。

【实验设备及用品】

天平,200 mL 烧杯 2 支,玻璃棒 2 支,竹签 100 支(长 10 cm 左右,宽 0.35 cm 左右)。

【实验步骤】

(1)毒签配方

① 药胶液配方:磷化锌 6%,阿拉伯胶 58%,水 36%。

② 酸胶液配方:草酸 18%,阿拉伯胶 54%,水 28%。

(2)药胶液和酸胶液的制备

① 制备药胶液 50 g。参照上述配方分别称取阿拉伯胶 29 g、水 18 g 于 200 mL 烧杯中,水浴加热到 80℃,待胶溶化后加入磷化锌 3 g,拌匀后即为药胶液,备用。

② 制备酸胶液 50 g。参照上述配方分别称取取草酸 9 g、水 14 g 于 200 mL 烧杯中,水浴加热至草酸溶解,加入阿拉伯胶 27 g 溶化后,拌匀后即为酸胶液,使用。

(3)毒签加工

用竹签先蘸磷化锌胶液,受药长 2 cm,倒置阴干 2 h;再蘸草酸胶液包于外层,倒置阴干即成。竹签蘸药均匀,控制每毒签平均含磷化锌 10 mg、草酸为 30 mg。

(4)保存

将毒签密封防潮,置于阴凉干燥处备用。

【结果与分析】

① 观察毒签蘸磷化锌胶液和再蘸草酸胶液的均匀性。

② 分别称量蘸药前后 10 根毒签质量,评价每根毒签的含药量。

【注意事项】

(1)切勿将磷化锌和草酸在有水条件下混合。

(2)制作毒签或胶囊时,一定要在通风条件下进行,穿戴防护用品,实验结束用肥皂洗手,避免中毒。

(3)操作时用硝酸银滤纸监测空气中 PH_3 气体的浓度,如果在 7 s 内使滤纸完全变黑,说明浓度可能引起人体中毒,应立即采取通风等措施。

(4)注意毒签加工顺序,用竹签先蘸磷化锌胶液,再蘸草酸胶液包于外层。

思 考 题

(1)农药毒签可以采取混合签、酸包药、药包酸和双签四种形式,请问其加工方法有何不同?药效有没有差异?为什么?

(2)为什么酸包药毒签对操作者很安全?

(3)农药毒签的作用机制是什么?

实验 11　波尔多液的制备与质量检验

波尔多液是无机铜素杀菌剂,是用硫酸铜、生石灰和水配制而成的天蓝色黏稠状悬浮液,其有效成分是 $CuSO_4 \cdot xCu(OH)_2 \cdot yCa(OH)_2 \cdot zH_2O$。1882 年法国人 Millardet 于波尔多城发现其杀菌作用。波尔多液是一种保护性的杀菌剂,通过释放可溶性铜离子而抑制病原菌孢子萌发或菌丝生长。在酸性条件下,铜离子大量释出时也能凝固病原菌的细胞原生质而起杀菌作用。

波尔多液有效成分不溶于水,喷洒后以微粒状附着作物表面,形成比较牢固的保护膜,具有良好的黏附性能,不易被雨水冲刷,对作物比较安全。广泛用于防治果树、蔬菜、棉、麻等的多种病害,对霜霉病、炭疽病、马铃薯晚疫病等叶部病害效果尤佳,并能促使叶色浓绿、生长健壮,提高树体抗病能力。该制剂具有杀菌谱广、持效期长、病菌不会产生抗性、对人和畜低毒等特点,是应用历史最长的一种杀菌剂。波尔多液一般呈碱性,久置结晶产生沉淀,会变质降效,宜现配现用。生产上常用的波尔多液石灰与硫酸铜比例有:石灰等量式(硫酸铜∶生石灰＝1∶1)、倍量式(1∶2)、半量式(1∶0.5)和多量式(1∶3～5)。硫酸铜、生石灰与用水量配比,要根据作物对硫酸铜和石灰的敏感程度(对铜敏感的少用硫酸铜,对石灰敏感的少用石灰)以及防治对象、用药季节和气温的不同而定。喷雾时一般用水稀释160～240倍。

【实验目的】

① 掌握波尔多液的配制方法。

② 了解不同配制方法和原料质量与波尔多液质量的关系。

③ 熟悉波尔多液的性质及防病特点。

④ 掌握波尔多液质量控制要点及检验方法。

【实验原理】

波尔多液是硫酸铜溶液和生石灰乳相互作用而产生的一种天蓝色胶状悬液,其有效成分是 $Ca(OH)_2$ 结合在 $[Cu(OH)_2]_3CuSO_4$ 的结晶中,形成一系列的复合物 $CuSO_4 \cdot xCu(OH)_2 \cdot yCa(OH)_2 \cdot zH_2O$。

【实验材料】

硫酸铜(CP),粗硫酸铜,氢氧化钙(CP),建筑用石灰粉。

【实验设备及用品】

天平1台,50 mL量筒2支,100 mL量筒6支,200 mL量筒1支,25 mL烧杯2个,100 mL烧杯2个,250 mL烧杯3个,酒精灯1台,铁支架1套。

【实验步骤】

1. 实验步骤

(1) 2%硫酸铜母液和2%石灰乳母液制备(等量式配比用)

母液Ⅰ:2%硫酸铜溶液250 mL。称取5.0 g化学纯硫酸铜,放入300 mL烧杯中,先加少量水,待硫酸铜晶体完全溶解后,再稀释到250 mL,备用。

母液Ⅱ:2%石灰乳液250 mL。称取5.0 g化学纯氢氧化钙,放入300 mL烧杯中,加少量水,静置15 min,不要搅拌,使其完全乳化成膏状,然后加水稀释,用纱布过滤,转移至烧杯中,再稀释到250 mL,制成2%石灰乳液,备用。

(2) 1%硫酸铜母液和2%石灰乳母液制备(倍量式配比用)

母液Ⅰ:1%硫酸铜母液。取2%硫酸铜溶液45 mL,加水稀释到90 mL,备用。

母液Ⅱ:2%石灰乳母液。直接移取2%石灰乳液10 mL,备用。

(3) 1%劣质硫酸铜溶液和2%建筑用石灰乳液制备(评价原料影响用)

母液Ⅰ:1%劣质硫酸铜溶液90 mL。称取1.0 g粗硫酸铜,放入100 mL烧杯中,先加少量水,待硫酸铜晶体完全溶解后,用纱布过滤,转移至烧杯中,再稀释到90 mL,备用。

母液Ⅱ:2%建筑用石灰乳液10 mL。称取1.3 g建筑用石灰粉,放入50 mL烧杯中,加少量水,静置15 min,不要搅拌,使其完全乳化成膏状,然后加水稀释,用纱布过滤,转移至烧杯中,再稀释到 10 mL,制成 2%建筑用石灰乳液,备用。

（4）观察波尔多液胶粒

取 250 mL 烧杯盛清水约 150 mL,另取两个 20 mL 烧杯,分别取母液Ⅰ和母液Ⅱ各 20 mL,将母液Ⅰ和母液Ⅱ同时注入盛有清水的大烧杯中,不要搅拌,注入时必须使两种母液在到达大杯清水之前相碰。两种母液在相碰时即发生反应,生成波尔多液。

利用清水将波尔多液分散,以利观察。对着光透过大烧杯即可看到清水中悬浮着浅蓝色棉絮状和片状的胶状物,该胶状物为被水分散了的波尔多液中的有效成分。

（5）波尔多液的配制

将上述制备的母液Ⅰ和母液Ⅱ按表 1-11-1 配制方法配制,边倒边搅拌,同时观察溶液颜色。

表 1-11-1　波尔多液不同配制方法

方法	硫酸铜母液Ⅰ/mL	石灰乳母液Ⅱ/mL	配制方法
1	50	50	2%硫酸铜母液Ⅰ慢慢注入 2%石灰乳母液Ⅱ中
2	50	50	2%石灰乳母液Ⅱ慢慢注入 2%硫酸铜母液Ⅰ中
3	50	50	将 2%硫酸铜母液Ⅰ与 2%石灰乳母液Ⅱ同时注入第三只烧杯中
4	50	50	将 2%硫酸铜母液Ⅰ加热至 70~80℃,趁热注入 2%石灰乳母液Ⅱ中
5	90	10	将 1%硫酸铜母液Ⅰ慢慢注入 2%石灰乳母液Ⅱ中
6	90	10	将 1%劣质硫酸铜溶液Ⅰ慢慢注入 2%建筑用石灰乳溶液Ⅱ中

注：石灰乳液必须摇匀后才能量取。

2. 质量指标与检验方法

① 外观。天蓝色波尔多液。

② 沉降率。主要依据沉降率判断波尔多液质量,沉降率越低,质量越好,反之,质量越差。

沉降率的测定。将以上配成的六种波尔多液分别移入到 6 支 100 mL 的带塞的量筒中,塞紧筒塞,编号。静置 0.5 h,1 h 和 2 h 后,分别记下沉淀物的高度,根据公式(1-11-1)分别计算出沉降率。

$$沉降率 = \frac{沉淀的高度(mL)}{总高度(100\ mL)} \times 100\% \tag{1-11-1}$$

【结果与分析】

① 观察波尔多液胶粒,并记录现象。

② 观察并分析不同方法和原料配制的波尔多液颜色和性质。

③ 分别静置记录 0.5 h,1 h 和 2 h 后量筒沉淀体积,采用式(1-11-1)计算沉降率,分析不同配制方法和原料质量与波尔多液质量的影响。

【注意事项】

（1）原料选择应选用纯净、优质、白色的生石灰块和纯蓝色的硫酸铜,硫酸铜不应夹带绿色和黄色杂质。若用熟石灰应增加 30%的用量。尽量选用江河水,不用井水、泉水。

（2）配制波尔多液不宜用金属器具,尤其不能用铁器,以防发生化学反应降低药效。

（3）生石灰最好用少量热水化开，石灰消解后石灰乳的温度要降至室温时才能混合。

（4）配制的硫酸铜溶液和石灰乳的温度要相同，且愈低愈好。若温度过高，化合反应太快，波尔多液粒子太粗，会影响药效。

（5）绝不可将石灰乳液倒入硫酸铜溶液中，否则配制成的药液产生沉淀，易发生药害。

（6）配成的波尔多液如呈天蓝色并有黏性，呈碱性反应，则为合格。用干净铁片在药液内浸2～3 min后，如出现镀铜现象，说明石灰量不够，需补加，以免产生药害。

（7）波尔多液要现配现用，不能储存过久，否则容易变质失效或发生药害。

思　考　题

（1）为什么波尔多液要现配现用？

（2）波尔多液的质量指标有哪些？

（3）配制时为什么一定要将硫酸铜液倒入石灰乳液中，而不是相反？

（4）波尔多液的作用机制是什么？

（5）为什么不能用铁质器具盛装波尔多液？

实验 12　石硫合剂的制备与质量检验

石硫合剂是由生石灰、硫磺加水熬制而成的一种在农业上广泛应用的杀菌剂，能通过渗透和侵蚀病菌和害虫体壁来杀死病虫害及虫卵，是一种既能杀菌又能杀虫、杀螨的无机硫制剂，可防治白粉病、锈病、褐烂病、褐斑病、黑星病及红蜘蛛、蚧壳虫等多种病虫害。在众多的杀菌剂中，石硫合剂以其取材方便、价格低廉、效果好、对多种病菌具有抑杀作用等优点，得到普遍使用。石硫合剂药效可持续半个月，7～10天达最佳药效。使用安全，产品分解后，有效成分起杀菌杀螨作用，残留部分为钙、硫等元素的化合物，均可被植物的果、叶吸收，它是植物生长所必需的中量元素。石硫合剂是一种廉价广谱杀菌、杀螨、杀虫剂，无抗药性，已有一百多年的使用历史。

【实验目的】

① 掌握石硫合剂的制备方法。

② 掌握制备石硫合剂的原理。

③ 了解石硫合剂制备的技术要点，包括火力的控制和反应终点的确定，以及原料质量、制备火力对母液浓度的影响。

④ 掌握母液浓度的量度和稀释方法。

【实验原理】

石硫合剂是硫磺、生石灰和水共热熬制而成。熬制过程发生的主要的化学反应式为：

$$3Ca(OH)_2 + 11S = CaS_5 + CaS_4 + CaS_2O_3 + 3H_2O$$

石硫合剂的主要成分是多硫化钙，多硫化钙含量越高，其质量越好。而起杀菌作用的是五硫化钙和四硫化钙，分别与空气中的氧气、二氧化碳和水发生反应，产生活性硫，杀死病菌。反应过程如下：

$$2CaS_5 + 3O_2 = 2CaS_2O_3 + 6S\downarrow$$

$$CaS_4 + CO_2 + H_2O = CaCO_3 + H_2S\uparrow + 3S\downarrow$$

【实验材料】

生石灰，硫磺粉（工业级，40～80 筛目）。

【实验设备及用品】

天平1台,500 mL和1000 mL烧杯各1只,200 mL量筒1支,玻棒2支,波美比重计1支,电炉1台,纱布1张,滤纸1盒,pH试纸1盒。

【实验步骤】

(1)实验步骤

① 称取原料。按照表1-12-1的配比,每份以30 g计算,分别称取生石灰、硫磺和水。

表1-12-1　石硫合剂原料配比表

原料名称	配方 I	配方 II	配方 III
硫磺粉	1	1.3~1.4	2
生石灰	1	1	1
水	10	13	10

注:本实验总量约为300 mL。

② 制备石灰乳溶液。称取块状、质轻而洁白的生石灰块放入1000 mL的烧杯中,先加50 mL的热水使其消解,搅动成糊状,再加入150 mL水于烧杯中搅拌成石灰乳液。

③ 制备硫磺糊。将硫磺粉加入500 mL的烧杯中,加入100 mL的热水,用玻棒搅拌成糊状。

④ 加热石灰乳溶液。将制备的石灰乳溶液放在电炉上强火煮沸。

⑤ 加入硫磺粉糊。一小份一小份地向沸腾的石灰乳液中加入硫磺粉糊,边加边搅拌,约10 min内加完。加完后用余量的热水将盛有硫磺粉糊的烧杯冲洗干净后倒入加热的溶液中,用记号笔在加热的烧杯外壁上标记液位高度。

⑥ 石硫合剂的煮制。保持强火煮沸,随时补充蒸发的水分,用开水补至刻度处,补水要在熬煮结束前15 min结束,全程约50 min。

⑦ 停止加热。当熬制的溶液变成红棕色,药渣呈苹果绿色时,表示石硫合剂已熬成,即可停止加热。终点判定方法是将药液滴到盛有清水的烧杯中,若药液马上在水面形成一层药膜,既不四处扩散,又不下沉,则说明已到最佳熬煮时间,应立即停火出锅。

⑧ 过滤。石硫合剂溶液冷却至室温后,用2~3层纱布过滤,除去渣滓后即为深棕色透明石硫合剂母液。

⑨ 降低煮制的温度按配方 III 重复上述实验。

⑩ 改变原料,采用劣质的硫磺和建筑用石灰按配方 III 重复上述实验。

⑪ 母液稀释时兑水量计算。

石硫合剂的浓度用波美度表示,波美度可以用波美比重计测量,一般熬制好的母液波美度在20~28度,使用时要兑水稀释,兑水量可用公式(1-12-1)计算:

$$兑水质量 = \left(\frac{母液波美度}{稀释后的波美度} - 1 \right) \times 母液质量 \qquad (1-12-1)$$

(2)质量指标与检验方法

① 外观。透明的红棕色溶液;残渣量少,呈苹果绿色。用眼观察所熬制的石硫合剂溶液,并用文字描述。

② 波美度。取石硫合剂母液100 mL于100 mL量筒中,用波美比重计测定波美比重度,根

据附录 F.5 和附录 F.6 换算母液浓度。

③ 酸碱性。用玻棒蘸少许药液于 pH 试纸上,判断其酸碱性。

【结果与分析】

① 观察并记录石硫合剂在煮制过程颜色的变化。

② 观察并分析不同火力和原料制备的石硫合剂的颜色和性质。

③ 分别测定采用不同配方和方法制备的石硫合剂母液的波美度,求出母液的浓度,分析制备条件与母液浓度的关系。

【注意事项】

(1) 生石灰应采用质轻、色白的块状原料。

(2) 硫磺粉细度能通过 40 目筛即可,无杂质。

(3) 熬煮时采用干净河水、池塘水或自来水,不用井水和泉水。

(4) 熬煮时要掌握好火候和时间,搅拌要适当,不能剧烈搅拌,火力也不要过猛,一定要熬煮至呈红棕色时才能停火。

(5) 制成母液应储藏于陶质器具中,上部注入一层煤油(柴油),以避免氧化,但稀释液不能储藏,应立即使用。

(6) 石硫合剂有腐蚀性,沾染皮肤、眼睛时,应立即用水冲洗。

(7) 生产实际应用时用生铁锅或瓦罐熬制,不能用铜、铝锅熬制。

思　考　题

(1) 制备石硫合剂过程中,影响其质量的主要因素有哪些? 为什么?

(2) 假如生产需要 0.4 波美度的石硫合剂 25 kg,需要本实验中最优的母液多少千克? 应加多少千克水稀释?

(3) 量度石硫合剂母液浓度为什么要用波美比重计,而不能采用普通比重计?

第二章　农药物理性能测定

农药物理性能是农药质量的重要技术指标,一般是根据工厂生产技术条件和农业应用上的要求确定的,其优劣直接影响到农药的使用效果及对作物的安全性。如乳油或乳剂类要有良好的乳液稳定性,即乳油或乳剂加水稀释后能形成较稳定的乳液。如果在乳液中的药剂有效成分油珠过大,则在停放过程中会发生油珠下沉或上浮,形成不稳定的乳液,在喷施过程中前后浓度不一致,以至达不到预期防效,甚至发生药害。可湿性粉剂类要有良好的悬浮性能,即药剂加水稀释搅拌后能形成良好的悬浮液,使在喷施过程中药剂不致沉在容器底部。如果药剂不能很好地悬浮在水中,使喷施过程中前后药液浓度不一致,必然影响防治效果。粉剂类要有良好的细度和分散性,即当用喷粉器械喷撒时,药粉能很好地分散且均匀分布在防治目标上。农药的品种和剂型很多,国内外常用的品种就有200多种,剂型80余种,鉴于篇幅,不可能详细介绍每一种农药或剂型的具体检测项目,本章主要介绍一些常用的物理性能指标的检测方法。

实验 13　表面张力的测定

液体的表面张力是表征液体性质的一个重要参数,它描述了液体表层附近分子力的宏观表现,其大小对农药加工及应用具有重要意义。测量液体表面张力系数的方法有拉脱法、液滴测重法和毛细管升高法等。拉脱法是测量液体表面张力系数常用的方法之一,其特点是用秤量仪器直接测量液体的表面张力,测量方法直观,概念清楚。

【实验目的】

① 熟悉和掌握 FD-NST-Ⅰ液体表面张力测定仪的使用和硅压阻力敏传感器的定标方法。

② 掌握用拉脱法测量液体表面张力系数的方法。

【实验原理】

表面张力是液体表面层由于分子引力不均衡而产生的沿表面作用于任一界线上的张力。测量一个已知周长的金属片从待测液体表面脱离时需要的力,求得该液体表面张力系数的实验方法称为拉脱法。若金属片为环状吊片时,可以认为脱离力为表面张力系数乘上脱离表面的周长,即

$$F = \alpha \pi (D_1 + D_2) \tag{2-13-1}$$

式中,F:脱离力,N;D_1、D_2:圆环的外径和内径,m;α:液体的表面张力系数,N/m,与液体的种类、纯度和温度等因素有关。

硅压阻式力敏传感器由弹性梁和贴在梁上的传感器芯片组成,其中芯片由 4 个硅扩散电阻集成一个非平衡电桥,当外界压力作用于金属梁时,在压力作用下,电桥失去平衡,此时将有电压信号输出,输出电压大小与所加外力成正比,即

$$\Delta U = BF \tag{2-13-2}$$

式中,F:外力的大小,N;B:硅压阻式力敏传感器的灵敏度,V/N;ΔU:传感器输出电压的大小,V。

【实验材料】

有机硅表面活性剂 Silwet 408,Silwet 618,Silwet 625,810C;常用的表面活性剂 JFC(脂肪醇聚氧乙烯醚),氮酮,NP-10,农乳 600,去离子水。

【实验设备及用品】

FD-NST-Ⅰ型液体表面张力系数测定仪,片码,铝合金吊环,吊盘,玻璃培养皿,游标卡尺,镊子,恒温分析天平,超声波清洗器,烧杯,容量瓶,量筒,玻璃棒,胶头滴管,移液管,温度计,数字湿度计,秒表,油性笔,吸水纸。

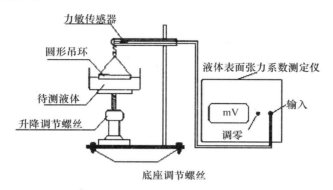

图 2-13-1　FD-NST-Ⅰ液体表面张力测定仪

【实验步骤】

(1) 力敏传感器的定标

① 打开仪器的电源开关,将整机预热 15 min。

② 清洗吊环和玻璃器皿。

③ 用游标卡尺测量金属圆环的外径 D_1 和内径 D_2。

④ 调节支架的底脚螺丝,使玻璃器皿保持水平。

⑤ 将砝码盘挂在力敏传感器的小钩上,调节电子组合仪上的补偿电压旋钮,使数字电压表显示为零。

⑥ 在砝码盘上分别加 0.5 g、1.0 g、1.5 g、2.0 g、2.5 g、3.0 g 等质量的砝码,记录相应砝码力 F 作用下,数字电压表的读数值 U。

⑦ 用最小二乘法作直线拟合,求出传感器灵敏度 B。

(2) 水表面张力系数的测量

① 将盛水的玻璃器皿放在平台上,并将洁净的金属吊环挂在力敏传感器的小钩上,调节升降台,将液体升至靠近环片的下沿,观察吊环下沿与待测液面是否平行。如果不平行,将金属吊环取下后,调节吊环上的细丝,使吊环与待测液面平行,并对电压表清零。

② 逆时针旋转升降台大螺帽使玻璃器皿中液面上升,当吊环下沿部分均浸入液体中时,改为顺时针转动该螺帽,这时液面往下降(或者说吊环相对往上升),金属吊环和液面间形成一环形液膜,继续下降液面,测出环形液膜即将拉断前一瞬间数字电压表读数值 U_1 和液膜拉断后一瞬间数字电压表读数值 U_2。重复测量 5 次。

$$\Delta U = U_1 - U_2$$

③ 将实验数据代入公式(2-13-1)和(2-13-2),求出液体的表面张力系数,并与标准值进行比较。

(3) 农药常用表面活性剂表面张力系数的测量

用水将表面活性剂分别稀释成 0.1% 和 0.01% 溶液,按(2)中"水表面张力系数的测量"方法测量不同浓度溶液的表面张力系数,并按表 2-13-1 格式记录和计算测量结果。

【结果与分析】

(1) 传感器灵敏度的测量

表 2-13-1 力敏传感器标定

砝码/g	0.500	1.000	1.500	2.000	2.500	3.000
电压/mV						

经最小二乘法拟合得 $B=$ _____ mV/N,拟合的线性相关系数 $r=$ _____

(2) 水的表面张力系数的测量

金属环外径 $D_1=$ _____ m,内径 $D_2=$ _____ m,水的温度:$t=$ _____ ℃

表 2-13-2 数据记录及结果(水的温度   ℃)

编号	U_1/mV	U_2/mV	ΔU/mV	F/N	$A/(N \cdot m^{-1})$
1					
2					
3					
4					
5					

平均值:$\bar{a}=$ _____ N/m

表 2-13-3 水的表面张力系数的标准值

$A/(N \cdot m^{-1})$	0.074 22	0.073 22	0.072 75	0.071 97	0.071 18
水的温度 t/℃	10	15	20	25	30

【注意事项】

(1) 吊环应严格清洗干净,可用酒精或 NaOH 溶液洗净油污或杂质后,用清洁水冲洗干净,并用热吹风烘干。

(2) 必须使吊环保持竖直,以免测量结果引入较大误差。

(3) 实验之前,仪器须开机预热 15 min。

(4) 在旋转升降台时,尽量不要使液体产生波动,液膜被拉断前的操作要特别小心、缓慢,以免液膜受到振动或受气流的干扰过早破裂。

(5) 在拉伸吊环的过程中,电压逐渐变大,直至达到一个最大值,然后又逐渐变小,此时,应减缓旋转升降台的速度,仔细观察数字电压表的读数值,液膜将在这个过程中断裂。

(6) 若液体为纯净水,在使用过程中要防止灰尘、油污和其他杂质的污染,特别注意手指不能触及被测液体。

（7）玻璃器皿放在平台上，调节平台时应小心、轻缓，防止打破玻璃器皿。

（8）接触金属环时用力要轻，保证金属环平整，防止引起金属环弯曲变形。

（9）使用力敏传感器时用力不大于 0.098 N，过大的拉力传感器容易损坏。

（10）实验结束后须将吊环用清洁滤纸擦干并包好，放入干燥缸内。

思 考 题

（1）拉脱法测量液体表面张力系数的基本原理是什么？

（2）液体表面张力系数的物理意义是什么？影响因素有哪些？

（3）当吊环下沿部分均浸入液体中后，旋转大螺帽使得液面往下降，数字电压表的示数如何变化？

（4）测定农药助剂表面张力对农药加工及应用有何意义？

实验 14 喷雾质量指标测定——雾滴分布测定

用喷雾器具将药液喷撒成雾状分散体系的施药方法称为喷雾法。目前，多数固体和液体制剂均采用兑水喷雾，但如果药液喷雾不均匀，势必造成防效下降，且易引起作物药害。因此，测定药液雾滴在作物上的分布情况，可为改进喷雾器械和施药技术提供依据。

【实验目的】

① 了解影响雾滴分布的因素和不同容量喷雾的雾滴分布规律。

② 熟悉和掌握雾滴分布的测定方法。

【实验原理】

雾滴的分布受药液雾化及施药液量调控。药液受压后通过特殊构造的喷头和喷嘴雾化喷出，由于液体内部的不稳定性与空气发生撞击后碎裂成为细小雾滴。

【实验材料】

红墨水，80%敌敌畏（dichlorvos）乳油。

【实验设备及用品】

压力或电动喷雾器，0.7～0.8 mm 孔径（低量）和 1.2～1.3 mm 孔径（常量）喷头片，绘图纸（7 cm×2 cm），实体显微镜，剪刀，烧杯，量筒，玻璃棒，温度计，风速仪，卷尺。

【实验步骤】

（1）喷雾液配制

用红墨水作染色剂，取 80%敌敌畏乳油按 600 mL/hm² 配制低量（药液用量 75 kg/hm²）和常量（药液用量 750 kg/hm²）喷雾液。

（2）实验设计

在大田选择抽穗的小麦或水稻 600 m²，分成两块供低量和常量喷雾使用。每块田随机布 1 m² 的点 7 个，点内分别选典型的植株，在穗子正面、侧面和背面，旗（剑）叶正面和背面，第二片叶正面和背面 7 个不同部位，按植株生长相同姿态钉一片绘图纸于叶片中部。

（3）喷药与检测

按 0.5 m/s 行速、2 m 喷幅进行喷雾。待药液晾干后，收回采样纸片，在实体显微镜下检查每纸片 3 cm² 内的雾滴数。

【结果与分析】

表 2-14-1　植株不同部位雾滴分布测定结果

部　位	雾滴数(个/cm²)															
	低量喷雾								常量喷雾							
	1	2	3	4	5	6	7	平均	1	2	3	4	5	6	7	平均
穗子正面																
穗子背面																
穗子侧面																
旗(剑)叶正面																
旗(剑)叶背面																
第二片叶正面																
第二片叶背面																

【注意事项】

(1) 采样的绘图纸需按植株生长的姿态贴钉,以免影响采样效果。

(2) 喷雾时的行速要均匀。

思　考　题

(1) 影响雾滴分布的因素有哪些?

(2) 低量喷雾与常量喷雾药液雾滴分布有何特点?

(3) 根据雾滴分布特点,试述防治小麦或水稻主要病虫害采用何种喷雾方式为好?

实验 15　雾滴直径的测定——纸上印迹法和氧化镁板法

雾滴直径可分为雾滴数量中值直径 NMD 和容积中值直径 VMD,是衡量药液雾化程度和比较各类喷头雾化质量的主要指标。农药在喷雾过程中,雾滴过小容易飘失,过大则容易滚落、流失。因此,雾滴直径的正确选用,是用最少药量取得最好药效及减少环境污染等技术的关键。测定雾滴直径的方法很多,如高速摄影、激光全息摄影和专门的扫描技术等。实验室用的方法有纸上印迹法和氧化镁板法。

【实验目的】

了解影响雾滴大小的因素,掌握雾滴直径的测定方法。

【实验原理】

雾滴的直径受药液雾化调控。药液受压后通过特殊构造的喷头和喷嘴雾化喷出,由于液体内部的不稳定性与空气发生撞击后碎裂成为细小雾滴。

【实验材料】

红墨水。

【实验设备及用品】

压力或电动喷雾器,喷头片(孔径分别为 0.5、0.7、1.0、1.3、1.6 mm),水敏纸(或油敏纸、克罗密柯特纸卡),玻璃板(18.5 cm×5 cm),实体显微镜,木垫(高 10 cm 左右),剪刀,烧杯,量筒,玻璃棒,温度计,风速仪,卷尺。

【实验步骤】

(1) 喷雾液配制

用红墨水作染色剂,配制喷雾液。

(2) 氧化镁采样板制备

将洗净的玻璃板置于制板架上,将镁条点燃在玻璃板下来回移动,使氧化镁均匀地附着在玻璃板上制成采样板。

(3) 氧化镁板或水敏纸采样

在空气不流动的空间,放置 5 个木垫,每个木垫的上方放置一块采样板或水敏纸。在不同压力、不同孔径、不同喷头结构条件下,距离喷头 1 m 处缓慢移动(0.5 m/s 的行走速度),用采样板或水敏纸承接雾滴。待沉降 1 min 后,将采样板或水敏纸存放于干燥处。

(4) 测定

在实体显微镜下,用测微尺测量 100 个雾粒直径。氧化镁板采用校正系数 0.86 进行校正,则:

$$雾粒直径＝目尺格数×(微米数/格)×0.86$$

根据数量中径(NMD)与质量中径(MMD)测定结果,计算 NMD、MMD 及 NMD/MMD 之值。

【结果与分析】

表 2-15-1　雾滴直径分布表

雾滴直径分级(占格数)	采样板或纸卡号					合计雾滴数(N)
	1	2	3	4	5	
1						
2						
3						
4						
5						
6						
7						
8						
9						
10						
11						
合　计						

表 2-15-2　两种喷头结构的不同孔径的 *VMD* 和 *NMD*

喷头片孔径/mm	喷头结构					
	有锥体			无锥体		
	VMD	*NMD*	*VMD/NMD*	*VMD*	*NMD*	*VMD/NMD*
0.5						
0.7						
1.0						
1.3						
1.6						

【注意事项】

（1）喷雾时的行走速度不宜过慢，以免雾滴的过度重叠。

（2）显微镜的放大倍数，以操作者在目镜中能看清雾滴为原则（一般放大 190～200 倍）。

思　考　题

（1）影响雾滴直径的因素有哪些？

（2）*VMD/NMD* 的比值说明了什么？

实验 16　雾滴沉积量测定

提高农药喷雾利用率是提高药效、减少农药污染和农药残留量最有效的方法之一，农药喷雾利用率与农药雾滴在植物叶面上的沉积量有着紧密的关系。测定农药雾液在作物上的沉积量，还能为喷雾器的改造提供依据。

【实验目的】

① 了解影响雾滴沉积量的因素和不同容量喷雾雾滴沉积规律。

② 熟悉和掌握雾滴沉积量的测定方法。

【实验原理】

雾滴大小受药液雾化调控，由于其重力不同，药液在植物上呈现不同的沉积规律。在药液中加入适量浓度的荧光物质，其荧光强度与该物质的浓度通常有良好的正比关系，即 $I_F = Kc$，利用这种关系可以进行荧光物质的定量分析。

【实验材料】

蓝光碱性蕊香红（Rhodamine b）。

【实验设备及用品】

GFY-160 荧光光度计，压力或电动喷雾器（低量孔径 0.8 mm，常量孔径 1.2 mm），采样架（长×宽×高为 50 cm×50 cm×70 cm），塑料杯，剪刀，容量瓶，烧杯量筒，玻璃棒，温度计，风速仪，卷尺。

【实验步骤】

（1）标准工作曲线的绘制

分别吸取浓度为 100 mg/L Rhodamine b 标准液 0.2、0.4、0.8、1.2、1.6 mL 于 50 mL 的容

量瓶中,用水定容至刻度,分别配制 1、2、4、6、8 mg/mL 的标准溶液,在波长为 680 nm 处(发射波长可根据荧光强度进行调节)测定荧光强度(mV)。以 Rhodamine b 浓度为横坐标,荧光强度为纵坐标,描制浓度-荧光强度标准工作曲线。

(2)雾滴沉积量测定

在大田选择高度约 75 cm 的小麦或水稻 600 m²,分成两块供低量和常量喷雾使用。在植株行间的地面上,每块放置 20 个内径 60 cm 的塑料杯,用 Rhodamine b 加水配制成浓度为 1000 mg/L 溶液代替农药作为喷雾剂,分别按低量(药液用量 75 kg/hm²)和常量(药液用量 750 kg/hm²)进行实际田间喷雾。待药液晾干后,收集采样塑料杯,并利用采样架将植株沿高度方向分三层采集各层植株样品(见图 2-16-1),共采样 20 个点,每个采样点面积 0.25 m²。塑料杯和植株样品分别用 300 mL 的水洗涤后,再收集约 10 mL 溶液样品,用荧光分光光度计测定其浓度,由此计算出雾滴在地面上的损失及在植株某一区域的沉积量。

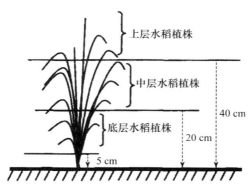

图 2-16-1　水稻层间采样示意图

【结果与分析】

表 2-16-1　雾滴沉积量

测定项目	低量喷雾				常用喷雾			
	上层	中层	低层	地表	上层	中层	低层	地表
荧光强度/mV								
药液浓度/(mg/L)								
沉积量/g								
沉积分布/(%)								

【注意事项】

(1)样品浓度不宜过高,以免导致荧光强度与样品浓度不呈线性关系。

(2)温度升高会使荧光强度下降,一般温度上升 1℃,荧光减弱 1%～2%,因此必须注意温度变化。

(3)不可用离子交换水或石英坩埚水作溶剂,以免产生内滤效应或荧光熄灭效应。

(4)要在药液风干后进行植株采样,以免药液滚落影响沉积效果。

思　考　题

（1）影响雾滴沉积的因素有哪些？

（2）试分析低量喷雾与常量喷雾药液雾滴沉积有何特点？

（3）根据雾滴沉积特点，试述防治小麦或水稻主要病虫害采用何种喷雾方式为好？

实验 17　农药粉粒细度测定

粉粒的细度是粉剂和可湿性粉剂的重要质量技术指标，以粉粒能通过某种规格的筛目号数的百分率表示。粉剂的药效和细度有密切的关系。在一定范围内，药效与粒径成反比，触杀性杀虫剂的粉粒愈小，则每单位重量的药剂与虫体接触面愈大，触杀效果也就越好。在胃毒性农药中，药粒愈小，愈易为病虫害吞食，食后亦较易被肠道吸收而发挥毒效。但药粒过细，有效成分挥发加快，药效期缩短，喷药时飘移严重，反而会降低药效，并对环境不利。因此，应根据原药特性、加工设备条件和施药机械水平，确定合适的粒径。目前，实验室常用的测定方法有干筛法（适用于粉剂）和湿筛法（适用于可湿性粉剂）。

【实验目的】

① 了解粉剂和可湿性粉剂的主要物理特性。

② 熟悉和掌握粉粒细度的测定方法。

【实验原理】

（1）干筛法提要

将烘箱中干燥至恒重的样品，自然冷却至室温，并在样品与大气达到湿度平衡后，称取试样，用适当孔径的实验筛筛分至终点，称量筛中残余物，计算细度（如所干燥的样品易吸潮，须将样品置于干燥器中冷却，并尽量减少样品与大气环境接触，完成筛分）。

（2）湿筛法提要

将称好的试样，置于烧杯中润湿、稀释，倒入润湿的实验筛中，用平缓的自来水流直接冲洗，再将实验筛置于盛水的盆中继续洗涤，将筛中剩余物转移至烧杯中，干燥残余物，称量，计算细度。

【实验材料】

农药粉剂和可湿性粉剂。

【实验设备及用品】

实验筛（100、200、325 目筛，并具配套的接收盘和盖子），电子天平，恒温烘箱（100℃以内控温精度为±2℃），玻璃皿，刷子，烧杯，玻璃棒，干燥器。

【实验步骤】

（1）干筛法

① 样品的制备。根据样品的特性，调节烘箱至适宜的温度，将足量的样品置于烘箱中干燥至恒重，然后使样品自然冷却至室温并与大气温度达到平衡，备用。

② 测定。称取 20 g 试样（精确至 0.1 g），置于与接收盘相吻合的适当孔径实验筛中，盖上盖子，按下述两种方法之一进行实验。

a. 震筛机法。将实验筛装在震筛机上振荡，同时交替轻敲接收盘的左右侧，10 min 后，关闭震筛机，让粉尘沉降数秒钟后揭开筛盖，用刷子清扫所有堵塞筛眼的物料，同时分散筛中软团块，但不应压碎硬颗粒。盖上筛盖，开启震筛机，重复上述过程至 2 min 内过筛物少于 0.01 g 为止，将筛中残余物移至玻璃皿中称重。

b. 手筛法。两手同时握紧筛盖及接收盘两侧，在具胶皮罩面的操作台上，将接收盘左右侧底部反复与操作台接触振，并不时按顺时针方向调整筛子方位（也可按逆时针方向），在揭盖之前，让粉尘沉降数秒钟，用刷子清扫堵塞筛眼的物料，同时分散软团块，但不应压碎硬颗粒，重复震筛至 2 min 内过筛物少于 0.01 g 为止，将筛中残余物移至玻璃皿中称重。

（2）湿筛法

① 试样的润湿。称取 20 g 试样（精确至 0.1 g），置于 250 mL 烧杯中，加入约 80 mL 自来水，用玻璃棒搅动，使其完全润湿。

② 实验筛的润湿。将实验筛浸入水中，使金属丝布完全润湿。

③ 测定。用自来水将烧杯中润湿的试样稀释至约 150 mL，搅拌均匀，然后全部倒入润湿的标准筛中，用自来水洗涤烧杯，洗涤水也倒入筛中，直至烧杯中粗颗粒完全移至筛中为止。用直径为 9～10 mm 橡皮管导出的平缓自来水流冲洗筛上试样，水流速度控制在 4～5 L/min，橡皮管末端出水口保持与筛沿平齐为度。在筛洗过程中，保持水流对准筛上的试样，使其充分洗涤（如果试样中有软团块可用玻璃棒轻压，使其分散），一直洗到通过实验筛的水清亮透明为止。再将实验筛移至盛有自来水的盆中，上下移动洗涤筛沿始终保持在水面之上，重复至 2 min 内无物料过筛为止，弃去过筛物，将筛中残余物先冲至一角再转移至已恒重的 100 mL 烧杯中，静置，待烧杯中颗粒沉降至底部后，倾去大部分水，加热，将残余物蒸发近干，于 100℃（或根据产品的物化性能，采用其他适当温度）烘箱中至恒重，取出烧杯置于干燥器中冷却至室温，称量。

【结果与分析】

粉剂、可湿性粉剂的细度 X 按公式（2-17-1）计算，两次平行测定结果之差应在 0.8% 以内。

$$X = \frac{m_1 - m_2}{m_1} \times 100\% \tag{2-17-1}$$

式中，m_1：粉剂（或可湿性粉剂）试样的质量，g；m_2：玻璃皿（或烧杯）中残余物的质量，g。

表 2-17-1 粉粒细度测定结果

样品序号	粉剂（100 目）			可湿性粉剂（325 目）		
	过筛前样品重/g	过筛样品重/g	过筛百分比/（%）	过筛前样品重/g	过筛样品重/g	过筛百分比/（%）
1						
2						
3						
4						
平　均						

【注意事项】

（1）干筛法制备样品时，对于沸点较低的样品，烘箱的温度不宜过高。

（2）干筛法样品烘干后，如果样品易吸潮，应将其置于干燥器中冷却至室温，并尽量减少与大气环境接触。

（3）湿筛法和试样润湿时，如果金属丝布和试样抗润湿，可加入适量非极性润湿剂。

（4）试样在筛洗过程中，如果出现有软团块可用玻璃棒轻压，使其分散。

（5）湿筛法样品烘干时，要根据产品的物化性能，采用适当温度烘干至恒重。

思 考 题

（1）粉粒细度对药效有何影响？

（2）为什么不可以用湿筛法测定粉剂细度？

（3）用干筛法测定可湿性粉剂细度对结果有何影响？

实验 18　农药酸度测定（农药氢离子浓度测定）

酸度是农药质量重要指标之一。很多农药的分解与 H^+ 或 OH^- 的浓度有直接关系，只有在一定的 pH 范围内才比较稳定，且该范围因品种不同而异。一般农药在中性或偏酸性物质中比较稳定，遇碱性物质极易分解失效。酸度的测定方法主要有酸碱滴定法和氢离子浓度测定法。

【实验目的】

① 了解农药酸度测定的原理。

② 熟悉和掌握用 pH 计测定农药酸度的方法。

【实验原理】

酸度计的主体是精密的电位计。测定时把复合电极插在被测溶液中，由于被测溶液的酸度（氢离子浓度）不同而产生不同的电动势，将它通过直流放大器放大，最后由读数指示器（电压表）指出被测溶液的 pH。用酸度计进行电位测量是测量 pH 最精密的方法。

【实验材料】

丙酮，0.02 mol/L 氢氧化钠标准溶液，0.2％甲基红溶液，pH 6～8 蒸馏水，苯二甲酸氢钾，四硼酸钠。

【实验设备及用品】

pH 计，玻璃电极，饱和甘汞电极，恒温分析天平，烧杯，容量瓶，量筒，玻璃棒，胶头滴管，移液管，温度计。

【试剂配制】

① 水：新煮沸并冷至室温的蒸馏水，pH 为 5.5～7.0。

② $c(C_8H_5KO_4)=0.05$ mol/L 苯二甲酸氢钾 pH 标准溶液：称取在 105～110℃烘至恒重的苯二甲酸氢钾 10.21 g 于 1000 mL 容量瓶中，用水溶解并稀释至刻度，摇匀，此时（温度对 pH 的影响可忽略不计），苯二甲酸氢钾溶液的 pH 为 4.0。

③ $c(Na_2B_4O_7)=0.05$ mol/L 四硼酸钠 pH 标准溶液：称取 19.07 g 四硼酸钠于 1000 mL 容量瓶中，用水溶解并稀释至刻度，摇匀，温度对四硼酸钠溶液 pH 有一定影响，需进行校正，即四硼酸钠溶液在 10、15、20、25、30℃时，其 pH 分别为 9.29、9.26、9.22、9.18、9.14。

【实验步骤】

（1）pH 计的校正

① 玻璃电极。使用前需在蒸馏水中浸泡 24 h。

② 饱和甘汞电极。电极的室腔中需注满饱和氯化钾溶液，并保证饱和溶液中总有氯化钾晶体存在。

③ pH 计的校正。将 pH 计的指针调整到零，温度补偿旋钮调至室温，用上述中一个 pH 标准溶液校正 pH 计，重复校正，直到两次读数不变为止。再测量另一 pH 标准溶液的 pH，测定值与标准值的绝对差值应不大于 0.02。

（2）测定试样 pH

称取 1 g 试样于 100 mL 烧杯中，加入 100 mL 水，剧烈搅拌 1 min，静置 1 min。将冲洗干净的玻璃电极和甘汞电极插入试样溶液中，测其 pH。至少平行测定 3 次，测定结果的绝对差值应小于 0.1，取其算术平均值即为该试样的 pH。

【结果与分析】

表 2-18-1　农药酸度测定结果

项　目	固体农药				液体农药			
	1	2	3	平均	1	2	3	平均
pH								

【注意事项】

（1）玻璃电极在初次使用前，必须在蒸馏水中浸泡一昼夜以上。平时也应浸泡在蒸馏水中以备随时使用。

（2）玻璃电极不要与强吸水溶剂接触太久，在强碱溶液中使用应尽快操作，用毕立即用水洗净。玻璃电极球泡膜很薄，不能与玻璃杯及硬物相碰；玻璃膜沾上油污时，应先用酒精，再用四氯化碳或乙醚，最后用酒精浸泡，再用蒸馏水洗净。

（3）电极清洗后只能用滤纸轻轻吸干，切勿用织物擦抹，这会使电极产生静电荷而导致读数错误。

（4）甘汞电极在使用时，注意电极内要充满氯化钾溶液，应无气泡，防止断路。应有少许氯化钾结晶存在，以使溶液保持饱和状态，使用时拔去电极上顶端的橡皮塞，从毛细管中流出少量的氯化钾溶液，使测定结果可靠。

（5）测定 pH 的准确性取决于标准缓冲液的准确性，酸度计用的标准缓冲液，要求有较大的稳定性，较小的温度依赖性。

思　考　题

（1）测定农药酸度有何意义？

（2）玻璃电极在初次使用前为什么必须在蒸馏水中浸泡 24 h 以上？

（3）测定农药酸度时为什么要对四硼酸钠标准溶液的 pH 进行校正？

（4）影响农药酸度测定结果的因素有哪些？

实验 19　　农药悬浮率测定

悬浮率是制剂用水配成悬浮液后,经一定时间,其中有效成分在水中的悬浮百分率。是可湿性粉剂、悬浮剂、水分散粒剂、微囊剂等农药剂型质量指标之一。上述农药制剂兑水稀释变成悬浮液后,用喷雾器喷洒,要求农药有效成分的颗粒在悬浮液中能在较长时间内保持悬浮状态,而不沉在喷雾器的底部,这样喷出去的药液比较均匀,防效好;如果沉在底部,早喷出去的药液浓度就会降低,植物上的药量少,防效会降低;而晚喷出去的药液浓度过高有可能对植物造成药害,所以悬浮液悬浮率的高低是制剂药效能否发挥作用的重要因素。悬浮率高,表明在喷洒过程中有效成分能较稳定地悬浮在水中,从而能均匀地沉积到植物表面上。一般要求农药制剂的悬浮率大于 70%。

【实验目的】

了解影响悬浮率的因素,熟悉和掌握悬浮率的测定方法。

【实验原理】

用标准硬水将待测试样配制成适当浓度的悬浮液。在规定的条件下,于量筒中静置 30 min,测定底部十分之一悬浮液中有效成分含量,计算其悬浮率。

【实验材料】

无水氯化钙,$MgCl_2 \cdot 6H_2O$,碳酸钙,氧化镁,盐酸,均为分析纯。

【实验设备及用品】

量筒(250 mL,带磨口玻璃塞,0～250 mL 刻度间距为 25.0～21.5 cm,250 mL 刻度线与塞子底部之间的距离应为 4～6 cm),玻璃吸管(长约 40 cm,内径约为 5 mm,一端尖处有约 2～3 mm 的孔,管的另一端连接在相应的抽气源上),恒温水浴[(30±1)℃],秒表。

【试剂配制】

342 mg/L 标准硬水的配制,下列两种方法可任选一种。

① 称取 30.4 g 无水氯化钙和 13.9 g $MgCl_2 \cdot 6H_2O$(使用前在 200℃下烘 2 h)溶于 1000 mL 蒸馏水中,溶液过滤,收集滤液,取 10 mL 滤液于 1000 mL 容量瓶中,蒸馏水定容至刻度,备用。

② 称取 2.740 g 碳酸钙和 0.276 g 氧化镁,用少量 2 mol/L 盐酸溶解,在水浴上蒸发至干以除去多余的盐酸。然后将残留物溶于 100 mL 容量瓶中,用蒸馏水稀释至刻度,取出 10 mL 加水稀释至 1000 mL。

【实验步骤】

称取 1 g 试样,精确至 0.0001 g,置于盛有 50 mL 标准硬水(30±1)℃的 200 mL 烧杯中,用手按约 120 次/min 速度摇荡作圆周运动 2 min。将该悬浮液在同一温度的水浴中放置 13 min,然后用(30±1)℃标准硬水将其全部洗入 250 mL 量筒中,并稀释至刻度,盖上塞子,以量筒底部为轴心,将量筒在 1 min 内上下翻转 30 次。打开塞子,再垂直放入无振动的恒温水浴中,静置 30 min 后,用吸管在 10～15 s 内将内容物的 9/10(即 225 mL)悬浮液移出,不要摇动或搅起量筒内的沉降物,确保吸管的顶端总是在液面下几毫米处。

按规定方法测定试样和留在量筒底部 25 mL 悬浮液中的有效成分(a.i.)含量。

【结果与分析】

悬浮率按公式(2-19-1)计算:

$$悬浮率 = 1.11 \times \frac{m_1 - m_2}{m_1} \times 100\% \qquad (2\text{-}19\text{-}1)$$

式中,m_1:配制悬浮液所取试样中有效成分质量,g;m_2:留在量筒底部 25 mL 悬浮液中有效成分质量,g。

记录平行测定 3 次的实验结果,取其平均值。

【注意事项】

(1) 要用接近天然水的硬水配制悬浮液。

(2) 水浴中的水应保持与量筒中的悬浮液持平。

(3) 用吸管移出内容物时,不要摇动或搅起量筒内的沉降物,确保吸管的顶端总是在液面下几毫米处。

思　考　题

(1) 影响悬浮率的因素有哪些?

(2) 为什么要用硬水而不用蒸馏水稀释试样(药剂)?

(3) 水浴中的水温过高或过低对悬浮率有何影响?

实验 20　农药稀释稳定性测定

乳剂稀释稳定性是乳剂质量的一个重要质量指标,对乳剂的储存运输和使用有重要的影响。农药稀释稳定性是用以衡量乳油加水稀释后形成的乳液中,农药液珠在水中分散状态的均匀性和稳定性。乳油类农药制剂需用水稀释成乳液后喷施。农业上使用的乳液绝大多数为水包油(O/W)型,要求液珠能在水中较长时间地均匀分布,油水不分离,使乳液中有效成分浓度保持均匀一致,充分发挥药效,避免产生药害。稳定性的优劣与配制乳油时选用的乳化剂的品种和加入量有关。我国制订的乳液稳定性测定标准为:乳油经用 342 mg/L 标准硬水稀释 200 倍,搅匀后放入 100 mL 量筒中,在 25～30℃静置 1 h 观察,应没有浮油、沉油或沉淀析出。

【实验目的】

了解影响乳剂农药稀释稳定性因素,熟悉和掌握乳剂农药稀释稳定性的测定方法。

【实验原理】

用标准硬水将待测试样配制成适当浓度的乳浊液,在规定的条件下,于量筒中静置 1 h,观察乳状液分离情况。

【实验材料】

无水氯化钙,$MgCl_2 \cdot 6H_2O$,碳酸钙,氧化镁,盐酸,均为分析纯。

【实验设备及用品】

量筒(100 mL,内径 28±2 mm,高 250±5 mm),烧杯(250 mL,直径 60～65 mm),玻璃搅拌棒(直径 6～8 mm),吸液管(5 mL,刻度为 0.1 mL),恒温水浴。

【试剂配制】

342 mg/L 标准硬水的配制,下列两种方法可任选一种。

① 称取 30.4 g 无水氯化钙和 13.9 g MgCl$_2$·6H$_2$O(使用前在 200℃下烘 2 h)溶于 1000 mL 蒸馏水中,溶液过滤,收集滤液,取 10 mL 滤液于 1000 mL 容量瓶中,蒸馏水定容至刻度,备用。

② 称取 2.740 g 碳酸钙和 0.276 g 氧化镁,用少量 2 mol/L 盐酸溶解,在水浴上蒸发至干以除去多余的盐酸,然后将残留物溶于 100 mL 容量瓶中,用蒸馏水稀释至刻度,取出 10 mL 加水稀释至 1000 mL。

【实验步骤】

在 250 mL 烧杯中,加入 100 mL 25~30℃标准硬水,用移液管吸取乳剂试样,在不断搅拌下缓慢加入硬水中(按各产品规定的稀释浓度),使其配成 100 mL 乳状液。加完乳剂后,继续用 2~3 r/s 的速度搅拌 30 s,立即将乳状液转移到清洁、干燥的 100 mL 量筒中,并将量筒置于 25~30℃的恒温水浴内静置 1 h,取出,观察乳状液分离情况。如在量筒中没有浮油、沉油或沉淀析出,则稳定性为合格。

评价乳油在水中的分散性和乳化性时,采用 100 mL 量筒,按要求的条件进行。评价标准如下(可以在优、良、可上加"+"或"−"表示差异)。

(1)分散性

量取 99.5 mL 蒸馏水于 100 mL 量筒中,并移入 0.5 mL 乳油,观察其分散状态。

优:能自动分散成带蓝色荧光的乳白雾状,并自动向上翻转,基本无可视粒子,壁上有一层蓝色乳膜。

良:大部分乳油自动分散成乳白雾状,有少量可视粒子或少量乳油。

可:能分散成乳白雾状。

差:不分散,呈油珠或颗粒下沉。

(2)乳化性

将乳油滴入量筒后盖上塞子,翻转量筒 15 次,观察初乳态。

优:乳液呈蓝色透明或半透明状,有较强的乳光。

良:乳液呈浓乳白色或稍带蓝色,底部有乳光,乳液附壁有乳膜。

可:乳液呈乳化状态,无光泽。

差:乳液呈灰白色,有可视粒子。

【结果与分析】

表 2-20-1　乳剂农药稀释稳定性测定结果

样品名称	稀释倍数
现象	
结论	
备注	

【注意事项】

(1)要用接近天然水的硬水稀释乳剂。

(2)水浴中的水应与量筒中的稀释液保持持平。

(3)水浴中的水温应保持室温(25~30℃)状态,以免影响对乳液稳定性的判断。

思　考　题

（1）影响乳剂农药稀释稳定性的因素有哪些？

（2）如何评价乳剂农药稀释稳定性？

（3）为什么要用硬水而不用蒸馏水稀释乳剂？

（4）水浴中的水温过高或过低对乳剂农药稀释稳定性有何影响？

第二篇

农药生物测定

第三章　杀虫剂、杀螨剂、昆虫激素类农药的生物测定

3.1　杀虫剂生物测定

杀虫剂生物测定（bioassay of insecticide）主要是杀虫剂对昆虫（包括螨类）产生的生物效应大小的农药生物测定。通过比较不同杀虫剂的剂量或浓度对供试昆虫产生效应大小的方法，来评价两种或两种以上杀虫剂的相对效力。杀虫剂生物测定对杀虫剂合成、比较新化合物的毒力、筛选有效的目的化合物、鉴定生物体内有毒的代谢物、农药加工以及农药应用都是不可缺少的技术手段。

杀虫剂生物测定具有灵敏度高、容易操作、各种昆虫和小型动物（昆虫纲以外的节肢动物）都可用作供试生物等优点。但生物测定不能对具体杀虫剂品种进行鉴别，对一些毒性较小的化合物的敏感性较低。

（一）杀虫剂毒力测定的主要内容

杀虫剂毒力测定主要包括两方面的内容，一是初步毒力实验，二是精密的毒力测定。

（1）初步毒力实验

主要用于对大量化合物的杀虫活性筛选，明确供测化合物的生物活性，淘汰无杀虫活性或活性低的化合物，选出活性高、认为有希望进一步做精密的毒力测定的化合物。也可用于为田间防治害虫筛选有效药剂。初步毒力实验一般每个处理用试虫 20～50 头，重复 2～3 次，以测定浓度和对应的死亡率或虫口减退率作为标准，评价化合物活性大小或作用效果的程度。

（2）精密的毒力测定，即毒力测定

指在特定条件下衡量某种杀虫剂对某种昆虫的毒力程度的一种方法，可用来了解某一杀虫剂对某一害虫的毒力程度，也可用来比较几种杀虫剂对某一种昆虫的毒力差别。它是研究昆虫毒理学的基本方法之一，也为田间防治选用农药品种、药量、使用方法等提供可行的依据。

通过昆虫对杀虫剂的相对药效或毒力测定，主要的研究内容包括以下几方面。

① 通过杀虫剂对昆虫的效力的测定，明确相对药效，从多种杀虫剂中选出对靶标昆虫最有效的品种，为进一步田间实验和实际使用提供依据；

② 研究杀虫剂的理化性状同药效关系、明确不同剂型和加工质量的应用效果；

③ 研究昆虫内在因素及外界条件同杀虫剂药效的关系，如温度、湿度、光照、昆虫变态、龄期大小、营养状况以及寄生的状态及生理状况等对药效的影响；

④ 筛选新化合物的杀虫活性及探索化合物结构变化同药效关系的规律，选出最有效的化合物并研究其触杀、胃毒、熏蒸及内吸效能，为合成高效杀虫剂提供依据或参考；

⑤ 研究杀虫剂混合使用的效果，两种或两种以上杀虫剂混合使用可能由于药剂间发生化学变化或在昆虫毒理作用上相互影响，有可能导致杀虫剂对昆虫的毒力增大或减小，通过生物测定可明确不同种类杀虫剂以一定比例混合使用时的效力，为杀虫剂混用提供依据；

⑥ 鉴定昆虫对杀虫剂的抗药性及选用有效杀虫剂或其混合配方以防治抗药性昆虫,昆虫抗药性种群的发生和发展可通过生物测定方法,以未产生抗药性的昆虫种群为标准,通过相对毒力测定,确定抗药性昆虫种群对杀虫剂的抗药性系数,研究抗药性昆虫种群对杀虫剂的抗药性范围、抗药性产生的原因及影响因素,从而研究出抑制抗药性昆虫种群发展的方法和采取有效的药剂防治措施;

⑦ 测定杀虫剂在动植物体内外、土壤、水中的残留量,杀虫剂施用到农作物、果树、蔬菜或住所,往往会有残留问题,农畜产品、土壤和水中也有残留,利用生物测定代替化学方法,分析杀虫剂的残留量,其灵敏度可达 $\mu g/g$ 以下。

(二) 杀虫剂毒力测定的原理

在同样控制条件下,比较昆虫对一系列标准杀虫剂和处理药剂样品的反应,以评价杀虫剂的相对效力,这些反应包括击倒、死亡、趋光性或其他因受药剂作用所引起的反应。生物测定要用精确的施药方法和正确的处理方法,将药剂直接或间接施到昆虫体上,例如,将杀虫剂沉积在物体表面上,使昆虫同物体表面接触;将杀虫剂分散在水中或将粉状固体直接施到昆虫体上。昆虫接触药剂后产生一系列的物理化学反应,如昆虫接受药物后,药剂穿透虫体,在体内解毒(或激活)、运转和到达作用部位起生物化学反应。在昆虫体内所起的这些复杂作用也影响到杀虫剂对昆虫毒力作用的一致性,因此对杀虫剂进行生物测定需要数量较大的昆虫和多次重复,还要用在同一时间和同样条件下培养出同批次供试昆虫作出标准的反应曲线。因为在同样的标准条件下饲养出来的不同批次和不同日期的昆虫对杀虫剂的敏感性,差异也很大。尽管生物测定的条件是人为控制的,条件的变动可以使反应结果(如死亡率等)改变,但在相对一致的条件下、相对药效的测定结果是可靠的。

(三) 杀虫剂生物测定常用方法

根据不同种类药剂对昆虫的作用方式及测定对象和测定目的不同,可按杀虫剂进入昆虫体的部位和途径概括为胃毒毒力测定、触杀毒力测定、熏蒸毒力测定、内吸毒力测定、杀卵效力测定、驱避效力测定、拒食效力测定、保幼激素效力测定和抗几丁质杀虫剂、不育剂、引诱剂和微生物杀虫剂测定等。

(1) 胃毒毒力测定

测定杀虫剂随食物被昆虫吞食进入消化道引起的毒杀作用,应尽可能避免杀虫剂与虫体表面接触而发生胃毒以外的毒杀作用。测定方法因昆虫种类和杀虫剂使用方式不同而异。固体杀虫剂应按所需用量,通过定量喷粉设备或撒粉设备将其撒布到食物上,然后给供试昆虫取食;液体杀虫剂应按所需药量通过定量喷雾设备将其喷布或用微量点滴器定量点滴于食物表面再给供试昆虫吞食。根据实验方法的不同,昆虫吞食食物的多少可以是定量的,也可以是不定量的。胃毒毒力测定也可以用微量点滴法将所需用量杀虫剂从供试昆虫的口器进入,通过肠道起胃毒作用。

(2) 触杀毒力测定

测定杀虫剂同昆虫体接触,通过体壁进入虫体所起的毒杀作用,尽可能避免药剂经口器或非体壁部分进入体内。触杀毒力测定有三种主要的施药方法,即将粉状或液体的杀虫剂施到昆虫体表的全部或局部;将杀虫剂施到虫体及食物甚至容器表面上;以及将杀虫剂施到物体或容器表面再迫使昆虫在施药的物体表面上或容器中活动。施用的杀虫剂可以是定量的、也可以是不定量的、昆虫接触药剂的时间可以是定时或不定时的。

（3）熏蒸毒力测定

在一定体积的密闭容器，如烧瓶、广口瓶、三角瓶、玻璃钟罩或专门设计的熏蒸设备中注入定量的熏蒸剂，测定熏蒸剂对昆虫的熏杀毒力。熏蒸剂以气体状态通过昆虫气孔进入虫体，测定时对温度、湿度和装盛熏蒸剂的方法有严格的要求。

（4）内吸毒力测定

以杀虫剂浸种、根系吸收、茎部或叶部施用杀虫剂，将未施杀虫剂的植物部分与供试昆虫接触或迫使昆虫取食，以测定杀虫剂在植物体经过吸收和传导后对昆虫的毒杀效力。

（5）杀卵效力测定

将供试虫卵用杀虫剂作浸蘸处理或定量喷雾、喷粉处理后，在幼虫孵化出壳前用丙酮和清水交替清洗，清除虫卵表面附着的残留药剂，以避免由于幼虫出壳时因咬食卵壳而致毒。

至于拒食效力测定、引诱剂生物测定、抗几丁质合成剂生物测定、不育剂生物测定、驱避效力测定及微生物杀虫剂生物测定的方法，应根据供试昆虫对药剂反应的不同表现形式进行设计，处理方法也各不相同。

（四）杀虫剂生物测定毒力测定的标准化

因昆虫死亡率不但受到杀虫剂，同时还受到环境条件、昆虫本身的用药历史背景、昆虫生理状态以及处理方法等条件的影响。随着信息的交流，测得的资料不仅是为了自己的实验目的服务，还应具备有广泛的可比性和通用性，因此，就应按照规范化的要求去做。

（1）对测试昆虫的要求

标准试虫是指被普遍采用的具有一定代表性和经济意义及耐药能力较稳定而均匀的昆虫群体。标准试虫应以室内大量饲养为主，但有些试虫因不适于室内大量饲养繁殖或室内饲养的试虫代表性不够，还须从田间采集。从试虫对药剂的耐药力均匀性考虑，室内饲养的试虫较为一致，测得的结果可比性强。田间试虫的代表性和经济意义虽然比较强，但受气侯、生态环境、季节性和用药背景的限制，测定的结果往往可比性较差。在采集田间试虫时，应掌握害虫的发生时期、试虫的生活力、被天敌寄生状况和用药情况，尽量挑选对药剂的耐药力一致、生活力强、龄期一致和未被天敌寄生的试虫，使之达到试虫群体质量均匀性的要求。有的昆虫还要选用同一性别。果蝇、家蝇、库蚊、玉米螟、黏虫、二化螟、棉蚜、棉叶螨、桃蚜、小菜蛾、杂拟谷盗、米象等都是常用的供试昆虫。根据所测定的杀虫剂种类、剂型和测定目的的不同，选用最符合要求的供试昆虫。对昆虫虫态（如幼虫和成虫）、性别（雄虫和雌虫），龄期（幼龄和老龄）的选择都要有严格的要求，如大龄幼虫比成虫敏感，幼龄幼虫比老龄敏感，刚羽化出或已经产完卵的成虫比中期成虫敏感，雄性成虫比雌性成虫敏感等。

为了提高测定结果的准确性，还应从试虫的发生世代、虫态、龄期和日龄以及体重等方面加以控制。

（2）对环境条件的要求

环境条件对毒力测定结果有显著的影响。在测定中，影响比较明显的条件是温度、湿度、光照、营养、容器和密度等。

① 温度。昆虫的活动、代谢、呼吸、取食都在一定适宜温度范围内。对大多数杀虫剂而言，在高剂量下，温度越高，中毒死亡时间越短，毒力越高。少数药剂在低温时表现毒力高，这就是负温度效应现象，后者被称为具有负温度系数的杀虫剂，如 DDT、除虫菊酯。试虫在处理前，处理时及处理后所保持的温度条件对杀虫剂的毒力均有影响。

在毒力测定前，把昆虫先放入一个温度中适应一段时间，这个温度称为处理前温度。该温度的影响比饲养的温度有时更为显著。在多数情况下，室内饲养的昆虫不须迁移到这一温度下存放，而田间采集的试虫，如有条件，应尽量移到一个适宜的温度下饲养存放一定时间再进行测定。

处理时的温度对杀虫剂毒力的影响随昆虫行为、药剂的理化性质和处理方法等不同而异。因这一时间短促，应尽量使其与处理后的温度一致，处理后的温度对毒力测定结果影响最大，这一时间内的温度条件影响到药剂的穿透、代谢解毒和中毒死亡的速度。

对于毒力测定中温度的要求，要根据实验目的加以控制，只有在相同情况下进行测定，其结果才有重复性及与其他药剂的可比性。

② 湿度。湿度对杀虫剂毒力有一定影响，但对不同昆虫和药剂影响的程度不同。对熏蒸性杀虫剂，湿度对毒力的影响会更大一些，测定刺吸式口器害虫或螨的毒力时，不仅要保持饲料植物的新鲜度，也需要适宜的湿度；测定药剂的杀卵毒力时，若湿度不适当也会影响到卵的胚胎发育。

③ 光照。毒力测定应在无直射光条件下进行，在实际测定中，因测定时间较短，光照对毒力影响不大，但对个别易发生光解作用的药剂也是有影响的，另外，在采用药膜法测定储粮害虫等触杀毒力时，在光照下，可使试虫活动加快，死亡率提高，所以，在测定中也应对光照条件予以控制。

④ 营养和饲喂。实验室内饲养的昆虫，其营养条件差异不大，而从田间采集的试虫往往对药剂的敏感性差异较大，这主要是（除了用药因素以外）同一试虫在不同寄主上为害时，其营养条件会有很大的区别，因此，对药剂的敏感性就会不一致，如吃棉铃或鲜玉米较食棉叶长大的棉铃虫幼虫的耐药性强。

除了测定前试虫的营养状况影响毒力外，处理后试虫的饥饿对药剂的毒力也有很大的影响，一般规律是饥饿可增加昆虫的敏感性，因此，试虫处理后，应及时饲喂，饲喂条件应尽量与处理前一致。

⑤ 容器和密度。毒力测定选用的容器除清洁外，大小应合适，且具有通气性。容器大小应根据试虫大小、数量和生活习性而定，应尽量小型化，以便操作和存放。通气性也是十分重要的，对飞翔昆虫如家蝇，要用纱笼作容器，对一般昆虫，容器上应有不致使昆虫逃逸的通气孔，以使试虫在正常条件下生存与取食。

测定时，往往还需将试虫分成若干组，每组试虫的数量要适当，过多会引起相互刺激活动和食物不足。对于具互相残杀习性的试虫，如棉铃虫三龄后的幼虫，成单头饲养为宜，否则会影响结果的准确性。

可见，毒力测定中环境因素的影响是至关重要的，若这些因素不标准化，所得的测定结果就不是药剂单因子的反应，而是多因子共同作用的效果。

（3）对杀虫剂的要求

供毒力测定用的药剂应是标准品（化学纯），其工业品或制剂中因含杂质或助剂，会影响到毒力。若确实难以获得标准品，也应尽量选用高含量（＞90％）工业品，最好不用商品制剂。

因采用的毒力测定方法不同，有时也需将原药加工成制剂。如测定胃毒毒力，需用粉剂制备夹毒叶片，或作喷粉处理都要用粉剂，这可用医用滑石粉作填料，以丙酮为溶剂，用浸润法加工，需用喷雾法或浸渍法处理时，要将药剂配成乳油，多用吐温类乳化剂和溶解度大，毒力副作用小的有机溶剂（如二甲苯）配制。

（4）对杀虫剂处理方法的要求

杀虫剂的处理方法应根据药剂的作用方式和试虫危害特点而定。对多数药剂而言，微量点滴法是毒力测定的最精确可靠的方法，但不是所有的药剂和昆虫都适合采用点滴法处理。对于内吸性杀虫剂或杀螨剂，要测定出药剂对刺吸式口器昆虫或螨的毒力，还须采用植物浸渍法或喷雾法，这样才能使药剂的作用特点充分表达出来。测定以胃毒杀虫作用为主的药剂时，也需采用相应的方法。具特异性作用或杀卵作用的药剂，不但要考虑到处理方法，还应注意选用适合测定的虫态，否则，测得的结果就没有应用价值。无论采用何种处理方法都必须设有对照组，在测定及观察期间，往往有自然死亡的情况，尤其对于田间采回的试虫，会存有被天敌寄生或感病个体，如无对照，无法消除自然因素对药剂效果的干扰。对照组的设置，有空白对照，即完全不处理；溶剂对照，即不含有药剂有效成分，仅用溶剂（丙酮、水处理），以比较药剂的有效性。测定中多采用溶剂对照，对照组试虫的其他条件应同处理组一致。测定中，如发现对照组死亡率大于10％，则所测定的全部内容应重做，这说明试虫本身个体间生活力差异较大，会直接影响到测定结果的准确性。

（五）杀虫剂生物测定毒力的表示方法

毒力是指药剂本身对不同生物发生直接作用的性质和程度，用一个数值表示才能说明或比较。常用的表示方式为致死中量（median lethal dose），即杀死昆虫群体半数个体所需要的剂量，常以 LD_{50} 表示；致死中浓度（median lethal concentration），即杀死昆虫群体一半个体所需要的药剂浓度，以 LC_{50} 表示；致死中时（median lethal time）或击倒中时（median knockdown time），即杀死或击倒昆虫群体一半个体所需的时间 LT_{50} 或 KT_{50} 表示。同时，在毒力比较时还常常使用 LD_{95} 或 LC_{95}，即杀死昆虫群体95％的个体所需的药剂剂量或浓度。无论是求 LD_{50} 或 LC_{95}，其基本方法或数据处理都是相同的。

（六）杀虫剂毒力测定的统计分析

由于昆虫对杀虫剂的敏感性分布是一个偏常态分布，也就是说，杀虫剂对昆虫的效应的增加不是和剂量的增加成比例，而是与剂量增加的比例成比例。因此，一个群体昆虫的累积死亡率和杀虫剂浓度的关系是一条不对称的"S"形曲线。为了计算方便，通常把浓度换算成对数值，使偏常态分布变成正态分布，使不对称的"S"形曲线变成对称的"S"形曲线。同时，在测定时一般仅用5～6个浓度。用几个浓度作一条"S"形曲线很难求得准确的 LD_{50} 值，所以这就需要用统计学原理与方法对测试结果做统计分析。

1. 几率值分析法

Bliss（1934）最早提出了几率值这一名词，其实在此之前，Gaddum（1933）已经用过，

Gaddum分布（正态分布）曲线中的中点为 0，中点的两边是：一边为正数，一边为负数。Bliss 把两边的数全部加上 5，因而取消了负数，而分布曲线中的中点成为 5。几率值实际上就是在一个正态分布曲线上，当中数（或均数）为 5，标准差为 1 时，在横标上相当于概率 P 的数值：

$$P = \frac{1}{\sqrt{2\pi}} \int_{\infty}^{y-5} e^{\frac{1}{2}u^2} \, du \qquad (3\text{-}0\text{-}1)$$

式中，P：概率（或相对频率），y：几率值。按此公式可由不同频率（如昆虫的死亡率）计算出其几率值。几率值的表就是这样计算出来的（见附录 F.1）。

由剂量死亡率"S"型曲线改为剂量几率值的直线，这条直线即为 LD-P 线（log dosage-probit），就是将剂量改为对数值，死亡率改为几率值。LD-P 线可用 $y = a + bx$ 的公式来表示，在式中，a 表示这条回归直线在 y 轴上的截距，b 表示这条直线的斜率，a 和 b 是两个常数，应变量 y（死亡率几率值）随着自变量 x（杀虫剂的剂量或浓度对数值）改变而改变。

2. 致死中量的计算方法

目前国内外多采用几率值分析法求致死中量（LD_{50}）或致死中浓度（LC_{50}）。按其求 LD-P 线的方法，又可分为作图法、最小二乘法、用 fx-180P 计算器输入法和电子计算机编程输入法四种。此外，还有校正几率值分析法及正交多项式配线法。

例如　用点滴法测定辛硫磷对玉米螟五龄幼虫的毒力，试虫平均体重为 0.046 g/头，每头试虫点滴 0.8 μL 药剂丙酮液，48 h 检查试虫死亡率，结果如表 3-0-1。

表 3-0-1　辛硫磷对玉米螟五龄幼虫的毒力（山东农业大学，1983）

药剂浓度 /(μg/mL)	供试虫数 /头	48 h 死亡虫数 /头	死亡率 /(%)	校正死亡率 /(%)	单位虫体药量 /(μg/g)	剂量对数值	校正死亡率 几率值
375	120	11	9.2	7.6	6.522	0.8144	3.5675
500	120	34	28.3	27.1	58.696	0.9393	4.3902
750	120	63	52.5	51.7	13.043	1.1154	5.0426
1000	120	98	81.7	81.4	17.391	1.2403	5.8927
1500	120	112	93.3	93.2	20.087	1.4164	6.4909
对照	60	1	1.7	——			

（1）作图法

以剂量对数值为横坐标，校正死亡率几率值为纵坐标，在坐标中相应的位置上标出各点，用目测法作一条平分各点的直线（应使线两侧各点的垂直距离相加后相等）。此线即为毒力直线。自几率值 5 处引出一条平行于横轴的直线，在与毒力直线的交点处引出一条平行于纵轴的直线，与横轴的相交处为 LD_{50} 的对数值（图 3-0-1）。实例中 LD_{50} 的对数值为 1.085，查反对数表得 12.1619，即辛硫磷对玉米螟五龄幼虫的 LD_{50} 为 12.1619 μg（药量）/g（虫体）。

用该直线可求出毒力回归式 $Y = a + bx$，在该直线上任意两点的坐标，如 $Y_1 = 5$，$x_1 = 1.085$；$Y_2 = 6$，$x_2 = 1.290$。

因 b 为斜率,则

$$b = \frac{(Y_2 - Y_1)}{(x_2 - x_1)} = \frac{1}{0.205} = 4.878 \qquad (3\text{-}0\text{-}2)$$

$$a = Y_1 - bx_1 = 5 - 4.878 \times 1.085 \approx -0.2926$$

将 a 和 b 代入 $Y = a + bx$ 则得回归方程:$Y = -0.2926 + 4.878x$

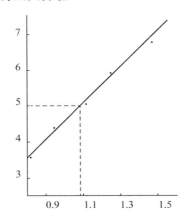

图 3-0-1　辛硫磷对玉米螟五龄幼虫毒力回归线

(2) 最小二乘法

将辛硫磷对玉米螟五龄幼虫毒力测定结果整理成表 3-0-2。按下列公式求回归方程 $Y = a + bx$ 中的 a 和 b。

表 3-0-2　最小二乘法求辛磷对玉米螟的毒力

剂量/(μg/头)	剂量对数值/x	校正死亡率/(%)	几率值 y	x^2	xy
6.522	0.8144	7.6	3.5675	0.6632	2.9054
58.696	0.9393	27.1	4.3902	0.8823	4.1237
13.043	1.1154	51.7	5.0426	1.2441	5.6245
17.391	1.2403	81.4	5.8927	1.5383	7.3087
20.087	1.4164	93.2	6.4909	2.0062	9.1937
$\sum$	5.5258		25.3839	6.3341	29.156

$$b = \frac{n\sum xy - \sum x \sum y}{n\sum x^2 - \left(\sum x\right)^2} \qquad (3\text{-}0\text{-}3)$$

$$a = \frac{\sum x^2 \sum y - \sum x \sum xy}{n\sum x^2 - \left(\sum x\right)^2} \qquad (3\text{-}0\text{-}4)$$

式中,n:处理剂量数。求出回归方程后即可求得 LD_{50}。

（3）Casio fx-180P 计算器输入法

fx-180P 计算器中具有线性回归分析功能，可按下计算器 MODE 2 键，使其处在"LR"状态下，将毒力测定中得到的 x、y 各组数值依次输入，即可得到毒力回归式、LD_{50} 及相关系数 r。操作步骤如下：

打开计算器的开关，先按 MODE 2 进入"LR"；

按 INV AC 清除旧存数字；

按 INV MR 清除储存数字；

将浓度的对数值作为 x 输入到 xD，yD，将死亡率几率值作为 y 输入到 DATA；

顺次输入，输完后，按 Kout 3 检查输入数字的组数。

按 INV 7 显示的数字为 a 值；

按 INV 8 显示的数字为 b 值；

按 INV 9 显示的数字为 r 值。

已知 a、b，就可写出回归方程 $y=a+bx$。

求 LD_{50}，按 5 INV $\hat{x}\hat{y}$；再按 INV log，显示的数字为 LD_{50}；

求 LD_{90}，按 6.2816 INV $\hat{x}\hat{y}$；再按 INV log，显示的数字为 LD_{90}；

求 LD_{95}，按 6.6449 INV$\hat{x}\hat{y}$；再按 INV log，显示的数字为 LD_{95}。

将辛硫磷对玉米螟毒力测定结果按表 3-0-1 输入，即得直线回归方程为 $Y=-0.2852+4.8518x$，$LD_{50}=12.2829\ \mu g/$头、$LD_{90}=22.5672\ \mu g/$头、$LD_{95}=22.8788\ \mu g/$头。

（4）利用 Excel 电子数据表软件进行计算

辛硫磷对玉米螟五龄幼虫毒力测定结果见表 3-0-3。

表 3-0-3　辛硫磷对玉米螟五龄幼虫毒力测定结果

对数值 x	0.8144	0.9393	1.1154	1.2403	1.4164
几率值 y	3.5675	4.3902	5.0426	5.8927	6.4906

① 数据输入，打开 Excel 工作表，将表 3-0-3 中的数据按上述操作步骤的形式输入。

② 计算分析过程。

a. 点击"工具"，选择"数据分析"选项；

b. 移动右侧活动条，选择"回归"选项，点击"确定"；

c. 先用鼠标点"y 值输入区"，再将鼠标从 B1 处拖至 B5，松开鼠标，此时"y 值输入区内"显示"\$B\$1：\$B\$5"；

d. 用鼠标点"x 值输入区"，再将鼠标从 A1 处拖至 A5，松开鼠标，此时"x 值输入区内"显示"\$A\$1：\$A\$5"；

e. 在"输出选择"项中选"输出区域"，此时可用鼠标选择你想将计算结果显示的位置，如 D4。用鼠标在 D4 处点击，此时输出区域中显示"\$D\$4"；

f. 点击"确定"，在 D4 的位置即可显示分析结果；

g. 点击工具栏的"文件"，保存结果于所需要的位置（表 3-0-4）。

表 3-0-4　计算分析结果

项目及数值		相关系数	t 测验	P
回归截距 a	-0.28523	$r=0.993926$	$Ta=-0.81706$	0.473747
回归斜率 b	4.851792		$Tb=15.64316$	0.00568

由上述可得出毒力方程 $y=-0.2852+4.8518x$，t 测验结果说明截距显著水平为 0.47，斜率的显著水平为 0.00057。

3. 卡方测验

以上 4 种方法所得到的 LD-P 线（回归式）是否符合实际，需经卡方（x^2）进行适合度测定。卡方测定按表 3-0-5 列出的内容将上例中的数值列出并进行计算。

$$x^2 = \sum \frac{(r-n\hat{p})^2}{n\hat{P}(1-\hat{P})} \tag{3-0-5}$$

表 3-0-5　卡方检验结果

剂量对数值 x	理论几率值 $\hat{y}$	理论死亡率 $\hat{p}/(\%)$	试虫数 n	死亡数 观察值	死亡数 计算值	死亡数相差 $r-n\hat{p}$	$\sum \frac{(r-n\hat{p})^2}{n\hat{P}(1-\hat{P})}$
0.8144	3.6661	9.1	120	11	10.9	0.7	0.00
0.9393	4.2721	23.3	120	34	28.0	6.0	1.68
1.1154	5.1265	55.0	120	63	66.0	-3.0	0.30
1.2403	5.7325	76.8	120	98	92.1	5.9	1.63
1.4164	6.5869	94.4	120	112	113	-1.0	0.16

按照 $y=-0.2852+4.8518x$，代入各 x 值求得各理论几率值 $\hat{y}$，由理论几率值 $\hat{y}$ 查几率值表，得理论死亡率：

$$x^2 = \sum \frac{(r-n\hat{p})^2}{n\hat{P}(1-\hat{P})} = 3.77 \tag{3-0-6}$$

当自由度为 3 时（由 $f=n-2$ 算出；n 为剂量数），查 x^2 表（见附录 F.3），$P=0.05$ 时的 x^2 值为 7.81，本例求得的 x^2 值为 3.77。因 3.77<7.815，则表明差异不显著，所得 $y=-0.2852+4.8518x$ 是符合实际的，用其他方法求得的回归方程均可按此步骤测验。

4. 致死中量的标准差及置信限

（1）致死中量的标准差

由于实验设备、供试材料、操作技术和环境条件的影响，致死中量必定有它的偏差，可用标准差 S_m 表示。在统计学上，w 为权重系数，各观察值（死亡率或几率值）按其离中数的远近及个体数（n）给予不同的权重，越接近中数的值权重越大，因此，每一几率值应乘以一个权重系数予以校正。标准差的计算公式为：

$$S_m = \sqrt{\frac{1}{b^2}\left[\frac{1}{\sum nw} + \frac{(m-x)^2}{\sum nw(x-\bar{x})^2}\right]} \tag{3-0-7}$$

将辛硫磷对玉米螟毒力测定结果列入表 3-0-6 进行计算。按照 $y=-0.2852+4.8518x$，代入各 x 值求得理论几率值，由理论几率值 $\hat{y}$，查权重系数表（见附录 F.2）得出相应的权重系数。

公式 3-0-7 中，m 为 LD_{50} 的对数值，$m=1.0893$；b 为回归式的斜率，$b=4.8518$；$\bar{x}$ 为平均致死量，但不等于致死中量 LD_{50} 的对数值 m。

$$\bar{x} = \frac{\sum nwx}{\sum nw} = \frac{294.2052}{269.4} \approx 1.0921 \qquad (3\text{-}0\text{-}8)$$

$$\sum nw(x-\bar{x})^2 = \sum nwx^2 - \frac{\left(\sum nwx\right)^2}{\sum nw} = 330.2377 - \frac{86556.7}{269.4} = 8.9433 \quad (3\text{-}0\text{-}9)$$

表 3-0-6 理论概率值与权重系数

剂量对数值 x	试虫数 n	理论几率值 y	权重系数 w	权重 nw	nwx	nwx^2
0.8144	120	3.6661	0.326	39.12	31.8593	25.9462
0.9393	120	4.2721	0.523	62.76	58.9505	55.3722
1.1154	120	5.1265	0.632	75.84	84.5919	94.3538
1.2403	120	5.7325	0.523	62.76	77.8412	96.5465
1.4164	120	6.5869	0.241	28.92	40.9623	58.0190
				269.4	294.2052	330.2377

将数据代入式（3-0-7）得 $S_m = \pm 0.0126$，即辛硫磷对玉米螟的致死中量的对数值及其标准误差为 1.0893 ± 0.0126，则 $LD_{50}(\mu g/g) = 12.2829 \pm 1.0294$。

（2）致死中量的置信限

致死中量（有效中量）的置信限是表明有效中量可靠范围的限度，在统计上要求，100 次测验中如果有 95 次能成功，就认为达到最低可靠标准，也就是 95% 可靠性，当然也可以要求 99% 的可靠性。计算公式为：

$$CL_{0.95} = m \pm t_{0.05}\, S_{am} \qquad (3\text{-}0\text{-}10)$$

式中，CL：置信限；m：致死中量的对数值；t：t 分布表中相当各几率值的 t 值；S_{am}：致死中量的标准差。

将以上计算数据代入公式（3-0-10）得：$CL_{0.95} = 1.0893 \pm 0.0247 = 1.0646 \sim 1.1140$，取反对数得：$LD_{50} = 12.2829\,\mu g/g$，置信限为 $11.6038 \sim 13.0017$。

（七）杀虫剂的药害

农药药害是指因施用农药对作物造成的伤害。产生药害的环节是使用农药作喷洒、拌种、浸种、土壤处理等；产生药害原因有药剂浓度过大，用量过多，使用不当或某些作物对药剂过敏；产生药害的表现有影响植物的生长，如发生落叶、落花、落果、叶色变黄、叶片凋零、灼伤、畸形、徒长及植株死亡等，有时还会降低农产品的产量或品质。农药药害分为急性药害和慢性药害。施药后 10 d 内所表现的斑点、失绿、落花、落果等症状，称为急性药害；施药后，不是很快出现明显症状，仅是表现光合作用缓慢，生长发育不良，延迟结实，果实变小或不结实，籽粒不饱满，产量降低或品质变差，则称慢性药害。

杀虫剂比起植物生长调节剂、除草剂和杀菌剂，发生药害的概率要小得多，因而容易被农民朋友所忽视，普遍有随意使用杀虫剂、加大用药浓度现象，使本不容易出现的杀虫剂药害问题时常出现。其实只要科学用药，就可避免发生药害。

3.2　杀螨剂的生物测定

杀螨剂的生物测定（bioassay of acaricide）一般分为叶片浸渍法、玻片浸渍法和叶片残毒法三种。因为测定螨对杀螨剂室内活性时，要将叶片或玻片在兑水稀释的药液中浸渍处理，因此在测定前应先在室内将供试原药配制成制剂（如乳油等）。

（一）叶片浸渍法

主要用盆栽豆苗（大豆苗）饲养、繁殖叶螨（如棉叶螨），测定时用成螨，且发育时间（日龄）一致。另取生长约 5 cm 高的无螨的豆苗，仅留两片真叶，其余叶片（子叶）全部剪去。把一片有一定数量（40 头左右）雌成螨的叶片放在上述豆苗的真叶上，约 1 h 后，当这叶片枯萎时，其雌成螨会自行转移到豆苗的真叶上。将供试药剂用水稀释成 5～7 等比系列质量浓度，将接上螨的豆苗浸入药液中并轻轻摇动 5 s，取出后用吸水纸吸去多余药液，处理后正确计数各株豆苗上的螨数，24 h 后检查死螨数，计算死亡率和校正死亡率（或减退率和校正减退率）。

（二）玻片浸渍法

适用于测定各种螨类的雌成螨，饲养时必须先鉴定螨的种类，并纯化使之为单一种类的群体。通常以苹果实生苗饲养山楂红蜘蛛，以柑桔苗饲养柑橘红蜘蛛，菜豆苗饲养二点叶螨。饲养时螨的龄期或虫态应一致，以便获得大量、标准的供试雌成螨。

（三）叶片残效法

适用于测定卵、若螨及背部刚毛过长的雌成螨（不宜用浸载玻片法）。主要测定药剂对螨卵的毒力。取直径 9 cm 的培养皿，在叶螨饲养台上选取完整健壮的带叶柄小叶片上，接 20 头 3～4 日龄的雌成螨，产卵后挑去成螨，保留螨卵。将供试药剂用水稀释成等比系列质量浓度，然后将带有螨卵的叶片在药液中浸 5 s；也可用 Potter 喷雾塔喷雾处理，待叶片上药液干后，放入已备好的培养皿内。每天观察记载卵的孵化数及若螨存活数，直至对照组全部孵化成若螨。计算药剂各浓度的杀卵和/或杀死若虫的活性。并按上述方法求出杀卵和/或杀死若虫的毒力回归式、LC_{50} 值及其 95% 置信限和斜率 b 值的标准误。

（四）微量浸渍法

是 Dennehy 等（1993）提出的一种杀螨剂触杀毒力的方法，简称 MI 法。对 MI 法和浸叶法分别测定 4 种杀螨剂对二点叶螨的毒力，所得毒力回归式的斜率值为 1.5～4.9，明显高于叶片浸渍法的相应斜率值（1.2～3.3）。

此法所用浸螨器是由取液器头改制的。

3.3　昆虫激素类农药的生物测定

昆虫激素类农药主要是指保幼激素类、蜕皮激素类（几丁质合成抑制剂）、不育剂、引诱剂等特异性杀虫剂对昆虫的生物测定。

（一）保幼激素及其类似物的活性测定

昆虫的内分泌腺体包括脑、与脑连接的咽侧体和心侧体以及与脑不连接的前胸腺。在外界和自身的刺激作用下，脑内神经分泌细胞分泌脑激素，脑激素活化前胸腺，使其分泌释放蜕皮激素，活化咽侧体，使其分泌、释放保幼激素。由于保幼激素的作用，使昆虫不断生长发育，保持幼虫性状，由于蜕皮激素的作用，引起若虫或幼虫蜕皮。这两种激素的协调作用，昆虫的生长发育便完成。当幼虫到最后一龄时,咽侧体停止分泌保幼激素而前胸腺照常分泌蜕皮激素,因而产生变态,发育成蛹(或成虫);到了成虫期,雌虫又需要保幼激素以促进卵巢发育。

保幼激素类似物作为杀虫剂的一个基本概念,就是选择昆虫在正常情况下不分泌或极少分泌保幼激素的发育阶段(如幼虫末龄和蛹时期)中使用过量的保幼激素或类似物,以便抑制昆虫的变态(如使半变态的昆虫成为半若虫—半成虫的中间型,或全变态的昆虫成为半幼虫—半蛹的中间型或半蛹—半成虫的中间型)或蜕皮,影响昆虫的生殖或滞育,甚至造成昆虫各阶段的死亡。保幼激素类似物活性测定方法的理论基础正是基于这一基本概念。国内外常用的测定方法有下述三种。

(1)点滴法(局部施药法)

点滴法是国际上广泛采用的标准方法。点滴法有如下好处:快速、短时间内可测定大量样品,每一重复用的试虫较少,5~20头即可,比较精确;只要求很少的待测化合物;在相同的测定条件下,不同的实验室可以重复出相同的结果。

点滴所用的溶剂很重要。理想的溶剂应能完全溶解被测试化合物,对试虫无直接毒性,易挥发,迅速展布。因此丙酮最适合。如果有些化合物难溶于丙酮,则可用极少量其他溶剂如乙醇、乙醚等先将化合物溶解,再以较多的丙酮稀释。

在试虫选择方面,虽然用大蜡螟、大菜粉蝶的蛹、美洲脊胸长蝽、长红猎蝽的若虫都可得到预期的结果,但黄粉虫蛹是最广泛采用的标准试虫。

下面是美国农业部农业研究中心牲畜昆虫实验室采用的具体方法:将黄粉虫的老熟幼虫筛出摊于瓷盘,随时将新化的蛹(乳白色)挑出,严格选择化蛹后4~8 h的蛹供试。

将所测定的化合物用丙酮稀释成一定浓度,但初筛则以$10 \mu g/\mu L$为标准。用微量点滴器在蛹的腹部最末三节腹面准确点滴$1 \mu L$,点滴10头蛹为一重复,重复8次,并以点滴$1 \mu L$丙酮为对照。处理后的蛹放在小塑料盒内,在$26 \pm 1 \ ^{\circ}\mathrm{C}$、$60\% \sim 70\%$相对湿度环境中保持5~8 d,直到成虫羽化。

具有保幼激素活性、非正常发育的标志是:成虫保留着蛹腹部的蛹壳(gintrap)、尾突(urogomphus),或半蛹—半成虫中间型。按下表保幼激素活性标准分级检查结果。

表 3-0-7　保幼激素活性标准分级

0级	无保幼激素活性,完全正常的成虫
1级	保留着蛹壳或尾突
2级	保留着蛹壳或尾突,但有蛹的迹象
3级	呈半蛹-半成虫过渡型
4级	蛹的特征完全保留

若作保幼激素类似物活性初筛,则求出平均活性级别即可。

$$平均活性级别 = \frac{1(级) \times 1(级)头数 + \cdots 4(级) \times 4(级)头数}{测试蛹头数} \qquad (3\text{-}0\text{-}11)$$

如测定10头蛹,2头的活性是2级,2头是3级,6头是4级,则

$$平均活性级别 = \frac{(2 \times 2) + (2 \times 3) + (6 \times 4)}{10} = 3.4$$

如要求精确地比较几个化合物活性的大小,亦可将化合物稀释成5~7个浓度,检查结果时

只查是否属于非正常发育个体,求出每个浓度非正常个体的百分率,再转换为几率值求出 ED_{50} 来比较。

（2）注射法

注射法之所以也被许多人采用,是因为注射法具有下述优点:可测试一些不溶于一般有机溶剂的化合物,试虫可获得准确的剂量,排除了药剂对表皮穿透的影响。但其中不足之处也是显而易见的,可能伤害试虫,操作者要有熟练的技能,不符合作为杀虫剂使用的实际。

每天上午 8 时收集一次黄粉虫蛹供试(这样收集的蛹就具有 0～24 h 的蛹龄)。蛹可以用 CO_2 麻醉,亦可不麻醉,将待测化合物用橄榄油稀释到预定浓度,用 1 个 10 μL 带有 26 号针头的微量注射器插入第 4～5 腹节的节间膜处注射 1 μL。对照则只注射 1 μL 橄榄油。处理的试虫保持在(26±1)℃、相对湿度 60％～70％的条件下 6～8 d,然后按点滴法中介绍的分级标准检查保幼激素的活性。

（3）蜡封法

蜡封法的基本原理是将待测化合物混入低熔点的石蜡中再封在蛹的人造伤口上,让待测化合物通过伤口进入蛹体内起作用。

先将待测化合物样品用少量丙酮溶解,然后再以橄榄油或花生油稀释至一定浓度,并按质量比 1∶1 和低熔点石蜡(熔点 39℃)在 50℃条件下熔混。

再将化蛹后 24 h 内的黄粉虫蛹冷冻半小时,然后用 27 号皮下注射针头(直径0.416 mm),在前胸背板后沿两侧各刺一针,以刺破表皮为限,并立即用小滴管滴上一滴熔化的石蜡混合物将伤口封住。此外,也可于中胸背板蜕裂线中点,自后向前胸背板后沿切下约 1 mm^2 的表皮以造成伤口并蜡封。将手术后的蛹先在室温下放置 24 h,再放入 30℃温箱中,6 天后可检查结果。

上述三种测定保幼激素活性的方法都存在一个共同的不足之处,即没有排除幼虫或蛹体内源保幼激素干扰,因此 Staal 发展了咽侧体手术法。该法以蜕皮后 30 min 的烟草夜蛾三龄幼虫为试虫,在生理盐水中小心地将幼虫的咽侧体摘除。手术后的幼虫在烟草夜蛾人工饲料上饲养,而不同剂量的待测化合物就混在人工饲料中。待手术后的 3 龄幼虫蜕皮成 4 龄幼虫或 5 龄幼虫时按其特有的分级标准(主要是幼虫的颜色)进行分级,比较保幼激素活性。具体手术方法及分级标准,可参阅《Natural products and the protection of plants》(by G. B. Marini-Betto. Lo. 1979)一书。

（二）抗蜕皮激素(几丁质合成抑制剂)的活性测定

灭幼脲(chlorbenzuron)类化合物已经发展成为一类新的杀虫剂,其作用机制是干扰昆虫的蜕皮过程,抑制几丁质的合成,因此又称之为抗蜕皮激素。这类化合物的活性测定可分为两类。

（1）离体测定

国内尚未见这方面的报道。Mayer 等人研究抑制昆虫几丁质合成的方法可用来测定抗蜕皮激素的活性。

厩螫蝇化蛹后 4 d 的蛹,在 70％乙醇溶液中浸 5 min,取出用蒸馏水冲洗。将蛹横切,取下腹部。再将腹部纵切剖开;将消化道、脂肪体等附属物去掉。每 6 个这样处理的蛹腹部为一组,放入 10 mm×75 mm 的试管。试管中装有 2 mL 50 mmol/L 的磷酸钠缓冲液(pH 7.0),该缓冲液的钠离子浓度为 128 mmol/L,钾离子浓度为 11 mmol/L。将溶于二甲亚砜的一定浓度的样品(如灭幼脲)定量加入试管,摇匀后立即加入 10μL 200 mmol/L 的 NAGA(N-乙酰葡萄糖胺)和 4 μL $^{14}CNAGA$(大约 500000 脉冲/min),小心摇匀后在 26～27℃温箱中保温 6 h。取出试管,离心（1000 g）3 min，去掉上清液，加入 2 mL 50％（W/W）KOH 水溶液，在 105℃条件下加热 1 h，玻璃漏斗过滤。滤渣先用 100 mL 蒸馏水冲洗，再用 100 mL 95％乙醇溶液冲洗，最后用 100 mL 蒸馏水冲洗。将滤渣转移到一个装有 13 mL Bray'S 闪烁液的闪烁瓶中，用液体闪烁器测量 10 min 脉冲数。在实际测定中，样品可稀释 5～7 个浓度，分别测定，同时测定不加样品的对照。

$$几丁质合成抑制率 = \frac{对照脉冲数 - 样品脉冲数}{对照脉冲数} \times 100\% \qquad (3\text{-}0\text{-}12)$$

同测定传统的杀虫剂毒力一样，将几丁质合成抑制率换成几率值，将抑制剂的浓度取对数值，即可求出 IC_{50}（抑制中浓度）。

离体法虽然操作比较繁琐，且要一定仪器设备，但该法测定周期短，适合大量样品的室内筛选。离体法的另一缺点是生测结果和抗蜕皮激素的实际应用相差甚远，在离体下具有较高活性的化合物，在活体条件下未必具有较高的抗蜕皮激素活性。

（2）活体测定

这类化合物的活体活性测定，可仿照一般杀虫剂胃毒毒力或触杀毒力测定方法进行。

几丁质合成抑制剂生物测定（bioassay of chitin synthesis inhibitors）通过几丁质合成抑制剂阻碍昆虫表皮几丁质形成，使昆虫致死以判断其毒力的生物测定。以鳞翅目幼虫作测定昆虫对象。这类药剂大多有胃毒与触杀作用。测定方法有以下两种。

① 胃毒法。用不同浓度的抗几丁质合成剂的丙酮溶液浸泡试虫喜食的食物或拌合人工饲料后喂饲试虫。

② 接触法。将药剂的丙酮溶液直接喷布、滴加在供试昆虫体表，或将溶液定量喷雾或滴涂到玻璃器皿上形成药膜，经昆虫爬行接触一定时间后移至正常条件下饲养，观察蜕皮情况，按下式计算蜕皮率：

$$抑制蜕皮率 = \left(1 - \frac{处理组昆虫蜕皮数}{对照组昆虫蜕皮数}\right) \times 100\% \qquad (3\text{-}0\text{-}13)$$

根据不同浓度（或剂量）的抗几丁质合成剂的抑制蜕皮率，按几率值分析方法绘出抑制蜕皮率同浓度（或剂量）的毒力回归线，求出抑制蜕皮 50％的浓度（或剂量），评价几丁质合成抑制剂抑制蜕皮的效果。

（三）昆虫性外激素（性诱剂）的活性测定

昆虫性外激素的研究中，特别是在提取、分离和鉴定其有效成分或人工合成类似物的活性筛选中都得依赖精密的性诱活性生物测定技术。

（1）昆虫性诱活性测定

昆虫性诱活性的测定方法分为两类，即昆虫行为法及触角电位法。

① 昆虫行为法。昆虫行为法即在室内测定昆虫对性诱剂作出的行为反应。尽管不同种类的昆虫对性诱剂的反应细节可能不同，但基本上都会有如下的顺序反应：雄虫受性诱剂分子所刺激，从静止状态转为兴奋状态，表现为触角摇动，张翅振动，飞翔，寻找刺激源，到达刺激源后，伸出抱握钳，作出交尾行为。因此，可将是否激起交配行为作为有无性诱活性的标志。

最简单而有效地测定性诱活性的方法是用一个带橡皮头的滴管插入待测样品溶液中，将吸入的样品溶液排挤出，然后将滴管对准未交配过的雄虫，手捏橡皮头，使产生的空气流吹向雄虫。有无性诱活性可观察雄虫有无下列反应：触角举起、双翅振动、伸出抱握器并企图和另一雄虫交配。

Shorey 等人用粉纹夜蛾雄虫测定性诱剂活性。在没有刺激时，这些雄虫很安静，双翅叠合，当有性外激素刺激时，雄虫就举起触角，双翅张开，飞向有激素的地方，并在激素四周徘徊，企图交配。生测应在早晨 1～6 时进行。将羽化后 3～5 d 未交配过的雄虫 10 头为一组放入高 15 cm，直径 8 cm 的圆筒状虫笼中（笼底和笼盖均为纱网），将待测样品滴在一小片滤纸上并插入 Buchner 漏斗的细颈处，让清洁的空气流以 500 mL/min 的流量通过漏斗吹向位于漏斗上方的虫笼。通气流后 15～30 s 气，记载双翅张开或飞翅的雄虫数目，重复 5 次。以反应虫数的多少来衡量样品性诱活性的大小。

② 触角电位法。触角电位（electroantennogram，EACS）是近 20 年来发展起来的一种新的实验技术。触角的主要功能是嗅觉，依靠其毛状感受胎接受性外激素的分子。毛状感受器的外壁由表皮构成，壁上有许多小孔，并通过小孔与毛腔相通。毛腔中充满感受器液，感受器细胞（即嗅觉神经原）的树状突伸入毛腔悬浮于感受器液中。

如果将触角的血淋巴间隙接地，感受器液与血淋巴相比，它是带正电（＋）的，而感受器细胞内是带负电荷（－）的。当性外激素分子通过小孔扩散到感受器中，并在树状突的细胞膜上与受体相结合时，膜上的钠离子通道呈开放状态，钠离子通透性增加，膜去极化，感受器液的正电性将增加，从而改变了原来感受器液与血淋巴之间原有的电位，出现一个趋向负电性方向的电位差。当许多性外激素分子和许多感受器接触时，就会在数十毫秒内同时发生一个明显的电位差变化，这种电位差变化的总就是触角电位。

（2）引诱剂生物测定

引诱剂生物测定（bioassay of attractants）是以诱聚昆虫数量的变化，来判断引诱剂的引诱效力的生物测定。引诱剂又分取食引诱和产卵引诱两类。测定方法有以下几种。

① 喂食法。适用于食物或产卵引诱，用供试昆虫不取食的植物茎、叶涂上其喜食植物的提取液，引诱其取食或产卵。

② 陷阱法。用于测定性引诱剂，将雌虫放入纱笼中（未交配过的雌虫）并挂在田间，在纱笼四周放上涂有粘胶的铁板架，雄虫飞来即被粘胶粘捕，据此，设计出各种陷阱以诱捕雄虫来鉴定经分离出或合成的性引诱剂。最简单的陷阱是用纸筒挂在树上，纸筒内壁涂上粘胶，筒中放入滴有性引诱剂的棉芯或皱纸，定时观察筒中诱捕的雄虫数量并进行统计。

③ 嗅觉计。基本原理是让昆虫在两个可选择的分叉处，选择向有引诱气味的分叉方向移动。凡进入有引诱剂分叉的虫量比另一分叉的显著地多时，则表明有引诱作用。引诱率按下式计算：

$$引诱率 = \frac{进入有引诱剂一端的虫数 － 对照一端的虫数}{供试昆虫总数} \times 100\% \qquad (3\text{-}0\text{-}14)$$

④ 触角电位法。触角电位法装置由刺激源、电位显示和记录三部分组成。当外激素分子接触触角时，触角的感受细胞在短暂的瞬间发生电位差变。触角电位就是这种差变的总和，以此判断有无引诱效果。此法一般用于测定性外激素。

（四）不育剂生物测定

不育剂生物测定（bioassay of sterilants）通过药剂对雌虫、雄虫或雌雄成虫繁殖力的影响以不育率大小,来判断不育剂对昆虫的毒力的生物测定。施药方式有以下 6 种。

① 口服,将药剂的水溶液或丙酮溶液加到饲料中饲养供试昆虫。

② 滴加或注射,将药剂的丙酮溶液用微量点滴器或微量注射器滴加到供试昆虫的胸部、背板或注射进昆虫腹部。

③ 药膜接触,将药剂的丙酮溶液加到玻璃器皿中并使溶液均匀分布到玻璃内壁在丙酮挥发后形成药膜,使昆虫在玻璃器皿内活动,接触药剂。

④ 浸蘸药液,将供试昆虫浸入用丙酮和水(1∶1)混合溶解的药液中经一定时间后取出。

⑤ 喷雾,通过喷雾装置将药液定量喷布到供试虫体。

⑥ 熏蒸,将挥发性强的药剂或溶液放在盛有供试昆虫的纱笼的容器内,在 28～30℃条件下,经过不同时间取出,在正常条件下饲养。测定用昆虫如家蝇、蚊、小菜蛾、果蝇、黏虫、蚜虫等都应在标准条件下饲养,各项生理活动正常。测定的不育剂效果包括对雄虫和雌虫交配不能受精、雌虫产卵的抑制与虫卵孵化率的降低等。结果计算同杀虫剂毒力测定一样,用五个不同的梯度浓度或剂量得出相应的不育率,再用几率值分析法求出不育中浓度(SC_{50})或不育中剂量(SD_{50}),按下列公式算出:

$$不育率 = \left(1 - \frac{处理组雌虫平均产卵率 \times 处理组孵化率}{对照组雌虫平均产卵率 \times 对照组孵化率}\right) \times 100\% \qquad (3\text{-}0\text{-}15)$$

实验 21　杀虫剂触杀毒力测定——点滴法

点滴法是杀虫剂毒力测定常用的方法,除了螨类及小型昆虫外,可应用于大多数鳞翅目和同翅目等目标昆虫的触杀毒力测定,如蚜虫、叶蝉、二化螟、玉米螟、菜青虫、黏虫等。其优点是每头虫体点滴量一定,可以准确地计算出每头试虫或单位试虫体重的用药量;方法精确,实验误差小;可以避免胃毒作用的干扰。但此法不能处理很大数量的目标昆虫;准确性在很大程度上决定于昆虫本身的生理状态,其次点滴部位、滴点大小以及目标昆虫处理前的麻醉方式等都有影响,操作中不能避免药剂发生熏蒸作用。因此,必须选用生理状态一致的目标昆虫,点滴操作技术要熟练。

不同昆虫点滴量及点滴部位不同。家蝇的点滴量是 1 μL/头,点在前胸背板;黏虫、菜青虫、玉米螟等三龄幼虫的点滴量是 0.08～0.1 μL/头;五龄幼虫的点滴量是 0.5～1.0 μL/头,点滴部位是前胸背板;蚜虫的点滴量为 0.03～0.05 μL/头,点滴部位是无翅成蚜的腹部背面;对于活动性强的目标昆虫,如家蝇、叶蝉等,应先麻醉后再点滴药液,才能准确地将药液点滴在虫体的合适部位。

【实验目的】

① 学习并掌握一种比较准确的杀虫剂触杀毒力测定方法。

② 掌握有关毒力数据整理及其可靠性检验,掌握剂量对数-死亡率几率值回归直线的绘制;用绘图法和计算法求出致死中量(LD_{50})或致死中浓度(LC_{50}),对回归方程的可靠性进行检验。

【实验原理】

采用点滴法将一定量的药剂点滴到供试目标昆虫体壁的一定部位,通过药剂穿透表皮而引起昆虫中毒致死的触杀毒力。

【实验材料】

① 供试药剂。辛硫磷（phoxim）原药，甲氰菊酯（fenpropathrin）原药，杀灭菊酯（fenvalerate）或溴氰菊酯（deltamethrin）原药（实验所用药剂必须用原药）。

② 供试昆虫。三～四龄菜青虫（*Pieris rapae* Linne）或黏虫（*Mythimna separata* Walker）（试虫平均体重约 0.25 g），野外采集的菜青虫须在室内条件下饲养一代的幼虫。

【实验设备及用品】

电子天平，微量点滴器（或毛细管微量点滴器，其构造见图 3-21-1、3-21-2），培养皿，平头镊子，容量瓶（10 mL、25 mL、50 mL、100 mL），移液管，滤纸，烧杯，计算纸，养虫盒，无毒饲料。

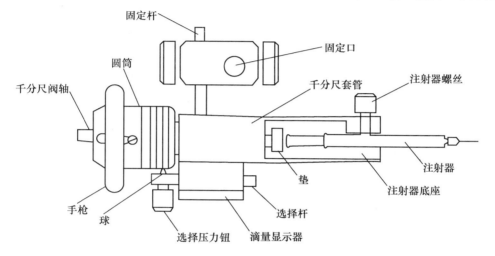

图 3-21-1　微量点滴器结构示意图

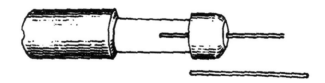

图 3-21-2　不锈钢毛细管微量点滴器

【实验步骤】

① 预备实验。用丙酮将药剂分别稀释成 5000 μg/mL、500 μg/mL、50 μg/mL、5 μg/mL、0.5 μg/mL，每头试虫点滴药量 1.75 μL，每浓度处理试虫不少于 30 头，待药剂干了以后，把 5～8 头试虫盛于装有无毒甘蓝叶片的培养皿中，作好标记，经 24 h 后检查试虫的生存及死亡头数，计算其死亡率，从这些浓度中找出合适的浓度，即以试虫死亡 10%～20% 浓度为最低浓度，死亡 80%～90% 的浓度为最高浓度，在这个浓度范围内按等差级数或等比级数，设置 5～7 个适宜浓度进行实验。

根据预备实验结果进行药剂剂量实验设计。

② 药剂配制。在电子天平上称取待测药剂（当药量一定时）或用移液管移取（液体）用容量瓶稀释为系列浓度，如本实验设置 5 个浓度，即 20 μg/mL、40 μg/mL、80 μg/mL、160 μg/mL、

320 μg/mL，每个浓度为一个处理，以丙酮为对照，每处理重复 3 次，每重复处理试虫 10 头，共 30 头，总计 180 头。

③ 试虫称重。将要处理的供试昆虫每 10 头为一组，在电子天平上称取总重量，然后求出平均体重，放入培养皿内，做好标记。

④ 微量点滴器的标定。微量点滴器在使用前首先要进行标定，标定的目的是测微尺每转动一格所推出的药量点滴在滤纸上的药斑大小一致，准确计算出每转动一格所推出的药量。

⑤ 试虫处理。将试虫置于微量点滴器针头下方，转动测微尺，将丙酮或药剂推出滴于虫体胸部背面，先滴对照（即只滴不加有药剂的丙酮），然后点滴药剂，从低浓度到高浓度点滴，每试虫点滴 1.75 μL，处理完后将试虫放入培养皿中，做好标记，并添加适量无毒饲料，然后将培养皿置于 20～25℃条件下，分别于 24 h、48 h、72 h 后观察记载试虫死亡情况。

【结果与分析】

① 将 24 h、48 h、72 h 后观察的试虫死亡情况，按下式分别计算死亡率及校正死亡率，并把结果填入表 3-21-1。

$$死亡率 = \frac{死亡虫数}{每一浓度处理试虫总数} \times 100\% \tag{3-21-1}$$

$$校正死亡率 = \frac{处理死亡率 - 对照死亡率}{1 - 对照死亡率} \times 100\% \tag{3-21-2}$$

注意：当自然死亡率超过 10% 时，说明实验操作有问题，应重做。

表 3-21-1　溴氰菊酯对四龄黏虫触杀作用测定结果

药剂浓度/(μg/mL)	供试虫数/头	死亡数			死亡率/(%)			校正死亡率/(%)		
		24 h	48 h	72 h	24 h	48 h	72 h	24 h	48 h	72 h
20	30									
40	30									
80	30									
160	30									
320	30									
对照	30									

② 计算 LD_{50}、标准误及 95% 置信限。根据表 3-21-1 统计结果，用作图法、最小二乘法、fx-180P 计算器输入法和 Excel 电子数据统计法四种方法中任意一种方法计算 LD_{50}，结果进行卡方(x^2)测验、求出致死中量(LD_{50})的标准差和 95% 置信限。将计算结果填入表 3-21-2，评价供试药剂对目标昆虫的触杀毒力，并写出实验报告。

表 3-21-2 溴氰菊酯对四龄黏虫 48 h(或 24 h、72 h)触杀毒力

药剂浓度 /(μg/mL)	单位虫体药量 /(μg/g)	剂量对数值 x	48 h 校正死亡率 /(%)	校正死亡率几率值 y	毒力回归式、LD_{50} 及 LD_{90}	标准误	95% 置信限
20							
40							
80							
160							
320							
对照			—	—	—	—	—

【注意事项】

（1）为保证测定触杀毒力的准确性,实验期间尽可能避免发生触杀以外的作用方式。

（2）实验期间处理和对照尽可能维持恒定饲养条件。

思　考　题

（1）计算 LD_{50} 有几种方法？各实验方法有什么优缺点？计算 LD_{50} 的意义是什么？

（2）杀虫剂触杀作用测定中,最重要的步骤是哪一步？为什么？

实验 22　杀虫剂胃毒作用测定——叶片夹毒法

昆虫胃毒作用测定方法可因目标昆虫种类和杀虫剂的剂型而有所不同。目标昆虫可以吞食含有药剂的固体食物或药液,根据目标昆虫取食量的差异又可分为无限取食法和定量取食法。

定量取食法测定胃毒毒力的方法有三种。

（1）毒饵法

将药剂与昆虫喜食的饲料混合制成毒饵,饲喂供试昆虫,这种方法的缺点是不能避免触杀和熏蒸作用的发生。

（2）微量注射法

用微量注射器将一定量药剂自试虫口器注入,这种方法因操作时易刺破昆虫口腔柔软组织,故一般很少应用。

（3）叶片夹毒法

将定量的药粉或药剂附着在一定面积的圆形叶片上,与另一片同样面积的无毒叶片黏合在一起,喂养昆虫,然后根据取食面积计算实际吞食药量,此法适用于植食性、取食量大的咀嚼式口器的昆虫,如鳞翅目幼虫、蝗虫、蟋蟀等,所以本实验采用叶片夹毒法(sandwich method)进行。

叶片夹毒法只适用于植食且取食量大的咀嚼式口器目标昆虫,如黏虫、蝗虫、玉米螟等。方法是用两张叶片,中间均匀地放入一定量的杀虫剂饲喂目标昆虫,然后由被吞服的叶片面积推算出吞服的药量。此法虽然计算吞服面积较费时间,但其优点是可以减少目标昆虫与杀虫剂的接触,避免发生触杀作用,操作方便,结果比较精确,仍然是目前较理想的胃毒剂毒力测定方法。

【实验目的】

① 通过实验掌握杀虫剂胃毒毒力测定方法。

② 用叶片夹毒法测定胃毒剂致死中量(LD_{50})值，更好地了解具有胃毒作用的杀虫剂从口器进入体内，并经中肠吸收到达靶标部位起毒杀作用的能力及毒力程度。

【实验原理】

昆虫胃毒剂毒力测定的基本原理，是使杀虫剂随食物一起被目标昆虫吞食进入消化道而发挥毒杀作用，即使供试目标昆虫按预定的杀虫剂剂量取食，或在供试目标昆虫取食后能准确地测定其吞食剂量，因此要尽量避免药剂与昆虫体壁接触而产生的毒杀作用。

叶片夹毒法测定原理是用打孔器制成 2 cm 直径的圆叶片或用剪刀剪成一定面积的叶片，放入喷粉玻璃罩或转盘沉降喷粉器内，进行定量喷粉；同时放入一定面积、事先称量的纸片或铝片，喷粉后将硬纸片（或铝片）取出再称量，测定每张叶片上药粉的沉积量（或换算出单位面积上的药量）。也可将杀虫剂配成不同浓度的丙酮药液，用微量点滴器定量滴加在小叶片上（叶片面积尽量小为宜），待丙酮挥发后，按上述方法制成夹毒叶片，饲喂已知体重的试虫，让其全部吞食。然后再给试虫喂以新鲜无毒叶片，置于恒温恢复室内，24 h 或 48 h 后观察记录试虫的死亡反应，求出致死中量(LD_{50})。

【实验材料】

① 供试药剂：溴氰菊酯（deltamethrin）原药，敌敌畏（dichlorphos）原药（实验所用药剂必须用原药），丙酮。

② 供试昆虫：三～四龄菜青虫（*Pieris rapae* Linne），黏虫（*Mythimna separata* Walker），棉铃虫（*Helicoverpa armigera* Hubner）（试虫平均体重约 0.25 g）。

【实验设备及用品】

培养皿（90 cm），打孔器，电子天平，微量进样器，5% 的明胶液或自制糨糊，无毒甘蓝叶片。

【实验步骤】

① 供试昆虫的停食处理。将采集的健康三～四龄菜青虫幼虫在实验前 5～6 h 停止饲喂，以有利于昆虫取食。

② 称量。从经过停食处理的菜青虫中，选取龄期大小一致的，并在电子天平上称取每一头试虫的体重并做好标记。

③ 药剂配制。用丙酮将溴氰菊酯配制成 12 个不同浓度，即 10 μg/mL、20 μg/mL、40 μg/mL、80 μg/mL、160 μg/mL、320 μg/mL、640 μg/mL、1280 μg/mL、2560 μg/mL、5120 μg/mL、10240 μg/mL、20480 μg/mL，做好标记备用。

④ 夹毒叶片制备。将采集的薄厚均匀的甘蓝叶片，用自来水冲取表面附着物，待水分挥发后，用直径 8 mm 的打孔器制成圆叶片 60 片左右，放入培养皿中保湿备用。用微量注射器吸取 10 μL 已知含量的药剂丙酮液，均匀涂布在圆形叶片上，按编号顺序由低到高浓度进行，待丙酮挥发后，取另一圆叶片涂上糨糊，与涂有药剂一面的圆叶片黏合，即成夹毒叶片，吸取 10 μL 丙酮液制成的夹毒叶片为对照，放入已编了号的培养皿中，并用湿棉球保湿，根据叶片受药量及叶片面积，可计算出每平方厘米的药量（mg/cm²）。

⑤ 处理。在每个含有夹毒叶片的培养皿中放入已称重的幼虫，让其取食。每一浓度为一个处理，每一处理 3～5 头试虫，重复 3 次，以丙酮液制成的不夹毒叶片为对照。若对照有死亡，应重作实验。待夹毒叶片全部取食完了以后，再以无毒叶片饲喂，放在适宜条件下，6 h、10 h、24 h 后观察试虫的中毒症状及死亡情况。

【结果与分析】

致死中量的计算方法是首先计算单位体重目标昆虫吞食药剂量($\mu g/g$),按单位体重试虫取食药量的多少排序,从少到多,并注明生死反应。可以将目标昆虫分为3组:第1组为生存组,因取食药量少,目标昆虫均无死亡;第2组为死亡组,因取食药量较多全部死亡;第3组为中间组,即除去生存组和死亡组之外,包括从第1头死虫开始到最后1头活虫为止,中间组的试虫有生存的也有死亡的,是求致死中量的范围。生存组及死亡组不参与致死中量的计算,所以虫数越少越好,而中间组的虫数越多越好。然后按照公式(3-22-1)求出致死中量(LD_{50})。

$$致死中量\ LD_{50}(\mu g/g) = \frac{A+B}{2} \qquad (3\text{-}22\text{-}1)$$

式中,A:中间组内生存个体的平均体重受药量,即中间组生存的目标昆虫各项单位体重药量总和除以总活虫数,$\mu g/g$;B:中间组内死亡个体平均体重受药量(计算方法同生存目标昆虫),$\mu g/g$。

观察记载试虫的取食情况,记载中毒症状及吃完夹毒叶片的时间,用扩大镜或肉眼观察计算食取多少小方格($1\ mm^2/$格),根据叶片每平方毫米的涂药量,计算每头试虫取食的药量,求出试虫单位体重所取的药量($\mu g/g$),经24 h后检查昆虫生存和死亡情况,记录在表3-22-1中。单位体重目标昆虫吞食药量可按公式(3-22-2)、(3-22-3)计算:

$$吞食药量(\mu g/g) = \frac{吞食面积(mm^2) \times 单位面积药量(\mu g/mm^2)}{昆虫体重(g)} \qquad (3\text{-}22\text{-}2)$$

$$吞食药量(\mu g/g) = \frac{药液浓度(\mu g/mL) \times 滴加量(\mu g \times 10^{-3})}{昆虫体重(g)} \qquad (3\text{-}22\text{-}3)$$

表 3-22-1　溴氰菊酯对菜青虫的胃毒作用统计结果

编号	试虫体重 /g	取食量		按昆虫体重计算取食药量 /($\mu g/g$)	取食后不同时间反应			
		叶面积/mm^2	药量/($\mu g/g$)		24 h	0.5 h	1 h	6 h

表 3-22-2　溴氰菊酯对菜青虫的胃毒毒力(24 h)

编号	药量/(μg/g)	反应	编号	药量/(μg/g)	反应	编号	药量/(μg/g)	反应
CK								

根据 3-22-2、3-22-3 公式计算每头试虫取食药量,记载反应状况,结果填入表 3-22-2。用 3-22-1公式计算溴氰菊酯对菜青虫的致死中量,并写出实验报告。

【注意事项】

(1) 实验时,务必待试虫取食完夹毒叶片后,再放入无毒叶片,以防选择性取食影响实验结果。

(2) 实验期间维持恒定饲养条件外,还要经常观察各处理试虫的中毒症状和生长状况。

思 考 题

(1) LD_{50} 在农药研究和生产上有什么指导意义?

(2) 描述试虫的中毒症状(中毒症状一般表现为呕吐、下痢、挣扎、痉挛、麻痹、死亡等)。

实验 23　杀虫剂熏蒸作用测定

杀虫剂从昆虫气门进入呼吸系统而引起昆虫中毒致死的毒力称熏杀毒力(fumigation)。该法比较简单,主要靠气体药剂或药剂产生的气体在空间自行扩散而均匀分布,进入目标昆虫的呼吸系统,因此药剂均匀性及处理部位都影响不大。一般用一个玻璃器皿,滴入一定量的药剂,接种一定数量的目标昆虫,置于一定温度下,药剂在密闭的条件下挥发成气体可获得准确效果。

熏蒸剂毒力测定的目的是:① 比较两种以上化合物对某一目标昆虫的熏杀毒力;② 测定熏蒸剂在不同温湿度、气候条件下对某一目标昆虫的毒力变化;③ 测定不同熏蒸剂对不同种类目标昆虫或同种目标昆虫不同虫态、龄期和性别的熏杀毒力;④ 测定熏蒸剂的理化特性与毒力的关系。因此,对供试目标昆虫的要求是龄期、个体大小必须一致,培养条件及食物供应条件正常。

熏蒸剂的药量计算以单位容积内的药剂用量来表示(mg/L 或 mL/L)。

温湿度对熏蒸剂熏杀毒力的影响,以温度影响较明显。一般熏蒸剂的挥发性、化学活性与温度呈正相关,温度愈高杀虫药剂对目标昆虫的熏蒸毒力也愈强。同时,温度愈高,目标昆虫的呼吸活动也愈强,单位时间内药剂经气管进入昆虫体内的药量也增多,都会使药剂发挥较强的熏蒸毒力。但也有少数药剂表现为负温度效应,通常以 25℃ 为测定的最适宜温度。湿度对杀虫剂熏蒸毒力的影响不显著,常以 50% 的相对湿度为宜。熏蒸作用测定方法有二重皿法(图 3-23-1)、广口瓶法(图 3-23-2)、药纸熏蒸法(图 3-23-3)、三角瓶法(图 3-23-4),此外,还有钟罩熏蒸法、干燥瓶熏蒸器等,可根据实验目的要求以及供试目标昆虫种类来选用。

下面以三角瓶熏蒸法为例,进行杀虫剂室内熏蒸毒力测定。

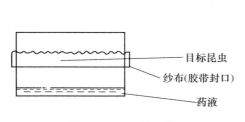

图 3-23-1　二重皿法

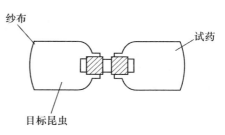

图 3-23-2　广口瓶法

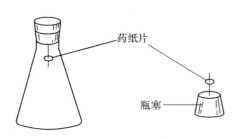

图 3-23-3　药纸熏蒸法

图 3-23-4　三角瓶法

【实验目的】

学习并掌握杀虫剂熏蒸作用测定方法,比较不同药剂的熏蒸作用。

【实验原理】

杀虫剂熏蒸作用室内毒力测定的基本原理是利用某些杀虫剂具有明显的挥发成有毒气体的性能,让有毒气体经昆虫的气门进入气管、呼吸系统而起毒杀作用。

【实验材料】

① 供试药剂:敌敌畏(dichlorphos)原药,甲胺磷(methamidophos)原药,磷化氢(用磷化氢发生装置,酸式法),丙酮。

② 供试昆虫:玉米象(*Sitophilus zeamais* Motschulsky)成虫或其他储粮害虫。

【实验设备及用品】

500 mL 具塞三角瓶,微量注射器,吸水纸,小布袋,毛笔,棉线,培养皿。

【实验步骤】

① 用毛笔将试虫移入小布袋中,每袋 10~20 头,用一条长约 20 cm 的棉线封口。

② 药剂配制:将敌敌畏和甲胺磷稀释为 1% 备用。

③ 药膜制备及试虫处理:用微量注射器分别吸取不同药剂,按 2 μL、4 μL、6 μL、8 μL、10 μL

滴加到 2 cm×2 cm 的吸水纸上,然后迅速放入三角瓶底,并将装有试虫的小布袋用棉线吊起悬入三角瓶中,塞紧瓶塞,置于 25℃条件下分别于 24 h、48 h、72 h 后检查死亡虫数,以药剂的不同药量为处理,每处理重复三次,以丙酮处理为对照。

【结果与分析】

经 24 h 后,检查实验结果,活虫仍装入布袋中,吊入三角瓶中,48 h、72 h 重复 24 h 的检查步骤,将结果填表 3-23-1,计算死亡率和更正死亡率,用计算法求出 LC_{50}(g/L),比较两种药剂的熏蒸作用效果,写出实验报告。

表 3-23-1　杀虫剂熏蒸作用测定实验数据记录表

供试药剂及 药量/μL	单位体积 药量/(g/L)	供试虫数	24 h		48 h		72 h	
			死亡率 /(%)	更正死亡率 /(%)	死亡率 /(%)	更正死亡率 /(%)	死亡率 /(%)	更正死亡率 /(%)
1% 敌敌畏	2							
	4							
	6							
	8							
	10							
1% 甲胺磷	2							
	4							
	6							
	8							
	10							
CK								

【注意事项】

(1) 实验操作必须在密闭的容器中进行。

(2) 供试昆虫不能接触药剂,避免药剂经口器、表皮进入昆虫体内而发生熏蒸以外的其他毒杀作用。

思　考　题

(1) 总结全班实验结果计算 LC_{50},你认为该值对生产有何指导意义?

(2) 根据本次实验结果,你认为在熏蒸粮仓时应特别注意哪些要点?

实验 24　杀虫剂内吸作用测定

具有内吸杀虫作用(systemic action)的药剂很多,但不一定属于内吸杀虫剂。确切地说,凡是可以通过植物根、茎、叶以及种子等部位渗入植物内部组织,随着植物体液传导至整株,不妨碍植物的生长发育,而对害虫具有很高毒效的化学物质,即称内吸杀虫剂。

内吸杀虫剂内吸作用的测定要用植物和目标昆虫,而目标昆虫不得直接接受药剂。

内吸杀虫剂毒力测定方法分直接法和间接法两种。直接法包括茎或叶的局部涂药、根际施药及种子处理等；间接法是用处理后的植物，取其叶片研磨成为水悬剂，加在水中，测定对水生昆虫的毒力。

如根部内吸法[图 3-24-1(1)]、叶部内吸法[图 3-24-1(2)]、茎部内吸法、种子内吸法。

这些方法均是直接测定法，其优点是接近于实际情况，但有一定的局限性，如微量药剂内吸而不引起目标昆虫死亡时，就测不出内吸作用，即使有毒效，也不易测出准确的内吸量等。

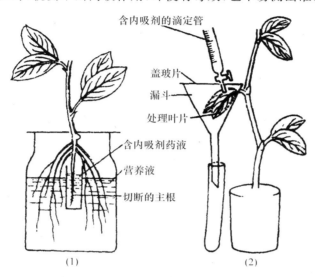

图 3-24-1　根系叶部吸收及传导的装置
(1) 根部吸收；(2) 叶部吸收

此外，还可采用间接测定法，其原理是将药剂处理后的植物，研磨成水悬液加入水中，再接入蚊子幼虫，由孑孓的死亡情况测定其内吸毒效。方法是将植物根系插入有药液的营养液中，待根系吸收药剂一定时间后，将植物上部叶片剪下一定数量（称量）加以研磨（20 g 叶用 400 mL 水），计算加入水中不同浓度的药液，再加入孑孓或水蚤，培养一定时间后，观察试虫的死亡情况，判断内吸作用的大小。

【实验目的】

学习并掌握内吸杀虫剂室内毒力测定方法——根部内吸法。

【实验原理】

有些杀虫剂能够被植物根、茎、叶或种子吸收，并且在植物体内传导，甚至在植物体内代谢转化为毒力更强的化合物，使整个植株带毒，当昆虫取食带毒茎叶后，发生胃毒作用杀死昆虫，这种作用称为内吸杀虫作用。与内渗作用（药剂施用后只能被植物吸收，而不被能传导）截然不同，内吸作用药剂施用后既能被植物吸收又能被传导。内吸杀虫剂有内吸胃毒的特点，因此有其特殊的使用方式，如涂抹茎干、种子处理、土壤处理、快速喷雾等，这对经济用药，延长残效期，保护天敌，改进施药方法等具有重要意义。

【实验材料】

① 供试药剂：5%吡虫啉(imidacloprid)乳油(EC)，丙酮。

② 供试昆虫：初孵化的黏虫（*Mythimna separata*）或蚜虫（*Aphidoidea*）。

③ 供试植物：小麦苗、三～四叶期的黄瓜幼苗、甘蓝幼苗。

【实验设备及用品】

烧杯，量筒，玻璃钟罩，隔虫网，移液管，计数器，毛笔，扩大镜等。

【实验步骤】

① 药剂配制。将 5% 吡虫啉 EC 稀释为 100 μg/mL、200 μg/mL、400 μg/mL、800 μg/mL、1600 μg/mL、3200 μg/mL 液，并做好标记备用。

② 植株根际周围土壤处理。取盆栽黄瓜或甘蓝幼苗 6 盆，将配好的药剂 50 mL 均匀注入幼苗根际深 2 cm 处，然后用土覆盖，做好标记，以只施清水的植株为对照。

③ 施药后 5～7 d，每盆植株上接入蚜虫 50 头，每处理 3 个重复。在接入蚜虫时动作一定要轻，接入蚜虫后，一般要用玻璃钟罩或隔虫网将不同处理的植株隔进行离开或封闭，这样即可避免不同处理植株上蚜虫的相互转移，还可避免外界蚜虫迁飞到处理植株上影响实验结果。

处理后 24 h、48 h 分别检查虫口消长情况，在处理后 24 h 之内，蚜虫或黏虫将会出现中毒现象，如体壁皱缩、体色变深或由透明变为不透明、呕吐等，这些现象可以借助于扩大镜或显微镜进行观察。

【结果与分析】

将实验结果整理后填入表 3-24-1，按下式计算虫口减退率和校正虫口减退率，并比较分析药剂最佳的内吸浓度。

$$\text{虫口减退率} = \frac{\text{原有（接入）蚜虫数量} - \text{现存活蚜虫（黏虫）数量}}{\text{原有（接入）蚜虫（黏虫）数量}} \times 100\% \qquad (3\text{-}24\text{-}1)$$

$$\text{校正虫口减退率} = \frac{\text{处理组虫口减退率} - \text{对照组虫口减退率}}{1 - \text{对照组虫口减退率}} \times 100\% \qquad (3\text{-}24\text{-}2)$$

表 3-24-1　杀虫剂内吸作用测定实验数据记录表

处理		施药前虫口数	24 h			48 h		
药剂	浓度		药后活虫数量	虫口减退率/(%)	校正虫口减退率/(%)	药后活虫数量	虫口减退率/(%)	校正虫口减退率/(%)
5%吡虫啉EC	100	50						
	200	50						
	400	50						
	800	50						
	1600	50						
	3200	50						
CK		50						

【注意事项】

（1）实验在接入蚜虫时动作一定要轻，以防造成人为死亡，影响实验结果。

（2）实验中注意观察蚜虫或黏虫出现中毒现象。

思　考　题

（1）描述蚜虫或黏虫出现中毒症状。

（2）内吸作用和内渗作用有何不同？你认为在内吸作用测定时应注意哪些问题？

实验 25　杀虫剂联合作用毒力测定

两种或两种以上杀虫剂合理混用可提高防治效果，扩大防治谱，减少施药次数，延缓有害生物的抗药性，提高对被保护作物的安全性、降低施药成本。杀虫剂混用后所产生的联合毒力，主要是增效作用、拮抗作用及相加作用，药效可相应表现为增效、减效及平效。杀虫剂混用的目的是多方面，但主要是提高药效、扩大防治谱及延缓抗药性。因此，两种杀虫剂混用是否达到目的，必须通过杀虫剂联合作用测定。

【实验目的】

学习并掌握杀虫剂联合作用的生物测定和农药共毒系数的计算方法，准确评价两种杀虫剂混用的联合毒力。

【实验原理】

两种杀虫剂混用后，可能对昆虫的毒力发生三种变化：增效作用［synergized effect（action）］，混用后的毒力大于单用毒力，即混用的 LD_{50} 值＜单用 LD_{50} 值；相加作用［additive effect（action）］，混用后的毒力等于单用毒力，即混用的 LD_{50} 值 ＝ 单用 LD_{50} 值；拮抗作用［contending effect（action）］，混用后的毒力小于单用毒力，即混用的 LD_{50} 值＞单用 LD_{50} 值。若两种杀虫剂可以混用，但不同的混配比例其增效作用是不同的，这并不是简单两种药剂药效的积加。可用三种计算方法评判联合毒力。Sakai 公式法是用实际死亡率直接减去理论死亡率，得出协同毒力指数判断两种药剂混合后毒力；孙云沛公式通过事先以常规方法测出混剂 LD_{50} 值及组成该混剂的各单剂的 LD_{50} 值，再以其中一种单剂为标准计算各单剂的毒力指数、混剂的实际毒力指数（ATI）和理论毒力指数（TTI），最后计算出混剂共毒系数（CTC）表示混用后的毒力；Finney 将计算出的混剂预期 LD_{50} 值与实测的 LD_{50} 值进行比较来评判混用毒力。

通过两种杀虫剂联合作用的生物测定结果，鉴别两种杀虫剂混用是否产生增效作用，为两种杀虫剂的合理混用提供理论依据。

【实验材料】

① 供试药剂：5％阿维菌素（abamectin）EC，95％哒螨灵（pyridaben）原药，10.5％阿维菌素·哒螨灵乳油（5％阿维菌素 EC∶95％哒螨灵＝1∶35），丙酮。

② 供试昆虫：二斑叶螨（*Tetranychus urticae* Koch），山楂叶螨（*Tetranychus viennensis* Zacher）。

【实验设备及用品】

体视显微镜，扩大镜，烧杯（50 mL），量筒（20 mL、50 mL），玻片，双面胶带（1 cm 宽），移液器，计数器，零号小毛笔，搪瓷盘，玻璃板（盖在搪瓷盘上），海绵（垫在搪瓷盘底部）等。

【实验步骤】

① 药剂配置。将 5％阿维菌素 EC、95％哒螨灵原药和 10.5％阿维菌素·哒螨灵乳油用丙酮先配成 1000 mg/L 母液，再用水稀释为 50 mg/L、100 mg/L、200 mg/L、400 mg/L、800 mg/L。

② 用杀螨剂生物测定方法（见实验 29　杀螨剂生物测定——玻片浸渍法）。将 1 cm 宽的双面胶带剪成 2 cm 贴在载玻片一端，在显微镜下选取三～四日龄活动能力强的雌成螨将其背部粘在胶面上但不能粘着螨足、须、肢和口器，每玻片粘 20～30 头排成两行置于底部垫有海绵的搪瓷盘中，将搪瓷盘放在温度 26℃～28℃，相对湿度 60％～70％，光照 14 h，黑暗 10 h 的光照培养箱中 4 h 后镜检弃去死亡的螨，重新补粘活成螨后再用药剂处理。

③ 将粘有雌成螨的玻片放在药液中浸 5 s 取出后，立即用滤纸吸干玻片及螨体周围的药液重复 3 次，以自来水为对照。浸过药液的玻片重新放回到搪瓷盘中置于上述相同条件的光照培养箱中 24 h 后镜检，记录死亡及存活的螨数，检查时用小毛笔轻轻触动螨足及须肢不动者为死亡。将检查的实验结果填入表 3-25-1 中，求出各处理的死亡率及校正死亡率。

【结果与分析】

用几率值分析求出阿维菌素、哒螨灵和阿维菌素·哒螨灵混剂对二斑叶螨的毒力回归式、致死中浓度（LC_{50}）、x^2 和 95％置信限，结果填入表 3-25-1 中。

表 3-25-1　阿维菌素、哒螨灵及混剂对二斑叶螨的生物测定结果（24 h）

药剂及浓度 /(mg/L)		供试螨数 /头	死亡螨数 /头	死亡率 /(%)	校正死亡率/(%)	浓度剂量 对数 x	校正死亡率 几率值 y	毒力回归式、LC_{50}、 x^2、95％置信限
阿维菌素	50	30						
	100	30						
	200	30						
	400	30						
	800	30						
哒螨灵	50	30						
	100	30						
	200	30						
	400	30						
	800	30						
阿维·哒螨灵	50	30						
	100	30						
	200	30						
	400	30						
	800	30						
CK		30						

根据孙云沛报道（见本实验附：农药混用联合毒力的测定与计算方法）的杀虫剂联合毒力的测定方法计算共毒系数（CTC），当 CTC 值大于 120 时为增效作用，低于 80 时为拮抗作用，接近于 100 时为相加作用，计算步骤如下。

① 以常规方法测出阿维菌素、哒螨灵及阿维·哒螨灵的 LC_{50} 值。

② 以阿维菌素为标准药剂,计算阿维菌素、哒螨灵两单剂的毒力指数(公式 3-25-5)、阿维菌素·哒螨灵混剂的实际毒力指数(ATI)(公式 3-25-6)和理论毒力指数(TTI)(公式 3-25-7)。

③ 将 ATI 和 TTI 代入公式 3-25-8 中,计算阿维菌素·哒螨灵混剂的共毒系数 CTC 值,计算结果填入表 3-25-2 中,写出实验报告。

表 3-25-2　阿维菌素与哒螨灵混用对二斑叶螨的共毒系数(CTC)测定结果

药剂	毒力回归式	LC_{50}	毒力指数	ATI	TTI	CTC
阿维菌素						—
哒螨灵						—
阿维：哒螨灵(1：35)						
CK						

【注意事项】

(1) 杀虫剂联合作用测定时,用等效方法检验两种药剂混合的最佳配比。

(2) 二斑叶螨玻片方法生物测定时,将挑取的雌成螨背面放在双面胶带的胶面时,注意动作要轻,以免人为因素造成叶螨死亡,影响实验结果。

思　考　题

(1) 根据表 3-25-2 中阿维菌素与哒螨灵混用的共毒系数,评判两种药剂混用的联合作用。

(2) 杀虫剂联合作用测定时应注意哪些问题?

附：农药混用联合毒力的测定与计算方法

药效、毒性、药害为农药混用中的主要研究内容,首要的是药效,只有达到增效、最低限为平效,才有必要研究其他方面的问题。

农药混用毒力测定仍然是本书介绍的杀虫剂、杀菌剂、除草剂等的毒力测定方法,如喷雾法、点滴法、浸蘸法、药膜法等。农药混用毒力的实验设计以及对测定结果的计算方法有如下几种。

(1) Sakai 公式法

【例 1】 假若有 A、B 两种药剂,单用时会形成 P_a 及 P_b 的死亡率,那么在混用时所形成的死亡率并不是 $P_a + P_b$;因为 P_a 中也是 P_b 中的一部分,即 A 药能杀死的一部分中也有 B 药所杀死的,或说 B 药杀死的部分也有 A 药所杀死的,因此这两种药剂合用时的理论死亡率 P_m 应当为

$$P_m = P_a + P_b(1 - P_a) \text{ 或 } P_m = 1 - (1 - P_a)(1 - P_b) \tag{3-25-1}$$

若多种药剂混用,则为

$$P_m = 1 - (1 - P_a)(1 - P_b) \cdots\cdots (1 - P_n) \tag{3-25-2}$$

以两个单剂混用为例,测定和计算联合毒力步骤如下所述。

① 分别测出两个单剂各自的毒力回归线,从其直线上分别选择两个单剂各自 5%～10% 死亡率剂量。在应用 Sakai 公式时,认为若取用 Sakai 所提出的 5%～10% 死亡率剂量显得太小,即使不存在试虫自然死亡,其实验结果的波动性也很大,重现性差,因此将之改为 20% 死亡率剂量。

② 测定这两个剂量混合后的死亡率,为实际死亡率 P_c,同时测得两种单剂在单用时的实际

死亡率(P_a、P_b)代入公式(3-25-1)可求得混用后的理论死亡率 P_m。其结果不外乎有三种情况，即 $P_c = P_m$，相加作用；$P_c > P_m$，增效作用；$P_c < P_m$，拮抗作用。

此为原则性表达，未从具体数据上界定增效作用与拮抗作用。姚湘江建议，可采用 Mansour 等提出的协同毒力指数来判断混合后毒力属于何种性质，即

$$协同毒力指数 = \frac{实际死亡率 - 理论死亡率}{理论死亡率} \times 100\% \qquad (3\text{-}25\text{-}3)$$

当协同毒力指数＞20％，为增效作用；＜20％，为拮抗作用；属于二值之间为相加作用。而人们又习惯于用实际死亡率直接减去理论死亡率，以此值代替协同毒力指数，仍按上述标准以表达增效作用、拮抗作用和相加作用。

【例 2】用点滴法测出辛硫磷、溴氰菊酯两单剂对菜青虫毒力回归线后，求得：

辛硫磷 $LD_{20} = 0.464\ \mu g/g$，溴氰菊酯 $LD_{20} = 0.0212\ \mu g/g$。

将此剂量药剂再分别点滴到菜青虫上，同时将辛硫磷与溴氰菊酯二单剂量（辛硫磷 $0.464\ \mu g/g$ ＋溴氰菊酯 $0.0212\ \mu g/g$）混合后点滴到菜青虫上。以丙酮为溶剂，每次处理用菜青虫 60 头，同时进行处理，将结果记入表 3-25-3。

表 3-25-3　两种杀虫剂单剂及其混用毒力测定结果

药　　剂	$LD_{20}/(\mu g/g)$	供试虫数 n	死亡虫数 r	死亡率/(％)	校正死亡率/(％)
辛硫磷	0.464	60			18.3
溴氰菊酯	0.0212	60			23.3
辛硫磷＋溴氰菊酯	0.464＋0.0212	60			60
对照（点滴丙酮）	—	60	13	8	

用 Sakai 公式对表 3-25-3 测定结果做出计算和表达方法，则

$$理论死亡率 = [1 - (1 - 0.183)(1 - 0.233)] \times 100\% = 37.3\%$$
$$实际死亡率 - 理论死亡率 = 60.0\% - 37.3\% = 22.7\%$$

由于 22.7％＞20％，认为是增效作用。

按姚湘江建议的表达方法，则

$$协同毒力指数 = \frac{60.0 - 37.3}{37.3} \times 100\% = 60.9\%$$

由于 60.9％＞20％，认为是增效作用。

按常用的表达方法，有

$$实际死亡率 - 理论死亡率 = 60.0\% - 37.3\% = 22.7\%$$

由于 22.7％＞20％，认为是增效作用。

由于 Sakai 对其所提公式的换算结果仅做原则性的比较，所以这样的比较只能是对有无增效作用的一个简单的检验。

(2) Finney 公式法

Finney 提出了以 LD_{50} 值为基础来评价混剂联合毒力。先用下式计算混剂理论 LD_{50} 值。

$$\frac{1}{混剂理论 LD_{50} 值} = \frac{A\ 药的百分含量}{A\ 药的 LD_{50} 值} + \frac{B\ 药的百分含量}{B\ 药的 LD_{50} 值} \qquad (3\text{-}25\text{-}4)$$

Finney 将计算出的混剂理论 LD_{50} 值与实测的 LD_{50} 值进行比较,如果两值相等,表明属相加作用(平效);前者小于后者,属于拮抗作用;大于后者属增效作用。由于实验误差和供试生物等未被觉察到的不一致性,一般认为,理论 LD_{50}/实测 LD_{50} 的毒力比值在 0.5~2.6 之间属相加作用,大于 2.6 时属增效作用,小于 0.5 时属拮抗作用。

【例3】齐兆生等(1983)将氰戊菊酯和杀虫脒有效成分按 1∶10 混合,采用浸叶接虫法测得该混合物对棉铃虫幼虫的 LD_{50} 值为 26.7 $\mu g/mL$,单用氰戊菊酯的 LD_{50} 值为 9.9 $\mu g/mL$,单用杀虫脒的 LD_{50} 值为 833.0 $\mu g/mL$。

计算方法如下所述:
$$1/理论毒力=(1/11)/9.9+(10/11)/833=0.0102$$
则
$$理论毒力=98.04\ \mu g/mL$$
$$毒力比值=98.04/26.7=3.67(此值大于 2.6,故为增效作用)$$

【例4】生测实验结果:乐果 LD_{50} 为 232.4 mg/kg、异稻瘟净 LD_{50} 为 685.8 mg/kg,将乐果与异稻瘟净以有效成分计按 1∶1 混合,其 LD_{50} 为 142.5 mg/kg,计算方法如下所述。
$$1/理论毒力=(1/2)/232.4+(1/2)/685.8=0.00288$$
则
$$理论毒力=347.22\ mg/kg$$
$$毒力比值=347.22/142.5=2.437(此值在 0.5~2.6 间,故为相加作用)$$

(3) 孙云沛(Yun_Peimm)公式法

1950 年,孙云沛提出用毒力指数——TI(toxicity index)比较供试药剂与标准药剂之间的相对毒力,其公式表示如下。

$$毒力指数 = \frac{LD_{50}(标准杀虫剂)}{LD_{50}(供试杀虫剂)} \times 100\% \tag{3-25-5}$$

以标准杀虫剂的毒力指数为 100,若供试药剂比标准药剂 LD_{50} 为小,毒力指数就大于 100,若供试药剂比标准药剂 LD_{50} 大,毒力指数就小于 100。实验证明,用毒力指数能较好地表示药剂之间的相对毒力关系。

由于以一种药剂为标准所得毒力指数对同一种试虫有共同的毒力单位,于是孙云沛与约翰逊(E. R. Tohnson)认为在计算混剂的毒力时各组分的毒力指数彼此也能相互加减,并以此为基础,于 1960 年提出了通过毒力指数计算混剂联合毒力的方法,得出共毒系数,以比较联合毒力。该方法是先以常规方法测出混剂 LD_{50} 及组成该混剂的各单剂的 LD_{50},再以其中一种单剂为标准(即毒力指数为 100)计算各单剂的毒力指数、混剂的实际毒力指数——ATI(actual toxicity index)和理论毒力指数——TTI(theoretical toxicity index),最后计算出混剂共毒系数——CTC(co-toxicity coefficient)。

设混合药剂为 M,组成 M 的各单剂为 A、B、C……毒力指数为 TI,有效成分(a.i.)百分含量为 w,则

$$ATI(M) = \frac{LD_{50}(A)}{LD_{50}(M)} \times 100 \tag{3-25-6}$$

$$TTI(M) = TI(A) \cdot w_A + TI(B) \cdot w_B + TI(C) \cdot w_C \tag{3-25-7}$$

$$CTC(M) = \frac{ATI(M)}{TTI(M)} \times 100 \tag{3-25-8}$$

共毒系数接近 100 表示相加作用,明显大于 100 表示增效作用,显著小于 100 表示拮抗作

用。当前国内研究者多数认为混剂的共毒系数≥200可认为是增效作用；≤50可认为是拮抗作用；共毒系数在上述二者之间为相加作用。

【例5】山东农业大学测定，氰戊菊酯、氧乐果及1∶8氰戊菊酯＋氧乐果混剂对拟除虫菊酯类药剂已产生抗性棉蚜的毒力分别为2.2385 μg/头、0.9426 μg/头、0.4634 μg/头，以氧乐果为标准药剂代入公式(3-25-5)，则氰戊菊酯及氧乐果的毒力指数(TI)分别为42.11及100。

$$ATI(M) = \frac{0.9426}{0.4634} \times 100 = 203.41$$

$$TTI(M) = 42.11 \times \frac{1}{9} + 100 \times \frac{8}{9} = 93.57$$

$$CTC(M) = \frac{203.41}{93.57} \times 100 = 217.39$$

该混剂的共毒系数为217.39，明显大于100，表现出了增效作用。

由于增效剂或拮抗剂单用毒力甚低，其与农药混用的共毒系数在计算时可忽略不计。例如山东农业大学以选育出来的氰戊菊酯抗性品系玉米螟为试虫，氰戊菊酯的LD_{50}为1055.40 μg/g，而氰戊菊酯＋增效剂SV_1(1∶1)中的氰戊菊酯的LD_{50}为121.44 μg/g。其共毒系数(CTC)=(1055.40/121.44)×100=869.07，表明SV_1对氰戊菊酯抗性玉米螟的增效作用极明显。

作者认为Sakai、Finney及孙云沛三公式用于统计分析混剂联合毒力时均有较强适用性，也可用于杀菌剂和除草剂联合毒力的测定。Sakai公式法可免测混剂的毒力回归线，节约工作量，但该法不能确切表达混剂毒力增效倍数，而Finny公式法及孙云沛公式法则有这种优点。孙云沛公式中共毒系数为100，可以看成是Finney公式中毒力比值为1；Finny公式中毒力比值为0.5～2.6，也可看成是孙云沛公式中共毒系数为50～260。这可将Finney公式中的上述实例用孙云沛公式计算，或将孙云沛公式中的上述实例用FinneY公式计算而得到验证。

实验26　杀虫剂作用方式鉴定

杀虫剂的作用方式指杀虫剂进入昆虫体内并到达作用部位的途径和方法。常规杀虫剂的作用方式有触杀、胃毒、熏蒸、内吸四种，其中内吸是一种特殊的胃毒作用。杀虫剂作用方式鉴定实验是一个综合性的设计实验，本实验对新杀虫剂作用机理研究及杀虫剂分类研究十分重要。

【实验目的】

通过本实验，学习杀虫剂触杀、胃毒、熏蒸、内吸等生物测定方法在新农药作用方式判定中的应用，掌握一种新杀虫剂作用方式的鉴定方法。

【实验原理】

将高浓度的供试药剂点滴在供试昆虫的前胸背板，使其通过穿透昆虫体壁而发挥致毒作用，鉴别杀虫剂的触杀作用；通过昆虫吞食含有杀虫剂的食物，让药剂通过昆虫的消化道进入虫体而致死昆虫，判别杀虫剂的胃毒作用；利用杀虫剂挥发的气体在空间自行均匀扩散，通过昆虫的呼吸系统进入虫体引起昆虫中毒死亡，鉴别杀虫剂的熏蒸作用；将一定浓度的药液处理盆栽植株，通过植物的内吸作用吸收药剂，并在体内输导，使整个植株带毒，昆虫取食带毒的植物是昆虫中毒死亡，鉴别杀虫剂的内吸作用。

【实验材料】

① 供试药剂：95%吡虫啉(imidacloprid)原药，96%高效氯氟氰菊酯(lambda-cyhalothrin)原药，丙酮。

② 供试昆虫：四龄菜青虫(*Pieris rapae* Linne)或黏虫(*Mythimna separata* Walker)，无翅桃蚜或豆蚜，玉米象(*Sitophilus zeamais* Motschulsky)成虫或其他储粮害虫。

③ 供试植物：盆栽大豆苗或甘蓝幼苗。

【实验设备及用品】

微量点滴器，微量进样器，电子天平，小喷雾器，烧杯，量筒，移液管，三角瓶，培养皿(90 cm)，平头镊子，容量瓶(25 mL、50 mL)，移液管，滤纸，计算纸，养虫盒，打孔器(20 mm)，5%的明胶液或自制面糊，玻璃钟罩，隔虫网，计数器，毛笔，扩大镜，无毒甘蓝叶片或大豆叶片等。

【实验步骤】

① 药剂配制。将两种供试药剂用丙酮配成高浓度母液 1000 μg/mL，再分别稀释为 800 μg/mL、400 μg/mL、40 μg/mL。

② 触杀作用。选取活泼健康的四龄黏虫若干头，分别放入已铺滤纸的培养皿中，每皿 10 头，三个药剂处理，一个丙酮对照，用微量点滴器将药剂分别点滴到黏虫的前胸背板上(每头点滴 1.75 μL)，首先点滴对照，处理药剂由低浓度到高浓度，重复 3 次，培养皿上做好标记，处理过的培养皿放在适宜条件下饲养(温度 20～25℃)，分别在 6 h、12 h、24 h、32 h、48 h 观察记载试虫的死亡情况及中毒症状。

③ 胃毒作用。选取活泼健康的四龄黏虫 40 头，分别放入 90 cm 的培养皿中，每皿 10 头，选取一定数量的大豆叶片在药液中浸蘸(是叶片完全润湿)，取出晾干，分别放在培养皿中，每皿放 3～4 片，对照大豆叶片浸蘸丙酮，放在适宜条件下，6 h、12 h、24 h 后观察试虫的中毒症状及死亡情况。

④ 熏蒸作用。用微量注射器分别吸取 10 μL 药剂滴加到 2×2 cm 的吸水纸上，迅速放入三角瓶底部，将装有玉米象的小布袋(20 头)用棉线吊起悬入三角瓶中，塞紧瓶塞，置于 25℃ 条件下分别于 12 h、24 h、48 h 后检查死亡虫数，每处理重复三次，以丙酮处理为对照。

⑤ 内吸作用。取盆栽豆苗或甘蓝幼苗 5 盆，将配好的药剂分别取 50 mL 倒入幼苗根际深 2 cm 处，然后用土覆盖，对照植株只施清水，做好标记，施药 5 d 后，每盆植株上接入蚜虫 50 头，用玻璃钟罩或隔虫网将不同处理的植株隔离或封闭，接虫 24 h、48 h 后分别观察(扩大镜或显微镜)昆虫中毒症状(如体壁皱缩、体色变深或由透明变为不透明等)及记载蚜虫死亡情况。

【结果与分析】

将触杀、胃毒、熏蒸、内吸作用测定结果分别填入表 3-26-1、表 3-26-2、表 3-26-3、表 3-26-4 中，统计试虫死亡情况，按下式分别计算死亡率及校正死亡率。

$$死亡率 = \frac{死亡虫数}{处理试虫总数} \times 100\% \tag{3-26-1}$$

$$校正死亡率 = \frac{处理死亡率 - 对照死亡率}{1 - 对照死亡率} \times 100\% \tag{3-26-2}$$

注意：当对照死亡率超过 10% 时，说明实验操作有问题，应重做。根据 48 h 观察和统计校正死亡率的结果，校正死亡率最高的即为该药剂的作用方式。写出实验报告。

表 3-26-1　吡虫啉和高效氯氟氰菊酯对黏虫触杀作用测定结果

供试药剂	浓度/(μg/mL)	供试虫数/头	死亡数			死亡率/(%)			校正死亡率/(%)		
			12 h	24 h	48 h	12 h	24 h	48 h	12 h	24 h	48 h
吡虫啉	800	10									
	400	10									
	40	10									
	CK	10									
高效氯氟氰菊酯	800	10									
	400	10									
	40	10									
	CK	10									

表 3-26-2　吡虫啉和高效氯氟氰菊酯对黏虫胃毒作用测定结果

供试药剂	浓度/(μg/mL)	供试虫数/头	死亡数			死亡率/(%)			校正死亡率/(%)		
			12 h	24 h	48 h	12 h	24 h	48 h	12 h	24 h	48 h
吡虫啉	800	10									
	400	10									
	40	10									
	CK	10									
高效氯氟氰菊酯	800	10									
	400	10									
	40	10									
	CK	10									

表 3-26-3　吡虫啉和高效氯氟氰菊酯对玉米象的熏蒸作用测定结果

供试药剂	浓度/(μg/mL)	供试虫数/头	死亡数			死亡率/(%)			校正死亡率/(%)		
			12 h	24 h	48 h	12 h	24 h	48 h	12 h	24 h	48 h
吡虫啉	800	10									
	400	10									
	40	10									
	CK	10									
高效氯氟氰菊酯	800	10									
	400	10									
	40	10									
	CK	10									

表 3-26-4 吡虫啉和高效氯氟氰菊酯对菜豆蚜内吸作用测定结果

供试药剂	浓度/(μg/mL)	供试虫数/头	死亡数			死亡率/(%)			校正死亡率/(%)		
			12 h	24 h	48 h	12 h	24 h	48 h	12 h	24 h	48 h
吡虫啉	800	10									
	400	10									
	40	10									
	CK	10									
高效氯氟氰菊酯	800	10									
	400	10									
	40	10									
	CK	10									

【注意事项】

（1）本实验结果仅为杀虫剂触杀、胃毒、熏蒸、内吸等对供试昆虫的毒力测定奠定基础，因而本实验获得的杀虫剂作用方式后，还需进行特定的作用方式生物测定。

（2）黏虫或菜青虫进行触杀、胃毒作用测定时，试虫应先饥饿 5~6 h，挑取菜蚜或桃蚜做内吸测定时动作要轻，实验选取的试虫、食物供给和培养条件要完全一致。

（3）药剂内吸作用缓慢，可在更长的时间内观察。

思 考 题

（1）根据 48 h 观察及统计结果，判定两种供试药剂的主要作用方式。

（2）杀虫剂作用方式鉴定实验应注意哪些问题？

实验 27 杀虫剂盆钵实验

杀虫剂生物测定主要包括室内毒力测定、盆栽实验、小区田间药效实验及大区田间药效实验。一个杀虫剂若在室内毒力测定表现优良，随后进行室内盆钵实验再进一步验证，因而盆栽实验是杀虫剂生物测定中不可缺少的环节。室内盆栽实验不仅适宜于地下害虫、线虫等害虫的生物测定，也适宜于内吸性杀虫剂、杀菌剂、除草剂等药剂对靶标生物的生物测定。

室内盆栽实验包括很多内容，可根据杀虫剂不同的实验目的，设计不同的盆栽实验，如药效实验、药害实验、最佳使用剂量实验、施用方法比较实验，最佳使用时期实验，残效期实验及杀虫剂不同剂型比较实验等。

【实验目的】

通过杀虫剂室内盆栽实验，验证杀虫剂室内毒力测定结果，为杀虫剂的田间药效实验提供依据。本实验中应掌握杀虫剂盆栽实验的方法、原理和统计方法。

【实验原理】

本实验采用喷雾法，在盆栽麦苗上接上蚜虫，用 10% 吡虫啉可湿性粉剂三个剂量进行处理，调查各处理对麦蚜的防效，用 2.5% 溴氰菊酯乳油为对照评价 10% 吡虫啉可湿性粉剂对麦蚜的防效。

【实验材料】

① 供试药剂：10％吡虫啉（imidacloprid）可湿性粉剂，2.5％溴氰菊酯（deltamethrin）乳油（对照药剂）。

② 供试昆虫及植物：麦长管蚜 *Macrosiphum avenae*（Fabricius），麦二叉蚜 *Schizaphis graminum*（Rondani），麦黍缢管蚜 *Rhopalosiphum padi*（Linnaeus），盆栽小麦苗。

【实验设备及用品】

花盆，小麦种子，烧杯，量筒，移液管，计数器，喷雾器等。

【实验步骤】

① 实验准备。将催芽的小麦种子，种植在带有肥土的花盆中，根据实验设计准备 15 盆小麦苗，盆栽小麦苗放置在温室中培育，待小麦苗出土到拔节期时备用，实验前检查盆栽小麦苗上蚜虫发生情况，若虫量少可人工接入一定量麦蚜，3～5 头蚜虫/叶片为宜。

② 实验设计。根据 10％吡虫啉可湿性粉剂田间推荐剂量为中间剂量，设置一个最高剂量和最低剂量，共 3 个剂量，以 2.5％溴氰菊酯乳油田间推荐剂量为对照，还要设清水对照，如果是新化合物则以室内药剂对麦蚜的毒力测定结果为依据，用致死中量值计算出田间用药剂量，以此剂量作为中间剂量，设置一个最高剂量和最低剂量，以当地防治麦蚜常使用的药剂作为对照药剂，清水处理为空白对照，重复三次。

③ 药剂配制如下表。

表 3-27-1　实验用药剂配制

A	清水对照	
B	2.5％溴氰菊酯乳油稀释 3000 倍液 （药剂对照）	用移液器取 2.5％溴氰菊酯乳油 0.33 mL 加入 1000 mL 的喷雾器中备用。
C	10％吡虫啉可湿性粉剂 4500 倍液	称取 10％吡虫啉可湿性粉剂 0.22 g 加入 1000 mL 喷雾器中备用
D	10％吡虫啉可湿性粉剂 3000 倍液	称取 10％吡虫啉可湿性粉剂 0.33 g 加入 1000 mL 喷雾器中备用
E	10％吡虫啉可湿性粉剂 2250 倍液	称取 10％吡虫啉可湿性粉剂 0.44 g 加入 1000 mL 喷雾器中备用

④ 实验处理。处理前调查每盆麦苗的虫口基数，以虫口蚜量/株表示，处理顺序为清水对照、药剂对照、药剂处理由低浓度到高浓度。

首先用 A 喷雾处理小麦盆栽苗，再用 B、C、D、E 分别处理，重复三次。用记号笔在盆栽花盆上做好标记标签，处理过的盆栽小麦苗放置在原温室中培育。

【结果与分析】

① 分别于实验处理后的第 1 d、3 d、7 d 或 14 d 检查虫口密度。将检查结果代入公式（3-27-1）、（3-27-2）（自然死亡率在 20％以下），计算虫口减退率和校正虫口减退率。

$$虫口减退率 = \frac{处理前的虫口密度 - 处理后虫口密度}{处理前虫口密度} \times 100\% \tag{3-27-1}$$

$$校正虫口减退 = \frac{处理区虫口减退率 - 对照区虫口减退率}{1 + 对照区虫口减退率} \times 100\% \tag{3-27-2}$$

也可用 Henderson-Tilton 公式：

$$防效 = \left\{ 1 - \frac{T_a}{T_b} \times \frac{C_b}{C_a} \right\} \times 100\% \tag{3-27-3}$$

式中，T_a：处理防后存活的个体数量；T_b：处理防前存活的个体数量；C_a：对照防后存活的个体数量；C_b：对照防后存活的个体数量。

② 将实验检查结果填入表 3-27-2，实验数据用生物统计方法进行处理（采用 DMRT 法）并进行统计及分析，写出实验报告。

表 3-27-2　10%吡虫啉可湿性粉剂对麦蚜的盆栽药效实验结果

药剂与剂量	处理前虫口密度（蚜虫数/株）	处理前虫口密度（蚜虫数/株）	虫口减退率/(%)				更正虫口减退率/(%)			
			1 d	3 d	7 d	14 d	1 d	3 d	7 d	14 d
E. 吡虫啉 2250 倍（20 g/亩）										
D. 吡虫啉 3000 倍（15 g/亩）										
C. 吡虫啉 4500 倍（10 g/亩）										
B. 溴氰菊酯乳油稀释 3000 倍（15 mL/亩）										
A. 清水对照										

【注意事项】

（1）喷药时注意喷雾均匀，应喷至药液完全湿润叶片。

（2）实验时要注意蚜虫的虫龄一致，人工接虫时注意动作要轻，避免引起蚜虫口针损伤及人为因素造成死亡，影响实验结果。

思　考　题

（1）对实验结果进行分析，评价 10%吡虫啉可湿性粉剂对麦蚜的防治效果及应用剂量。

（2）杀虫剂盆钵实验时应注意哪些问题？

实验 28　杀虫剂药害实验

杀虫剂在正确使用的过程中，除能起到杀虫效果外，还会对农作物产生影响。这种影响除对作物产生刺激生长作用外，还包括对作物产生药害（包括急性药害和慢性药害）。药害的产生主要是药剂本身的性质和植物种类、生长发育阶段、生理状态以及施药后的环境条件等因素的综合效应。

杀虫剂使用后对作物产生的可视性伤害包括杀虫剂苗前处理，如药剂种子处理（包衣、拌种、浸种等）和播种前后的苗前土壤处理（撒施、浇灌、注射、熏蒸等）对作物产生的药害。杀虫剂在生长期处理，如在作物出苗以后至收获之前的药剂处理，出苗以后至孕穗或花蕾形成之前产生的药害，称为营养生长期处理药害；在孕穗或花蕾形成后的处理称为生殖生长期处理药害；采后处理药害是指在采收以后对作物的果实（或种子等）进行的药剂处理后产生的药害。

【实验目的】

通过杀虫剂室内药害实验，正确评价杀虫剂对作物的安全性，为杀虫剂的田间药效实验提供依据。本实验中应掌握杀虫剂药害实验的方法、原理、记载、项目观察及统计方法。

【实验原理】

　　为了明确不同种类杀线虫剂对小麦的安全性,采用温室盆栽法研究辛硫磷、毒死蜱、丁硫克百威·戊唑醇3种杀虫剂种子处理后,通过测定出苗率、株高、根长、致畸率4个指标,评价3种种子处理杀虫剂对小麦出苗及生长的影响。

【实验材料】

　　① 供试药剂:30％辛硫磷(phoxim)微胶囊剂,40％毒死蜱(chlorpyrifos)微胶囊剂,20％丁硫克百威(carbosulfan)·戊唑醇(tebuconazole)悬浮种衣剂,按种子量的0.1％和0.3％两种剂量处理种子。

　　② 供试作物:小麦种子,去除空瘪粒,选取种质或生长势一致、干净饱满的种子,冲洗干净并晾干,对照发芽率在90％以上。

【实验设备及用品】

　　人工气候培养箱或光照培养箱或人工气候室,电子天平(精确度到0.1 mg),移液器,培养皿,种子或土壤处理的容器,直径150～200 mm的盆钵等。

　　营养土壤:实验用土壤经风干过筛,装入金属容器,烘箱中65℃下烘8 h,晾凉后备用。

【实验步骤】

　　(1) 药剂处理

　　各处理选用种质一致的供试小麦种子100粒,用天平称取质量,按供试药剂的比例称取药量。用拌种法处理种子,将药剂与少量细土或少量水稀释后,在适当大小的容器内按对照从低剂量至高剂量顺序将种子和药剂搅拌均匀,晾干后编号备用,清水对照,重复三次。

　　(2) 播种

　　将营养一致的土壤装于盆钵内,孔隙度相似,土壤含水量大约60％。将各处理的100粒种子分别播种于盆钵内平整的土壤表面,再覆土3～10 mm(因种质而异),花盆放在气候条件可控的培养箱或温室内培养,25℃光照,保持良好的水肥管理,保证种子发芽出苗。

　　(3) 观察记载

　　出苗后7 d、14 d、21 d定期观察记录出苗情况。记载作物的生长状况和描述药害症状,检查和计算不同处理间的出苗率、出苗势(整齐度以株高标准差表示)、苗高、根长、根数、鲜重、干重、根茎重量和长度比。

　　药害症状如下。

　　① 变色。包括褪绿、黄化、白化、花叶、锈斑、褐化、绿化等。

　　② 坏死。斑点、枯斑、叶缘坏死、生长点或攀缘茎枯死、落叶、落花、落果、空秕粒等。

　　③ 生长发育延缓。矮化、节间缩短、叶片伸展受抑、出苗不齐、成熟期改变、生长发育停滞。

　　④ 萎蔫。植株失水萎蔫、青枯。

　　⑤ 畸形。分蘖异常、生长不定根、侧向生长、徒长、叶片卷曲或扭曲变形、茎缢缩、花穗变形。

　　(4) 药害程度观察记录

　　① 抑制发芽或出苗。观察药剂处理后对作物种子发芽和出苗的影响,记录作物种子发芽或出苗受抑制的比率,或延缓出苗的天数等信息。

　　② 变色。观察施药后作物叶片等部位变色情况,记录变色程度和变色叶片占供试作物全部

叶片的比率,以及变色是否可恢复和恢复所需的天数等信息。

③ 坏死。观察施药后作物不同部位器官坏死情况,记录出现斑点或坏死的器官占供试作物全部器官的比率,以及斑点或坏死面积占作物器官面积的比例,或落叶、落花、落果或空秕粒的比率等信息。

④ 生长停滞。观察施药后对作物生长的影响,记录施药后 21 d 左右作物生长(植株或枝条或根系新生高度或长度)受抑制情况等信息。

⑤ 萎蔫。观察施药后作物叶片出现萎蔫症状情况,记录出现萎蔫症状时间及萎蔫持续时间,是否可恢复以及恢复所需时间等信息。

⑥ 畸形。观察记录施药后 21 d 左右作物植株分蘖异常、生长不定根、侧向生长、徒长、叶片卷曲或扭曲变形、茎缢缩、花穗变形等情况,记录产生畸形的植株数量及占全部植株的比例等信息。

【结果与分析】

将实验结果填入表 3-28-1,用下列公式计算发出苗率和生长速率抑制率。

$$发芽率或出苗率 = \frac{发芽数或出苗数}{测试种子数或苗数} \times 100\% \tag{3-28-1}$$

$$发芽率和出苗率的抑制率 = \frac{对照发芽率或出苗率 - 药剂处理发芽率或出苗率}{对照发芽率或出苗率} \times 100\% \tag{3-28-2}$$

$$生长速率(mm/d) = \frac{植株或枝条或根系新生高度及长度(mm)}{生长时间(d)} \tag{3-28-3}$$

$$生长速率抑制率 = \frac{对照生长速率 - 药剂处理生长速率}{对照生长速率} \times 100\% \tag{3-28-4}$$

数据处理所得数据用 DPS 7.05 和 Excel 进行方差分析和显著性检验。根据测试靶标作物的经济价值和药害症状及伤害程度,评价药剂对作物的安全性。写出实验报告,并列出原始数据和附药害症状照片。

表 3-28-1　辛硫磷和毒死蜱微胶囊剂、丁硫克百威·戊唑醇悬浮种衣剂对小麦药害实验结果

供试药剂	药害程度观察						出苗抑制率/(%)	生长速率抑制率/(%)
	出苗	变色	坏死	生长	萎蔫	畸形		
辛硫磷微胶囊剂								
毒死蜱微胶囊剂								
丁硫克百威·戊唑醇悬浮种衣剂								
清水对照								

【注意事项】

(1) 杀虫剂药害实验时,各处理种子播深一致,深浅适宜。

(2) 实验期间随时观察人工气候箱的控制条件,以防变动,影响实验结果。

思　考　题

(1) 对实验结果进行分析,评价辛硫磷和毒死蜱微胶囊剂、丁硫克百威·戊唑醇悬浮种衣剂对小麦的安全性。

（2）何谓营养生长期药害、生殖生长期药害和采后药害？

实验 29　杀螨剂生物测定

（一）浸渍法

杀螨剂的毒力测定，主要是浸渍法，浸渍法一般分为叶片浸渍法、玻片浸渍法和微量浸渍法三种。测定杀螨剂时要用乳油，在测定前应在室内将原药配成乳油。

【实验目的】

通过本实验，熟悉和掌握杀螨剂生物测定——浸渍法测定的原理和方法，并比较三种浸渍法的优点和缺点，实践中可根据不同的条件开展实验。

【实验原理】

叶螨常常聚集在叶片背面刺吸危害，个体小，生测时只能利用叶片或将其粘在玻片上进行浸药处理，因而操作要十分小心，以防造成人为死亡，影响实验结果。

【实验材料】

① 供试药剂：20％四螨嗪（clofentezine）悬浮剂，15％哒螨灵（pyridaben）乳油，10％吡螨胺（tebufenpyrad）可湿性粉剂，25％三唑锡（azocyclotin）可湿性粉剂，丙酮。

② 供试叶螨：二斑叶螨（*Tetranychus urticae* Koch），山楂叶螨（*Tetranychus viennensis Zacher*）。

【实验设备及用品】

盆栽豆苗，体视显微镜，扩大镜，烧杯（200 mL、50 mL），量筒（20 mL、50 mL），玻片，双面胶带（1 cm 宽），移液管（枪），计数器，零号小毛笔，白瓷盘，玻璃板，海绵，凡士林等。

【实验步骤】

1. 药剂配制

将每种供试药剂稀释 5～7 个浓度，清水为对照，重复三次。

2. 实验方法

（1）叶片浸渍法

用盆栽豆苗（大豆苗）繁殖二斑叶螨，测定时成螨，且发育时间（日龄）一致。另取无螨的豆苗，约 5 cm 高时，仅留两片真叶，其余叶片（子叶）全部剪去。把一片有一定数量（40 头左右）雌成螨的叶片放在剩下的两片真叶上，约 1 h 后，当这一片叶片枯萎时，叶螨自行移到豆苗的真叶上。将药剂（乳油或可湿性粉剂）用水稀释成系列浓度，每一浓度可配 40～50 mL，置于小烧杯中。将接上螨的豆苗浸入药液中并轻轻摇动 5 s，取出后用吸水纸吸去多余药液。处理时先用清水处理对照，再由低浓度至高浓度处理，每一浓度重复 4～5 次。处理后数各株豆苗上的螨数，以作为处理前的数量，置于 25℃温室中，避免光照直射，保持 24 h 后检查死亡率。为了防止叶螨逃逸，可在叶柄基部涂上一圈凡士林。

（2）玻片浸渍法

本法适用于测定各种雌成螨，饲养时必须将螨种鉴别、纯化，使之为单一种类。以苹果实生苗饲养山楂叶螨，以菜豆苗饲养二点叶螨，螨的龄期应一致。

① 将双面胶带剪成 2 cm 长，贴在常用载玻片的一端。

② 用零豪毛笔挑起三～四日龄的雌成螨，将其背部粘在胶带上，每行粘 10 头，粘 2～3 行

（图 3-29-1）或用毛笔将雌成螨集中在一起，然后将贴在胶带的玻片的胶面部分轻轻地压向成螨背部，以粘着为准，再用毛笔将重叠或不规则的挑去，使其成行保留。

③ 用水将药剂配成系列浓度，置于小烧杯中，用手持玻片无螨的一端，将粘有螨的一端置药液中浸 5 s，取出后用吸水纸吸去多余药液，对照用清水处理，各处理重复 4 次。

取一白瓷盘，盘底铺厚 2 cm 的海绵，其上铺一块略小一点的黑布，然后加蒸馏水至黑布。将粘有螨的玻片平放在盘中，再用纱布罩住，置 25℃，相对湿度 85％ 左右温室中，经 24 h 检查死亡率。用毛笔尖轻轻触动螨足，以不动者为死亡。

（3）微量浸渍法

此法所用浸螨器（图 3-29-3）是由取液器头改制的，100 μl 取液器用的塑料头端部 18 cm 剪下（A），接于塑料头 B 上，两者重叠 1 mm 并用滤纸隔开。测定时用取液器将供试成螨 25 头从叶片上吸入（也可用小毛笔接入）A 中，并慢慢吸入 35 μL 药液（用原药以丙酮稀释或用制剂以水稀释均可），浸螨 20 s 后，将 A 从 B 取下并反转方向以顶端插入另一取液器上的塑料头 C 上。当总浸药时间为 30 s 时，用取液器将 A 中的药液和害螨一起吹出置于滤纸上，吸干药液后将螨接入未施过药液的寄主叶片上，叶片周围环绕湿棉条（同叶片浸渍法）以防害螨逃跑，根据药剂的速效性可在处理后 24～72 h 检查死亡率，温度为（21±2）℃（图 3-29-2）。

图 3-29-1　粘有雌成螨的玻片（慕立义，1991）

（1）螨；（2）胶带

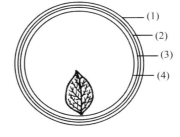

图 3-29-2　叶片在培养皿中的位置（慕立义，1991）

（1）培养皿；（2）泡沫塑料；（3）蓝色布；（4）薄膜

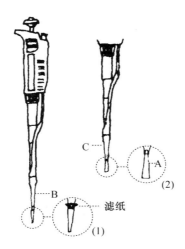

图 3-29-3　微量浸渍操作示意图（A、B、C 为不同的取液器头）（Dennehy 等，1993）

（1）药液浸螨的装置；（2）将螨从取液器头中吹出时的装置

表 3-29-1 常用杀螨剂对二斑叶螨的室内毒力测定结果

药剂与剂量	供试螨数 n	死亡螨数 r	死亡率/(%)	校正死亡率/(%)	剂量对数 x	校正死亡率几率值 y	回归方程及 LD_{50}
四螨嗪							x^2 置信限
哒螨灵							x^2 置信限
吡螨胺							x^2 置信限
三唑锡							x^2 置信限
CK							

【结果与分析】

将三种浸渍法的实验结果填入表 3-29-1 中，用公式 3-29-1、3-29-2 计算死亡率及校正死亡率。将药剂浓度取对数值，24 h 校正死亡率（或减退率）取几率值，计算四螨嗪、哒螨灵、吡螨胺和三唑锡对二斑叶螨的毒力回归式、致死中量（LD_{50}）、卡方值（x^2）及置信限，并比较四种杀螨剂对二斑叶螨的毒力。写出实验报告。

$$死亡率 = \frac{死亡个体数(r)}{供试总虫数(n)} \times 100\% \tag{3-29-1}$$

$$校正死亡率 = \frac{处理死亡率 - 对照死亡率}{1 - 对照死亡率} \times 100\% \tag{3-29-2}$$

【注意事项】

（1）实验时无论是玻片浸渍还是叶片浸渍，操作和浸药时间要谨慎，以防造成人为死亡。

（2）实验期间保持恒定的饲养条件。

思　考　题

（1）对实验结果进行分析，评价四种杀螨剂对二斑叶螨的毒力。

（2）比较杀螨剂三种浸渍法的优缺点，实验中各注意什么问题？

（二）叶片残效法

【实验目的】

通过本实验，了解和掌握杀螨剂生物测定——叶片残效法测定的原理和方法。

【实验原理】

叶片残效法可适应于杀螨剂对螨卵、幼螨和若螨的生物测定。叶螨常常聚集在叶片背面刺吸危害，螨卵不宜用浸渍法，只能采自带有螨卵的叶片或接上雌成螨，待产卵后挑去雌成螨，留下螨卵或孵化为幼、若螨，在药液中浸渍或用 Potter 喷雾塔喷雾处理，测定杀螨剂对螨卵及幼、若螨的毒力。此法使用于叶螨的螨卵、幼、若螨及背部刚毛过长的雌成螨（不易用浸载玻片法）。

【实验材料】

① 供试药剂：20％四螨嗪（clofentezine）悬浮剂，24％螺螨酯（spirodiclofen）悬浮剂。

② 供试叶螨：二斑叶螨（*Tetranychus urticate* Koch）。

【实验设备及用品】

Potter 喷雾塔，豇豆叶片，零豪毛笔，培养皿，200 mL 烧杯，白瓷盘，海绵等。

【实验步骤】

① 取直径 9 cm 的培养皿 30 皿，在皿底铺一层 0.7 cm 厚的圆海绵，海绵上铺一张略小的黑布，其上再铺一张塑料薄膜，加蒸馏水至黑布。

② 选取完整健壮的小叶片 30 张（带叶柄），清水洗净，再用吸水纸吸去叶上水珠，放入准备好的培养皿中，叶面朝上平放在塑料薄膜上，叶柄浸在水中，每张叶片上接 20 头三～四日龄的雌成螨，让其在叶片上产卵，24 h 后挑去成螨，保留螨卵。也可用水将无螨的盆栽植物叶片冲洗干净，无水珠后，在大小适中的健壮叶片上接入 20 头三～四日龄的雌成螨，让其在叶片上产卵24 h 后摘下叶片并挑去成螨后备用。

③ 将药剂用水稀释成系列浓度（5 个浓度），然后将带有螨卵的叶片（处理前应数清各叶片上卵的数量）在药液中浸 5 s，也可用 Potter 喷雾塔喷雾处理，待叶片上药液干后，放入已备好并编号的培养皿内，每一药液浓度重复 5 次，对照用清水处理。叶片放置时仍为叶面朝上平放，叶柄浸在水中（如图 3-29-2），以保持叶片不会失水。

④ 将培养皿保持在 24℃，相对湿度 95％恒温的室内，每天观察记载卵的孵化数及若螨存活数，直至对照组全部孵化成若螨。

【结果与分析】

① 实验观察螨卵的孵化数及若螨存活数记载于表 2-23 中，并按下列公式计算杀卵率或杀若螨率：

$$杀卵率 = \frac{死亡的螨卵数(r)}{供试总螨卵数(n)} \times 100\% \qquad (3\text{-}29\text{-}3)$$

$$杀若螨率 = \frac{死亡的幼若螨数(r)}{供试总幼若螨数(n)} \times 100\% \qquad (3\text{-}29\text{-}4)$$

② 将实验结果填入表 3-29-2，计算两种杀螨剂的毒力回归式、致死中量值（LD_{50}）、卡方值（x^2）及置信限，并比较两种杀螨剂对二斑叶螨的毒力。写出实验报告。

表 3-29-2　常用杀螨剂对二斑叶螨的室内毒力测定结果

药剂与剂量	供试螨卵（幼、若螨）数 n	死亡螨卵（幼、若螨）数 r	杀卵率及杀若螨率 /(%)	校正杀卵率及杀若螨率 /(%)	剂量对数 x	校正杀卵率及杀若螨率几率值 y	回归式及 LD_{50}
四螨嗪							
螺螨酯							
CK							

【注意事项】

（1）实验时无论是玻片浸渍还是叶片浸渍，操作和浸药时间均要谨慎，以防造成人为死亡。

（2）实验期间保持恒定的饲养条件。

思　考　题

（1）对实验结果进行分析，评价两种杀螨剂对二斑叶螨的毒力。

（2）叶片残效法与浸渍法各有什么特点？对杀螨剂和叶螨种类有何要求？

实验 30　保幼激素及其类似物活性测定

保幼激素（juvenile hormone，JH），又称返幼激素，是昆虫在幼虫期由咽侧体分泌的一种倍半萜烯激素，能保持昆虫幼虫性状和促进成虫卵巢发育，有影响卵子发生、滞育、多态现象等诸多功能。保幼激素及其类似物的作用机制主要是扰乱了昆虫正常的 JH 水平，造成异常的发育和变态，发育成半蛹-半成虫型，这种昆虫不久就会死亡。从分子水平上看，JH 是影响了基因表达，影响了 DNA、RNA 合成。保幼激素及其类似物的活性测定主要是对昆虫幼虫或蛹期施加保幼激素类似物，使其发育成超龄幼虫或发育成半幼虫-半蛹型，或半蛹-半成虫型，无法正常蜕皮或变态而死亡。

昆虫保幼激素及其类似物是对昆虫生长、变态、滞育等主要生理现象有重要调控作用的一类昆虫生长调节剂,此类杀虫剂并不快速杀死昆虫,而是通过干扰昆虫的正常生长发育来减轻害虫对农作物的危害。

保幼激素常用的测定方法有点滴法、浸液法、药粉法、喷雾法和注射法,另外还有蛹蜡法、内吸法和熏蒸法,本实验采用的是点滴法。

【实验目的】

通过实验掌握实验操作方法,要求掌握保幼激素及其类似物对昆虫的生物测定原理和操作步骤,深入了解保幼激素的作用方式和特点,掌握保幼激素生物测定结果的统计方法。

【实验原理】

保幼激素实验测定时,要选择昆虫在正常情况下不分泌或极少分泌保幼激素的发育阶段(如幼虫末龄和蛹的时期)中使用一定量的保幼激素或类似物,以便测定药剂抑制昆虫的变态(如使半变态的昆虫成为半若虫-半成虫的中间型,或全变态的昆虫成为半幼虫-半蛹的中间型或半蛹-半成虫的中间型)或蜕皮,影响昆虫的生殖或滞育,甚至造成昆虫各阶段死亡的效果。

点滴法是国际上广泛采用的标准方法。点滴法的优点:快速,短时间内可测定大量样品,每一重复用的试虫较少,5～20头即可,比较精确,只要求很少的待测化合物,在相同的测定条件下,不同的实验室可以重复出相同的结果。

点滴选用的溶剂很重要。理想的溶剂应能完全溶解被测试化合物,对试虫无直接毒性,易挥发,迅速展布,因此丙酮最适合。如果有些化合物难溶于丙酮,则可用极少量其他溶剂如乙醇、乙醚等先将化合物溶解,再以较多的丙酮稀释。

【实验材料】

① 供试药剂:60%烯虫酯(methoprene)乳油,或者5%吡丙醚(pyriproxyfen)悬浮剂,丙酮(化学纯)。

② 供试昆虫:黄粉虫(*Tenebrio molitor*)蛹或幼虫。

【实验设备及用品】

恒温培养箱,移液器,微量注射器,配置溶液的烧杯(50 mL),小瓷盘,培养皿等。

【实验步骤】

① 将供试药剂用丙酮稀释成一定浓度,但初筛则以 $10\ \mu g/\mu L$ 为标准。

② 将黄粉虫的老熟幼虫筛出摊于瓷盘,随时将新化的蛹(乳白色)挑出,严格选择化蛹后 4～8 h 的蛹供试,每个浓度选用 10 个蛹进行活性测定,重复 3 次。

③ 用微量点滴器在蛹的腹部最末三节腹面每头准确点滴 $1\ \mu L$,以丙酮处理为对照。

④ 处理后将蛹置于温度为 $(26\pm1)℃$,相对湿度 60%～70%培养箱内培养 7～8 d,直到成虫羽化。

⑤ 观察其蛹的发育情况是否正常,并作记录,并对其蛹进行分级。分级标准见表 3-0-7。

【结果与分析】

将培养 7～8 d 后调查的结果填入表 3-30-1,计算各浓度的平均活性级别,根据表 3-30-2 计算出毒力回归方程,求出抑制中量 ED_{50} 及其 95%置信限。

表 3-30-1　烯虫酯对黄粉虫蛹实验结果原始记录表

处理时间：_____　　温度：_____　　湿度：_____　　　　调查时间：_____

处理浓度/(μg/uL)	供试蛹数/头	0级/头	1级/头	2级/头	3级/头	4级/头	平均活性级别
1							
2							
3							
—							
对　　照							

表 3-30-2　60％烯虫酯乳油对黄粉虫蛹的毒力

处理浓度/(μg/uL)	非正常个体数	非正常个体百分率/（％）	校正非正常个体百分率/（％）	几率值	浓度对数
1					
2					
3					
—					
对　　照					
毒力回归方程					
ED_{50}					
95％置信限					

结果分析时可根据不同的实验目的，采取相应的计算方法。

① 如果作保幼激素类似物活性初筛，则求出平均活性级别即可。

$$平均活性级别 = \frac{1 \times 1 级头数 + 2 \times 2 级头数 + 3 \times 3 级头数 + 4 \times 4 级头数}{测试蛹总头数}$$

(3-30-1)

② 如要求精确地比较几个化合物活性的大小，亦可将化合物稀释成 5～7 个浓度，检查结果时只查是否属于非正常发育个体，求出每个浓度非正常个体的百分率，再转换为几率值用 DPS 软件或 SPSS 软件计算出毒力回归式，对该毒力回归线进行 x^2 检验以及相关系数的显著性测验，并求致抑制中量 ED_{50} 及其 95％置信限来进行比较。

【注意事项】

（1）实验期间，对照组死亡率或者畸形率不得超过 5％。

（2）实验期间,尽可能维持恒定条件。

思　考　题

（1）决定保幼激素生物测定结果的主要因素有哪些? 对本次实验结果进行评价,针对实验中的不足提出改进意见。

（2）为什么在初筛实验的时候要求平均活性级别? 在精确比较几个活性化合物活性大小的时候,可不可以采用平均活性级别的办法进行计算?

实验 31　昆虫性外激素活性测定

性外激素是由雄性或雌性昆虫产生的一种化学物质,其气味能激发异性产生一种或多种行为反应,这种反应直接或间接地导致交配。因此,性外激素又称为性引诱剂。近年来,随着人们对农药安全使用关注程度的提高,昆虫性外激素的研究越来越受到人们的重视,已经有 1000 多种昆虫性外激素被分离并鉴定了分子结构。对于昆虫性外激素的活性测定,是研究开发新型性外激素,评价其适用性的重要基础性工作。昆虫性外激素的活性测定方法主要有昆虫行为法和触角电位法。

【实验目的】

明确昆虫性外激素对昆虫行为的影响;掌握昆虫性外激素室内引诱的生物测定实验方法。

【实验原理】

昆虫性外激素的分泌量极微,但可将几十米、几百米甚至几公里以外的异性引来,足可证明昆虫的嗅觉是非常灵敏的。昆虫的嗅觉器主要是在触角的鞭节上,感受到性外激素的昆虫,往往产生一系列的行为反应:如雄蛾举起触角、振动翅膀、飞向外激素源,最后是伸开抱握器做出交尾企图。因此,可根据不同害虫对象,用尼龙网、硬纸板、木板、铁皮等做成不同规格的诱捕器,将羽化后未交尾的害虫放于一定范围内的室内,观察性引诱作用,从而判断其活性物质是否具有引诱作用。

【实验材料】

① 供试药剂:家蚕性外激素提取液。

② 供试昆虫:羽化后未交尾的家蚕成虫。

【实验设备及用品】

诱捕器,玻璃缸(直径 20 cm),塑料薄膜,玻璃管等。

诱捕器的零部件及基本操作如图 3-31-1。

【实验步骤】

（1）将昆虫性外激素提取液稀释成不同的浓度,备用。

（2）初步观察

用一个大玻璃缸,上盖一张塑料薄膜(中间开一小孔),将待测的虫放进缸内,待其安静后,将蘸有性外激素的玻璃管或滴管(先让溶剂挥发掉)从中央小孔插入,观察其有无性行为反应。

（3）诱捕实验

将抽提液用滤纸(或草纸)吸收,待溶剂挥发后放进诱捕器,挂在房中进行诱捕实验,房内先要释放大量羽化后未交尾的雄(雌)成虫。

诱捕器的结构和挂置办法如下。

(1) 诱虫罩　　　　(2) 储虫罩　　　　(3) 组装好的诱捕器　　　　(4) 顶罩

(5) 弹簧　　　(6) 诱虫罩组装　　　(7) 储虫罩组装　　　(8) 弹簧的使用

(9) 顶盖的安装　　　　(10) 诱心的放置　　　　(11) 装置的悬挂

图 3-31-1　诱捕器的主要部件及操作

① 分别将诱虫罩纱网和储虫笼纱网套在诱捕器诱虫罩和储虫笼上,如图 3-31-1(3)所示,套装纱网时注意:从开口小的一侧向开口大的一侧套装,且避免划破纱网。

② 从诱捕器内侧用两根连接弹簧连接诱虫罩和储虫笼。步骤:用弹簧的一侧挂钩挂住储虫笼的下边缘,另一侧挂钩挂在诱虫罩的横向辐条上,如图 3-31-1(8)。

③ 将顶盖套在储虫笼上端,如图 3-31-1(9)所示。

④ 用铁丝将一个诱芯悬挂于诱虫罩底面圆心(诱芯低于诱虫罩底面 1 cm 左右),如图 3-31-1(10)。

⑤ 用铁丝将组合后的诱捕器悬挂于竹竿或其他支架上(高度不低于 2 m),见图 3-31-2(11),可以放置在室内,也可以放置在室外。

(4) 诱捕情况观察和记载

统计诱捕前释放虫口数,调查每日不同浓度的诱捕器的诱捕量。

【结果与分析】

根据上述步骤(2)观察在性诱剂处理下,昆虫的行为反应,记录观察到的内容,做定性描述。

根据步骤(3)、(4),将实验结果记录于表 3-31-1 中。

表 3-31-1 昆虫性外激素诱捕记载表

供试昆虫_____ 培养温度_____
供试药剂_____ 培养时间_____

浓度	处理	释放虫数/头	诱捕量/头				
			第1天	第2天	第3天	第4天	……

根据上表记录的内容,计算:

① 各处理的诱捕量;

② 按照公式(3-31-1)求各处理的诱捕率;

$$诱捕率 = \frac{诱捕虫数}{释放总虫数} \times 100\% \tag{3-31-1}$$

③ 分析处理的诱捕率的显著性差异,求出其标准误和 95% 的置信限。

【注意事项】

(1) 实验期间,要设置不同的浓度,一般从高到低,先观察到有行为反应之后,再进行诱捕实验。

(2) 实验期间,尽可能维持恒定条件,特别注意不要开风扇等。

思 考 题

(1) 分析影响引诱效果的因素。

(2) 讨论昆虫性外激素对害虫防治的应用。

实验 32　杀虫剂拒食作用的测定

拒食剂是植物自身产生或者人工合成的抑制昆虫味觉感受器而阻止其摄取食物的活性物质。近年来,在昆虫的取食行为和拒食机理研究方面取得很大进展,促进了对昆虫拒食剂的开发利用研究。昆虫的嗜食性基本上是由位于昆虫的触角、下颚须、下唇须上的感化器功能所决定的,感化器将食物的特性转变成电信号传入中枢神经系统,从而决定取食与否。拒食剂的作用可能正是干扰了这些感化器的正常功能。目前,国内外广泛采用的测定拒食活性的主要方法有叶碟法、改良叶碟法、体重法、排泄物质法及电讯号法。

【实验目的】

通过本实验,掌握拒食剂对昆虫拒食作用的基本测定方法。理解选择性拒食实验和非选择性拒食实验的区别。

【实验原理】

拒食剂的作用特点是抑制昆虫味觉化学感受器的功能,使其不能正常识别食物。施药之后,害虫立即停止危害被保护植物和储藏产品。从这种意义上看,比一般杀虫剂,特别是慢性杀虫剂更能有效保护作物。拒食剂生物活性测定的方法主要有叶碟法、体重法、排泄物法及电讯号法等。但不管哪种方法,都可以采用选择性拒食实验和非选择性拒食实验两种方法进行测定。选择性拒食实验是指给供试昆虫的取食材料中有加药的和没有加药的处理,在一个取食环境中可供选择;而非选择性拒食实验,则是在取食环境中只用不同药剂处理的材料供昆虫取食,根据取食程度的差异来区分拒食活性的大小。

【实验材料】

① 供试药剂:0.3%印棟素(azadirachtin)乳油。

② 供试昆虫:斜纹夜蛾[*Prodenia litura*(Fabricius)]或菜粉蝶(*Pieris rapae* Linne)幼虫。

③ 芋头叶、芥蓝叶或椰菜叶。

【实验设备及用品】

培养皿(直径 9 cm),滤纸(直径 9 cm),打孔器(直径 20 mm),计算纸(或叶面积测量器),昆虫针,丙酮。

【实验步骤】

① 直径 9 cm 的培养皿中铺两层滤纸,加少量水湿润,用打孔器将芥蓝叶(或芋头叶)制成圆形叶片,分别浸于各试样的丙酮药液中 1 s,取出晾干。

② 选择性拒食作用的测定法。每培养皿中用 4 支昆虫针穿插过滤纸后分别插上圆叶片,其中对照及处理各 2 块,十字交叉型排列。

③ 非选择性拒食作用测定法。每培养皿内用 4 块叶片均为药剂处理或对照,供试昆虫经饥饿 3～4 h 后,每培养皿接 1～2 头,任由试虫自由选择取食,每一处理重复 6～8 次。

【结果与分析】

试虫经 24 h 取食后即移出培养皿。选择性拒食作用的测定法,要观察药剂处理和没有处理的叶片昆虫取食程度的差异,可以定性确定该药剂是不是有拒食活性;非选择性实验,则可以区分不同药剂量对昆虫拒食影响的程度,主要是通过计算其取食面积然后计算出拒食率来获得结果。

① 拒食面积的计算。把计算纸(坐标纸)剪成同供实验叶片面积一样大小,把它套在一个小薄膜袋内作为标尺,用于量度各培养皿中处理及对照叶片被取食掉的叶面积(先数被取食的叶碟的方格数,最后换算成面积)。

② 拒食率的计算

$$拒食率 = \frac{对照组被取食叶面积 - 处理组被取食叶面积}{对照组被取食叶面积} \times 100\% \qquad (3\text{-}32\text{-}1)$$

根据拒食率的大小,对应不同药剂量,采用几率值分析法计算拒食中浓度。

【注意事项】

(1) 实验期间,要注意供食昆虫的饥饿时间,避免因为过度饥饿或者没有饥饿而产生的拒食反应的误差。

(2) 实验期间,尽可能维持恒定条件。

思　考　题

(1) 分析拒食剂在农业防治中起到的作用和发展前景。

(2) 比较选择性拒食实验和非选择性拒食实验的异同,分析这两种生物测定方法的生物学意义。

实验 33　杀虫剂忌避活性测定

忌避是植物抵御昆虫侵扰或者取食的一种重要方式。昆虫的取食过程分为 4 个过程:① 寄主识别与定位;② 开始取食;③ 持续取食;④ 终止取食。拒食剂是抑制昆虫取食过程②和③的药剂或者物质。忌避剂是影响昆虫取食的第一个过程,同时忌避剂还有干扰昆虫在寄主上的定着、产卵和栖息的特性。

忌避活性是指能使昆虫从分布有某些化学物质的场所避开的生物活性,也是一种用于天然产物活性评价的筛选方法。忌避剂活性的测定方法主要采用选择着落(或选择栖息)法。

【实验目的】

通过本实验,掌握杀虫剂对昆虫及其产卵忌避作用的基本测定方法。

【实验原理】

昆虫对植物选择的行为既依赖于昆虫化学感受器的神经信息的输入,又依赖于中枢神经对输入中枢神经的这些输入信息的综合分析。测定忌避活性是将定量的药剂均匀施于植株叶片上,再接入一定量的目标昆虫,置于正常环境中,定期观察目标昆虫的停留或取食情况。某些昆虫不仅跗节上具有化学感觉器,产卵器上也具有感觉器。这些化学感觉器能够感应到植物的次生代谢物,从而调节昆虫的产卵或取食行为。

【实验材料】

① 供试药剂:印楝素(azadirachtin)或者楝科植物的提取物,10%蜂蜜水,2%琼脂。

② 供试昆虫:小菜蛾,小地老虎等。

③ 新鲜的小白菜叶,甘蓝叶。

【实验设备及用品】

剪刀,试管架,培养皿,琼脂糖,脱脂棉,透明塑料杯(底部装有筛网)。

【实验步骤】

(1) 选择性产卵忌避活性测定的操作步骤

① 将小白菜叶片打成直径 10 mm 的圆形叶碟,把叶碟在配制好的药液(浓度为 1.0 mg/mL)中浸渍 5 s,取出待溶剂自然挥发,对照叶在相应量丙酮加超纯水中浸渍 2 s,自然晾干。

② 将 2 枚处理叶和 2 枚对照叶交叉排列放入盛有刚凝固的琼脂糖培养皿中,玻璃皿倒扣盖在底部盛有蘸 10% 蜂蜜水脱脂棉球的透明塑料杯上,杯底部封以筛网,可透气透水。处理叶和对照叶均为 1 枚正面朝上,1 枚背面朝上。然后接入 3～5 对新近羽化的小菜蛾成虫,置于 25℃ 室内,实验设置 3 个重复。

③ 观察和记录。处理后分别于 24 h、48 h,记录各叶碟上的落卵量。

按照公式(3-33-1)计算选择性产卵忌避率:

$$选择性产卵忌避率 = \frac{对照组落卵量 - 处理组落卵量}{对照组落卵量 + 处理组落卵量} \times 100\% \qquad (3\text{-}33\text{-}1)$$

(2) 非选择性产卵忌避活性测定的操作步骤

① 将供试药剂丙酮稀释到浓度为 40 mg/mL,以丙酮为空白对照。

② 用毛笔将处理液涂到甘蓝叶的正反面晾干,每个处理重复 3 次。

③ 将放有涂抹有药剂的培养皿按一定顺序放置在试管架上,然后放入养虫笼内,将小菜蛾雌雄配对后放 25 对刚羽化的成虫于养虫笼内。笼内吊有蘸 10% 蜂蜜水的棉球,每次处理三盆,分别于 24 h、48 h 观察叶片上的卵数。

按照公式(3-33-2)计算产卵忌避率:

$$产卵忌避率 = \frac{对照组卵数 - 处理组卵数}{对照组卵数} \times 100\% \qquad (3\text{-}33\text{-}2)$$

(3) 选择性忌避活性测定——半叶法的操作步骤

① 将小白菜叶片保留中脉,裁成左右完全相等的圆形,再沿中脉剪开成两片叶碟,用 2% 琼脂按叶片的正常位置但不相互接触地黏附在培养皿中。

② 每皿中的 2 片叶碟分别均匀涂布药液(1 mg/mL)和对照液,自然晾干。

③ 将两～三龄桃蚜小心挑入皿中央,每皿 16～20 头,实验设 5 次重复,分别于 24 h、48 h 观察记录叶碟上停留的蚜虫数量。

按照公式(3-33-3)计算选择性忌避率:

$$选择性忌避率 = \frac{对照组蚜虫居留量 - 处理组蚜虫居留量}{对照组蚜虫居留量 + 处理组蚜虫居留量} \times 100\% \qquad (3\text{-}33\text{-}3)$$

【结果与分析】

根据不同情况下测定的忌避率的差异,分析该实验药剂是不是有忌避活性,同时,定量地分析不同浓度下各处理忌避活性的大小。条件许可的话,可以求出药剂忌避产卵或者停留 50% 的剂量。

【注意事项】

(1) 实验期间,要注意保持各处理叶片的湿度,以免因为叶片太干而影响昆虫的选择。

(2) 注意及时观察,做综合的对比分析,不要只注意一时的效果。

思　考　题

(1) 拒食和忌避的区别是什么?两者在生物测定处理的设置上要注意哪些问题?

（2）如何计算试虫选择性产卵忌避率、选择性忌避率和非选择性产卵忌避率？如何比较不同药剂忌避活性的差异？

实验 34　抗蜕皮激素（几丁质合成抑制剂）的活性测定

昆虫几丁质合成抑制剂是指能够抑制昆虫几丁质在体内的合成，使昆虫不能正常蜕皮或者化蛹而死亡的一类新型药剂。该类药剂具有杀虫活性强、低毒、作用机制特殊、对益虫影响小和不污染环境等特点。灭幼脲类化合物，其作用机制是抑制或干扰昆虫的蜕皮过程，抑制几丁质合成，因此又称为抗蜕皮激素。

抗蜕皮激素（几丁质合成抑制剂）的活性测定方法主要有以下三种。

① 离体测定。Mayer 等人研究抑制昆虫几丁质合成的方法，可用来测定抗蜕皮激素的活性，离体法操作比较繁琐，并且需要一定的仪器设备，但该法的测定周期较短，适用于室内大量样品的筛选，缺点是生物测定结果和抗蜕皮激素的实际应用相差甚远，在离体下具有高活性的化合物，在活体条件下未必具有较高的抗蜕皮激素活性。

② 活体的测定。这类化合物的活体活性测定，可采用一般的胃毒或触杀毒力的测定方法进行。

③ 几丁质酶抑制活性测定法。用于大分子昆虫几丁质酶抑制剂的筛选和活性鉴定。

【实验目的】

通过本实验，了解抗蜕皮激素（几丁质合成抑制剂）的作用机制，掌握其活性的测定方法以及常用的数理统计分析方法。

【实验原理】

抗蜕皮激素（几丁质合成抑制剂）类杀虫剂的作用机制是干扰昆虫的蜕皮过程，抑制几丁质的合成。经这类药剂处理后，中毒症状首先表现出活动减弱，身体逐渐缩小及体表出现黑斑或者变黑，至蜕皮时出现：① 不能脱皮，立即死亡；② 蜕皮一半死亡；③ 老熟幼虫不能蜕皮化蛹或呈半幼虫半蛹状态，即使能蜕皮化蛹，羽化后为畸形成虫。该类药剂的活性测定可分为离体测定和活体测定两种方法。

离体测定法主要是通过测试化合物在离体条件下对几丁质合成过程的抑制来测试抗蜕皮激素的活性。该法测定周期短，适合大量样品的室内筛选。活体活性测定，可仿照一般杀虫剂胃毒毒力或触杀毒力测定方法进行。

【实验材料】

（1）供试药剂

灭幼脲（chlorbenzuron），无水乙醇，蒸馏水，磷酸钠，二甲基亚砜，N-乙酰葡萄糖胺，^{14}C-N-乙酰葡萄糖胺，氢氧化钾，闪烁液等。

（2）供试昆虫

① 小地老虎［Agrotis ypsilon（Rott.）］化蛹四天后的蛹。

② 黏虫（Mythimna separata）：采集田间卵块，室内饲养多代，幼虫以玉米叶饲喂，饲养条件为温度（25±1）℃，相对湿度 70%～80%，光周期 16L：8D，选用大小一致的四龄期幼虫。

【实验设备及用品】

剪刀，双目解剖镜，镊子，试管，天平，移液器，胶头吸管，液体闪烁计数器，pH 计，恒温培养箱,高速离心机,玻璃漏斗,容量瓶,微量进样器,烧杯,滤纸,镊子等。

【实验方法与步骤】

(1) 离体生物测定法

① 取小地老虎虫蛹若干,在 70%乙醇溶液中浸泡 5 min,取出用蒸馏水冲洗。

② 将蛹体横切,取下腹部,再将腹部纵切剖开,将消化道、脂肪体等附属物去掉。

③ 每 6 个处理过的蛹腹部分为一组,分别放入 10×75 mm 的试管,然后加入 2 mL 50 mmol/L 的磷酸钠缓冲液(pH 为 7.0,Na^+ 浓度为 128 mmol/L,K^+ 浓度为 11 mmol/L)。

④ 将溶于二甲基亚砜的一定浓度的样品(如灭幼脲)定量加入试管,摇匀后立即加入 10 μL 200 mmol/L 的 NAGA(N-乙酰葡萄糖胺)和 4 μL ^{14}C-NAGA(大约 500000 脉冲/min),小心摇匀后在 26~27℃恒温培养箱中保温 6 h。

⑤ 取出试管,离心(1000 g)3 min,去掉上清液,加入 2 mL 50%(W/W)KOH 水溶液,在 105℃条件下加热 1 h,用玻璃漏斗过滤。

⑥ 滤渣经蒸馏水和 95%乙醇反复冲洗 2~3 次后转移至装有 13 mL 闪烁液的闪烁瓶中,用液体闪烁计数器测量 10 min 脉冲数。

在实际测定中,样品可稀释 5~7 个浓度,分别测定,同时测定不加样品的对照,根据公式(3-34-1)计算几丁质合成抑制率:

$$几丁质合成抑制率 = \frac{对照脉冲数 - 样品脉冲数}{对照脉冲数} \times 100\% \tag{3-34-1}$$

同传统的杀虫剂毒力一样,将几丁质合成抑制率转换为几率值,将抑制剂的浓度取对数,即可求出 IC_{50}(抑制中浓度)。

(2) 活体测定法

① 药液的配制。以丙酮溶解灭幼脲,加水稀释,分别配制浓度为 0.01、0.02、0.04、0.08 和 0.16 mg/mL 的药液,以水加丙酮作为对照液。

② 黏虫的处理。选取试虫若干,用微量进样器分别将各处理液点滴于试虫的中胸背板处,每头虫点滴 1 μL,待药液晾干后将试虫放入 7 cm 培养皿中,每皿放 10 头左右,添加新鲜玉米叶或饲料饲喂,直至对照组幼虫正常蜕皮变为五龄,每个处理设 3~5 次重复,每次重复供试虫数不少于 10 头。

③ 结果观察及数据处理。处理 24 h 后检查每个处理下的死亡幼虫数,计算各浓度处理幼虫的死亡率(%)和校正死亡率(%),计算公式如下:

$$死亡率 = \frac{试虫死亡数}{试虫总数} \times 100\%$$

$$校正死亡率 = \frac{处理组死亡率(\%) - 对照组死亡率(\%)}{1 - 对照组死亡率(\%)} \times 100\%$$

采用几率值分析法建立毒力回归方程,求出 LD_{50},并用方差分析法检验其可靠性程度,或利用 SPSS 分析软件统计完成。

【注意事项】

(1) 注意各处理浓度的配制,避免因为浓度过高导致很快出现死亡的现象。

(2) 对照组死亡率不得超过 5%。

(3) 实验期间,尽可能维持恒定条件。

思　考　题

（1）几丁质合成抑制剂的中毒症状和神经毒剂的差异主要有哪些？

（2）几丁质合成抑制剂的离体生物测定法和活体生物测定法的主要差异在哪里？两者为什么都可以表达出昆虫几丁质合成抑制剂的活性。

第四章 杀菌剂、杀线虫剂生物测定

杀菌剂的作用机理不仅包括杀菌剂与菌体细胞内的靶标互作,还包括杀菌剂与靶标互作后使病原菌中毒或失去致病能力的原因,以及间接作用杀菌剂在生物化学或分子生物学水平上的防病机理。杀菌剂的作用机理主要有抑制或干扰病原菌能量的合成、抑制或干扰病原菌的生物合成、对病原菌的间接作用三种类型。这些表现主要与药剂的杀菌方式——杀菌作用和抑菌作用的特点有关。杀菌作用主要表现为破坏菌体的细胞结构或抑制孢子萌发,在菌体代谢中主要影响菌体的生物氧化,使菌体得不到生命活动所必需的能量物质而死亡;抑菌作用则表现为孢子萌发后芽管和菌丝体不能继续生长,在菌体代谢中主要影响菌体的生物合成,使菌体得不到生命活动所必需的结构物质而停止生长。

杀菌剂室内生物测定的主要内容是将具有杀菌或抑菌作用的物质作用于细菌、真菌或其他病原微生物,根据其作用的大小来判定药剂的毒力,或将杀菌或抑菌物质施用于植物,观察植物病害是否发生、发生的轻重比较来判定药剂的效果。

杀菌剂室内生物测定技术主要应用于下列各方面:① 用于杀菌剂的筛选合成,从大量合成化合物中筛选出有可能作为杀菌剂的化合物;② 为特定的植物病害寻找有效的药剂,为此需要进行待选杀菌剂毒力的比较;③ 杀菌剂作用方式及作用机制的研究;④ 杀菌剂抗药性的研究;⑤ 杀菌剂混用及剂型的研究;⑥ 杀菌剂抗雨水冲刷能力及残效作用的研究;⑦ 某些杀菌剂(特别是农用抗菌素)的微量分析。

(一) 杀菌剂毒力测定方法

(1) 离体条件下的室内毒力测定(直接法)

利用药剂和病原菌直接接触,以测定药剂杀菌效力的方法。一般为室内离体测定方法,例如:附着法、抑菌圈法、最低抑制浓度法、生长速率法等。测定系统仅包括病原菌和药剂,不包括寄主植物。反映的是药剂本身对不同病原菌的毒力作用,与寄主植物和田间环境无关。药剂的毒力主要是依据病原菌与药剂接触后的反应(如孢子是否萌发,菌丝生长是否受到抑制)来判定。孢子萌发法、菌丝生长速率法及琼脂扩散法等属于这种类型。这种类型的方法中所用的菌种,一般多采用在人工培养基上培养的标准菌种,不使用寄主植物,因此测得的反应(结果)只与药剂及供试菌种有关。该类方法的优点是测定条件易于控制,操作简便迅速,精确度高,很适合于杀菌剂某些特性及机理研究,也常常为防治某种植物病害筛选合适的杀菌剂。过去也常用于大量化合物的活性初筛,但由于有些化合物用这类方法不表现杀菌活性而在寄主植物上却有良好的防治效果,如采用这类方法初筛,将使一些本来颇具潜力的化合物漏筛。因此,目前国外一些公司已不采用这类方法进行大量化合物的活性筛选。

(2) 有寄主植物参与的活体测定(间接法)

根据寄主发病与否和发病轻重,间接判断药剂杀菌效果的方法。主要是在室内或盆栽条件下对寄主植物进行的活体实验。例如:叶片接种实验法、幼苗接种实验法、种子杀菌剂药效测定、果实防腐剂生物测定、温室盆栽实验等。系统中包括病原菌、药剂和寄主植物,杀菌剂毒力以寄主植物的发病情况(普遍程度、严重程度)来评判。主要指在室内利用寄主植物部分组织或器官、温室盆栽小苗以及大田作物上的药效测定。叶碟法、室内盆栽毒力测定属于这种类型。

(3) 组织筛选法

组织筛选法是利用植物部分组织、器官或替代物作为实验材料评价化合物杀菌活性的方法，是一种介于活体和离体的方法。由于它既具有离体的快速、简便和微量等优点，又具有与活体植株效果相关性高的特点，因此，近年来备受重视。以植物叶片、根、茎等组织为实验材料，适于多种病害杀菌剂的生物测定。目前比较成熟的组织筛选法有：适用于水稻纹枯病、蔬菜菌核病的蚕豆叶片法；适用于稻瘟病的叶鞘内侧接种法；用来观察药剂对真菌各生长阶段作用的洋葱鳞片法；针对黄瓜灰霉病新药剂筛选的子叶筛选法；适用于霜霉病的叶片漂浮法；适用于稻白叶枯病的喷菌法；针对细菌性白菜软腐病的萝卜块根法等等。这些方法的特点是简便、迅速，而且与田间效果相关性较高。

不管是离体法、活体法还是组织筛选法都有各自的优缺点，要针对病菌的侵染特点加以选择，必要时还要结合使用，综合各种方法的优势。

室内盆栽毒力测定有如下优点。

① 和大田药效实验相比，供试菌的培养不受自然条件限制，可较快得出结果，可用作大量化合物的活性筛选。

② 各种条件易于控制，测定结果比较稳定可靠。

③ 接近大田实际情况，其结果对生产实践有较大的参考价值。

其不足之处是，和第一类方法相比，由于有寄主植物参与，测定工作比较繁琐，而且测定周期比较长。

当然，药剂的实际使用价值，最终还得依赖多点多重复的田间药效实验结果来决定，但如不先进行室内生物测定，而将大量化合物投入田间实验，其结果必然是浪费时间、浪费人力物力，因而是不现实的，也是行不通的。

(二) 杀菌剂生物测定新技术发展动向

在农药研究领域中，发现新的农药测定方法就等于发现新农药，由此可见发展生物测定技术是非常重要的。植物病理学、分子生物学、生物化学、仪器分析及相关学科的综合发展促进了杀菌剂生物测定技术的发展。目前，杀菌剂生物测定的发展有三大趋势：一是离体测定向细胞水平方向发展；二是活体测定向植物组织水平和生化水平方向发展；三是向标准化、简易化、微型化方向发展。

(三) 杀菌剂的药害

杀菌剂的不正确使用对农作物造成不利影响即药害。

(1) 药害类型

① 按药害发生时间，可分为直接药害和间接药害。直接药害施药后对当季作物造成药害。间接药害对下茬敏感作物造成药害，如三唑类对下茬双子叶作物和敏感粳稻的生长抑制而表现的药害等。

② 按药害发生的症状，可分为可见药害和隐性药害。可见药害指可观察的形态上的药害，这是人们最容易发现的问题。隐性药害指无可见症状，但影响产量和品质，这种药害往往被人们忽视，如三唑类阻止叶面积增加减少总光合产物，叶菜、果实变小，产量下降，可能使水稻穗小，千

粒重下降,改变不饱和脂肪酸和游离氨基酸的含量、蛋白质减少等;嘧菌酯可增加赤霉病菌毒素的产生;重金属杀菌剂也常影响作物光合作用和生殖生长,使结实率下降。

(2) 药害症状

药害症状包括发育周期改变(出苗、分蘖、开花、结果、成熟期推迟,生长缓慢)、缺苗(包衣、拌种、浸种降低发芽率,或发芽后不能出土枯死)、变色(失绿、花叶、黄花、叶缘叶尖变色、或根、果变色)、形态异常(改变果形、植株矮缩、不抽穗、花果畸形)、坏死(枯斑、枯萎)等。

(四) 杀线虫剂生物测定

杀线虫剂是用于防治有害线虫的一类农药。线虫属于线形动物门线虫纲,体形微小,在显微镜下方能观察到。对植物有害的线虫约 3000 种,大多生活在土壤中,也有的寄生在植物体内。线虫通常通过土壤或种子传播(松材线虫通过松墨天牛传播),能破坏植物的根系,或侵入地上部分的器官,影响农林植物的生长发育,甚至导致植物死亡(如松材线虫),还间接地传播由其他微生物引起的病害,造成很大的经济损失。使用药剂防治线虫是现代农林业普遍采用的有效方法,一般用于土壤处理或种子处理,杀线虫剂有挥发性和非挥发性两类,前者起熏蒸作用,后者起触杀作用。一般应具有较好的亲脂性和环境稳定性,能在土壤中以液态或气态扩散,从线虫表皮透入起毒杀作用。多数杀线虫剂对人畜有较高毒性,有些品种对作物有药害,故应特别注意安全使用。

实验 35　　杀菌剂生物测定——孢子萌发法

孢子萌发法是广泛被采用的历史最悠久的杀菌剂毒力测定方法。早在 1807 年,Prevost 就采用此法,后经不少学者改进,使之日趋规范、合理。其主要优点为:① 快速,只要能够容易获得大量孢子,实验可在短时间内进行;② 供试药剂需要量少;③ 在较小的空间和较短的时间内即可进行大量的药剂筛选;④ 实验结果便于定量分析。

但是该方法也有一些缺点:① 实验条件要求严格,稍有差异,结果即可能出现偏差;② 空白对照处理的孢子萌发率应接近 100%,如对照孢子萌发率低,则结果不准确;③ 该方法不适合用于测定抑制生物合成的选择性杀菌剂的毒力以及不易产生孢子的病原菌及专性寄生菌。

【实验目的】

通过本实验,掌握杀菌剂的生物测定方法之———孢子萌发法的原理和实验操作。

【实验原理】

供试药剂附着在载玻片上或其他平面上,然后将供试病菌孢子悬浮液滴在上面(或将孢子悬浮液和药液混合后滴在玻片上),在保温、保湿条件下培养一定时间后镜检,以孢子萌发率判断杀菌剂毒力。

【实验材料】

① 供试药剂:93%嘧菌酯(azoxystrobin)原药,95%福美双(thiram)原药。

② 供试菌株:柑橘炭疽病菌 (*Colletotrichumgloeosporioides*),禾谷镰孢菌 (*Fusarium graminearum*)。

【实验设备及用品】

① 实验用品:载玻片(凹玻片),蒸馏水,容量瓶,烧杯,量筒,滴管等。

② 实验仪器:电子天平,高压灭菌锅,超净工作台,恒温培养箱,生物显微镜等。

③ 实验试剂及药品:甲醇,蒸馏水,99%水杨肟酸。

【实验步骤】

（1）孢子悬浮液的配制

① *C. gloeosporioides* 孢子液的制备。将 *C. gloeosporioides* 接种于马铃薯葡萄糖琼脂培养基（PDA）平板，25℃下培养 10 d 后即可产生橘红色分生孢子苔，用接种针轻轻刮下分生孢子苔，放入含有适量蒸馏水的离心管中，并稀释至 10^5 个/mL 浓度。

② *F. graminearum* 孢子液的制备。将 *F. graminearum* 接种于 PDA 培养基平板，25℃下培养 3～5 d，用打孔器在菌落边缘打孔制备菌碟，向含有 200 mL 绿豆汤培养液的 250 mL 三角瓶中放入 5 个菌碟，25℃下振荡培养 7 d 后，用尼龙纱过滤后离心收集分生孢子，并用无菌水稀释至所需孢子浓度。

（2）培养皿孢子萌发测定法

① 用分析天平精确称取 0.1075 g 93％嘧菌酯原药，放入 10 mL 容量瓶中，用甲醇定容，得到 10000 μg/mL 的嘧菌酯母液。

② 用分析天平精确称取 0.5051 g 99％水杨肟酸，放入 10 mL 容量瓶中，用甲醇定容，得到 50000 μg/mL 的水杨肟酸母液。

③ 取 100 mL 熔化的水洋菜培养基放入 250 mL 三角瓶中，加入 2 μL 嘧菌酯母液，摇匀后取出 50 mL，加入 100 μL 水杨肟酸母液，摇匀后倒入 3 个无菌培养皿中，冷却后得到含 100 μg/mL 水杨肟酸的 0.2 μg/mL 嘧菌酯平板。

④ 向剩余培养基中倒入 50 mL 无药水洋菜培养基，摇匀后取出 50 mL，加入 100 μL 水杨肟酸母液，摇匀后倒入 3 个无菌培养皿中，冷却后得到含 100 μg/mL 水杨肟酸的 0.1 μg/mL 嘧菌酯平板。

⑤ 以此类推，分别制得含 100 μg/mL 水杨肟酸的 0.05、0.025、0.0125 及 0.00625 μg/mL 嘧菌酯平板。

⑥ 向含药平板中加入 50 μL 配制好的 *C. gloeosporioides* 孢子液，并用拐角玻棒均匀涂布。以含 100 μg/mL 水杨肟酸而不含嘧菌酯的平板作为阴性对照，同时设置不含水杨肟酸和嘧菌酯的平板作为空白对照，每个处理 3 次重复。

⑦ 将平板放入 25℃培养箱中培养 10 h 后，取出在显微镜下检查萌发孢子数，每个重复随机检查 100 个孢子，以孢子芽管大于孢子短径为萌发。

（3）载玻片萌芽法

载玻片法为在室内模拟田间药剂茎叶喷雾处理的方法。将待测药剂均匀分布于载玻片上，然后滴加孢子悬浮液，经过一段时间后观察孢子萌发情况。

① 用分析天平称取 0.1053 g 95％福美双原药，放入 10 mL 容量瓶中，用丙酮定容，得到 10000 μg/mL 福美双母液。

② 取 0.5 mL 福美双母液，加入 50 mL 容量瓶中，并用丙酮定容，得到 100 μg/mL 福美双溶液。

③ 采用梯度稀释法，分别得到 50、25、12.5、6.25、3.125 和 1.5625 μg/mL 的福美双溶液。

④ 将清洁的载玻片浸入上述浓度的福美双溶液中，立即取出放在吸水纸上，待表面晾干后编号，每一浓度 1 块载玻片，以不含福美双的丙酮为对照。

⑤ 分别在每块处理过的载玻片上，分三处滴加 50 μL *F. graminearum* 孢子悬浮液。

⑥ 取 9 cm 培养皿，编号，在每培养皿中加入 5 mL 自来水，并放入短拐角玻棒或玻圈两只，将上述玻片小心平放于玻圈上，每培养皿 1 块，盖上培养皿盖后，放入 25℃培养箱中培养 10～12 h。

⑦ 在低倍镜下检查孢子萌发情况，每个重复随机检查 100 个孢子，以孢子芽管大于孢子短径为萌发。

【结果与分析】

① 按公式(4-35-1)、(4-35-2)计算孢子萌发率和校正孢子萌发抑制率，以药剂浓度对数为 X 轴，校正孢子萌发抑制率的几率值为 Y 轴，求出毒力回归方程、相关系数、EC_{50} 及其 95% 置信区间。

$$孢子萌发率 = \frac{萌发数}{总计数孢子数} \times 100\% \tag{4-35-1}$$

$$校正孢子萌发抑制率 = \frac{对照萌发率 - 处理萌发率}{对照萌发率} \times 100\% \tag{4-35-2}$$

毒力回归方程：$Y = a + bX$

式中，Y：抑制率对应的几率值；X：浓度对数；a：回归截距；b：斜率。

实验结果记录于表 4-35-1 和表 4-35-2 中。

表 4-35-1　嘧菌酯对柑橘炭疽病菌孢子萌发的抑制作用

浓度(嘧菌酯+水杨肟酸)/(μg/mL)	萌发孢子数	未萌发孢子数	孢子萌发率/(%)	校正孢子萌发抑制率/(%)	浓度对数	几率值
0.2+100						
0.1+100						
0.05+100						
0.025+100						
0.0125+100						
0.00625+100						
0+100(阴性对照)						
0+0(空白对照)						
毒力回归方程						
相关系数						
EC_{50}						
95%置信区间						

表 4-35-2　福美双对禾谷镰孢菌孢子萌发的抑制作用

福美双浓度/(μg/mL)	萌发孢子数	未萌发孢子数	孢子萌发率/(%)	校正孢子萌发抑制率/(%)	浓度对数	几率值
100						
50						
25						
12.5						
6.25						
3.125						
1.5625						
0						
毒力回归方程						
相关系数						
EC_{50}						
95%置信区间						

【注意事项】

（1）孢子萌发法是以病菌孢子作为指示物进行杀菌剂毒力测定，因此要求孢子个体间对药剂的反应差异较小，而且对各种可能引起误差的因素也应周密考虑。

（2）病菌的培养条件（如培养基成分、温度、光照等）会影响孢子的形成、萌发及对药剂的抵抗力。因此每一供试菌种的最佳培养条件应经仔细研究后确定，并应标准化，减少因培养条件造成的误差。

（3）孢子的成熟程度或形成孢子到测定时的时间间隔对毒力测定结果影响甚大。用当天形成的孢子、2 d后的孢子、在冰箱中低温下放置过的孢子进行同一药剂的毒力测定，其 EC_{50} 值可相差一倍乃至数倍，孢子不成熟或成熟度不整齐，其萌发率都很难达到 85% 以上，因此每次实验必须采用同一批形成的成熟度一致的孢子。

（4）孢子萌发时，悬浮液中孢子密度对萌发亦有影响，一般应以在低倍镜（15×10 倍）下每视野有 40 个左右孢子为宜，当然，这和孢子个体大小有关，若孢子个体大，如水稻胡麻叶斑病菌孢子，可适当降低密度；若孢子个体小，如小麦锈菌孢子，则可适当加大密度。

（5）有些病菌孢子在蒸馏水中萌发不好，可考虑加入某些促进物质，但究竟加入什么，加入多少以及促进萌发物质会不会改变孢子对药剂的敏感度等都应查阅有关文献并亲自实验后确定。许多病菌孢子，按 10 mL 孢子悬浮液加入 0.1% 葡萄糖溶液 0.01 mL，可使孢子萌发整齐一致。作者在用玉米小斑病菌孢子作毒力测定时，适当加一些玉米苗的新鲜汁液，在 26℃ 下经 2 h，其孢子萌发率近 100%，很整齐，而对照（仅用蒸馏水）此时几乎没有孢子萌发。

（6）孢子悬浮液的配制，一般是将事先培养好的菌种（斜面或三角瓶培养），加入适量无菌水，用玻棒在培养基表面轻轻摩擦，使孢子悬浮，然后以两层灭菌纱布过滤以除去菌丝体及破碎的培养基，最后是在离心机上离心孢子，并用无菌水洗涤孢子 3 次，将孢子密度调节到所要求的密度。

思　考　题

（1）以孢子萌发法测定药剂的毒力，有哪些优缺点？

（2）为何用 EC_{50} 表示杀菌剂的毒力？

实验36　杀菌剂生物测定——生长速率法

许多现代选择性杀菌剂防治植物病害，并不是将病菌杀死，而是抑制菌体的扩展，它们一般对孢子萌发没有抑制作用。测定这类杀菌剂的抗菌活性最常见的是采用琼脂平板培养法或干重测定法。

【实验目的】

掌握杀菌剂生物测定方法之生长速率法。

【实验原理】

琼脂稀释法是常用的生长速率法之一。本法是在含药培养基上观察病原菌的生长，是最近被广泛采用的离体测定药剂抗菌力的方法。

水溶性药剂可以很容易地将药剂添加到琼脂培养基中。对于非水溶性的药剂为使药剂能均匀分散到琼脂培养基中，经常将供试药剂溶解在丙酮、甲醇等低沸点又溶于水的溶剂中，然后将药剂的丙酮溶液混合到 40~50℃ 琼脂培养基中使充分分散，与此同时溶剂挥发。有的能耐高温的药剂可在培养基灭菌前添加。

采用本法测定杀菌剂毒力又可分为以下两种方法。

(1) 配制系列浓度培养基,上面接种供试菌丝块或涂抹孢子或细菌悬浮液等,在适宜条件下培养,根据病菌有无生长求出药剂对菌生长的最低抑制浓度(MIC)或最高容许浓度(MAC)。

(2) 在培养有真菌的琼脂平板上,在近菌落边缘或在菌落近边缘三分之一处,用灭菌的打孔器打成菌丝块(一般直径5 mm),接种到含有一定浓度药剂的琼脂培养基平板上,注意有菌丝的一面朝上,然后在一定条件下培养,测量菌丝扩展直径,与不添加药剂处理比较,求出抑制百分率。

【实验材料】

① 供试药剂:95%多菌灵(carbendazim)原药。

② 供试菌株:番茄灰霉病菌(Botrytis cinerea)。

③ 供试培养基:PDA培养基。

【实验设备及用品】

① 实验用品:培养皿,移液器,直尺,酒精灯,接种针,纱布,打孔器等。

② 实验仪器:电子天平,生物培养箱,高压灭菌锅,超净工作台等。

【实验步骤】

(1) 制备菌碟

取灭菌培养皿一套,倒入15 mL熔化的PDA培养基制成平板。将灰霉病菌菌种挑取一小块放入PDA平板中央,置于25℃恒温箱内培养,四天后培养皿平板上长满菌丝(菌丝已达四边即可)作为供试菌(注意供试菌龄一致,以免产生差异),用打孔器(直径5 mm)在菌落边缘打孔,制备菌碟。

(2) 制备含药培养基

① 用分析天平称取0.0105 g 95%多菌灵原药,用1 mL 0.1 mol/L盐酸水溶液溶解后,再加入9 mL无菌水均匀混合,制成1000 μg/mL的多菌灵溶液。用灭菌的1 mL移液管吸取1000 μg/mL多菌灵溶液1 mL,加入9 mL无菌水中,混合后得到100 μg/mL多菌灵溶液。以此方法依次配得10、5、1 μg/mL三种不同浓度溶液,另取灭菌水一支作对照。

② 取5个灭菌培养皿,用无菌移液管向5个培养皿中依次加入2 mL无菌水、1、5、10、100 μg/mL多菌灵溶液,并倒入18 mL PDA培养基,迅速混匀,冷却后制得多菌灵浓度为0、0.1、0.5、1、10 μg/mL的含药平板。

(3) 接菌及测定

① 在超净台中用接种针挑取B. cinerea菌碟接种于PDA平板中央,注意菌丝面朝上。

② 将接种后的培养皿放入25℃培养箱中培养,3 d后测量菌落直径。

表4-36-1 多菌灵对番茄灰霉病菌的最低抑制浓度

培养皿编号	1	2	3	4	5
多菌灵浓度					
菌落直径/cm					
最低抑制浓度(MIC)					

【结果与分析】

根据测量的菌落直径，以菌落完全不能生长的最低浓度为最低抑制浓度，即 *MIC*。

【注意事项】

（1）配制药液及浇制带毒培养基的一切用具均应事先灭菌，操作最好在无菌室进行，以防污染。

（2）在设计药剂浓度时应考虑到药液和热培养基混合时对药液的稀释及对培养基的稀释（如药液加入后将培养基稀释过多，则培养基不能凝固），一般以 1 mL 药液加入 9 mL 热培养基为宜，这样的比例不会影响培养基的凝固而药剂的真实浓度被稀释了 10 倍。

（3）对一些挥发性较强的，或易受热分解的药剂，应注意热的培养基的温度，最好冷却至 50℃ 左右再将药液加入。

（4）药液和培养基必须保证在凝固前充分混匀，这常是造成实验失败的主要原因。热的带毒培养基倒入培养皿内应保持水平，否则，将会造成皿内带毒培养基厚薄不匀，产生误差。

（5）该实验的所有操作都应在无菌环境下完成，所有器皿和用具都必须提前消毒，倒培养基和移植菌碟亦应在酒精灯上方完成，避免杂菌污染。

思　考　题

为什么该实验的所有操作都应在无菌环境下完成？

实验 37　杀菌剂生物测定——抑菌圈法

抑菌圈法的最大优点是精确度高，操作简单，能较快地得出结果。缺点是测定结果受药剂溶解性和扩散能力影响很大，因而有一定局限性。此外，这种方法对专性寄生菌也是不适合的。尽管如此，只要设备及操作要求严格，一般都可获得满意的结果，尤其是对抗菌素，抑菌圈法是国际上标准的效价测定方法。

【实验目的】

学习并掌握杀菌剂的生物测定方法之抑菌圈法。

【实验原理】

抑菌圈法，又称琼脂扩散法，是将药剂局部地加在琼脂培养基表面，最普通的方法是将不锈钢圆筒（也称杯碟，通常外径 8 mm，内径 6 mm，高 10 mm）放在琼脂培养基表面，筒内注入药剂水溶液。另一种方法是将滤纸片打孔（直径 6～8 mm，厚 0.7～1.5 mm），浸入药液，然后置于琼脂平板表面。上述琼脂平板事先应均匀接种供试菌，如将孢子悬浮液或细菌悬浮液均匀混合在 40～50℃ 的培养基中制成平板，在一定条件下培养。不锈钢圈或滤纸周围病原菌接触到药剂生长受抑制而保留的透明圈称为抑菌圈。抑菌圈的大小与药剂浓度之间，在一定范围内，呈某种函数关系，从而可以比较杀菌剂毒力的大小。抑菌圈法显示的结果与药剂抑制菌体生长的能力以及在水相中扩散的能力密切相关。

【实验材料】

① 供试药剂：95% 拌种灵（amicarthiazol）原药。

② 供试细菌：柑橘溃疡病菌（*Xanthomonas campestris* Pv. citri）。

③ 供试培养基：NA 培养基，NB 液体培养基、水洋菜培养基。

【实验设备及用品】

　　① 实验用品：培养皿，移液器，酒精灯等。

　　② 实验仪器：电子天平，生物培养箱，高压灭菌锅，超净工作台，浊度仪等。

【实验步骤】

　　① 菌液的配制。将 $X.$ $campestris$ Pv. citri 菌种在 NA 平板上划线，28℃下培养 24 h 后，用接种环挑取单菌落，接种至含有 25 mL NB 培养基的 50 mL 三角瓶中，28℃下震荡培养 24 h 后，离心收集菌体。用无菌水将收集的菌体稀释至 10^7 cfu/mL 菌悬液备用。

　　② 含菌平板的制备。取 20 mL 水洋菜培养基，倒入培养皿中，凝固后作为基层，然后用移液器吸取 100 μL 菌悬液，加入培养皿中，倒入 10 mL 熔化的 NA 培养基（40℃左右），轻轻混匀后制成实验平面（菌层）。

　　③ 用天平称取 0.1053 g 95% 拌种灵原药，加入 10 mL 容量瓶中，用 N,N-二甲基甲酰胺定容，得到 10000 μg/mL 的拌种灵母液。

　　④ 取 6 个灭菌牛津杯（外径 8.0±0.1 mm，内径 6.0±0.1 mm，高 10.0±0.1 mm，重量相差 ±0.005 g），放于平板中，分别加入 200 μL 浓度为 0、6.25、12.5、25、50、100 μg/mL 的拌种灵药液，重复 4 次。（或者将灭菌的直径 8 mm 的滤纸片浸入相应浓度药液，取出后风干，放入含菌平板中。）

　　⑤ 将培养皿放入 28℃培养箱培养，48 h 后测量抑菌圈大小（cm）。

【结果与分析】

　　将实验结果记录在表 4-37-1 中，以浓度对数为 X，抑菌圈直径为 Y，求出毒力回归方程、相关系数、EC_{50} 及其 95% 置信区间。

表 4-37-1　拌种灵对柑橘溃疡病菌的毒力测定

浓度/(μg/mL)	浓度对数	抑菌圈直径/cm				
		1	2	3	4	平均
0						
6.25						
12.5						
25						
50						
100						
毒力回归方程						
相关系数						
EC_{50}						
95% 置信区间						

【注意事项】

　　（1）在较粗放的比较杀菌剂毒力的测定中，对菌种的要求不必过严，只要在培养基中容易培养而且抑菌圈清楚的均可采用，特别是为某一特定病害寻求有效的防治药剂时，实际上不可能对供试菌进行选择。但如果以抑菌圈法作生物定量测定，对不同杀菌剂进行效价评定（如抗菌素效价测定），则必须对供试菌有如下的要求：对被测定的药剂有适当的敏感性，形成的抑菌圈界限明显；培养容易，生长快速不易为杂菌污染，且不易发生变异；容易做成接种菌液（菌丝体或孢子悬浮液）；菌种有较强的耐热能力。

在抗菌素（包括农用抗菌素）测定毒力或效价时，广泛采用枯草杆菌（*Bacillus subtilis*），该菌种的优点是有较强的抗热能力，即使在培养基 60～70℃ 条件下亦可接菌，这对制作理想的双层培养基平面十分有利。另外，洋麻炭疽病菌和棉花炭疽病菌也是较好的备选菌种。

（2）在抑菌圈法中，供试药液中的有效成分在测定时应该呈水溶液状态（分子状态），这样才能保证药剂的扩散均匀一致，结果稳定可靠，因此，有一定水溶性的杀菌剂才适合于抑菌圈法测定毒力。由于大多数抗菌素都有一定水溶性，因此抑菌圈法在抗菌素的科研和生产中广泛采用。对不溶于水的有机杀菌剂或抗菌素则可用少量乙醇、丙酮等适当有机溶剂溶解后再用水稀释至所需浓度，但必须保证稀释液中残存的有机溶剂不能对供试菌有作用，否则影响测定结果。

此外，实验还证明，如 $CuSO_4$、$AgNO_3$、$HgCl_2$ 等无机化合物及有毒部分可离解成阳离子的化合物，不能用滤纸片法来测定毒力，其解释是滤纸上所带的负电荷或洋菜中的阴离子可能对有毒的阳离子产生吸附作用。

（3）为减少培养基对药剂的吸附固定，增进药剂的扩散渗透，所用洋菜纯度要高，水用蒸馏水，以减少培养基中杂质对药剂的吸附固定。

思　考　题

（1）为了抑菌圈实验结果的可靠，在菌种选择、药剂使用和培养基制作中应注意哪些问题？

（2）在测定波尔多液的抑菌圈实验中，培养到后期抑菌圈为什么会逐渐缩小，甚至消失？

实验 38　杀菌剂保护作用的测定

杀菌剂的保护作用，是指在植物发病之前施用杀菌剂，阻止病原菌的侵染或孢子萌发，达到保护植物的目的。盆栽实验法是在利用盆钵培育的幼嫩植物上接种病原菌，喷洒药剂，然后检查防治效果的活性测定，是研究杀菌剂的有效方法之一，克服了在离体条件下对病菌无效而在活体条件下有效的化合物的漏筛，更接近大田实际情况，且材料易得，条件易于控制。

【实验目的】

学习并掌握杀菌剂保护作用测定的操作方法。

【实验原理】

保护性杀菌剂必须在植物病害发病前使用才能起到保护植物免受病害侵染的作用。因此，可在植物接种病原物前或接种后发病前对植物喷施保护性杀菌剂，以评价其对植物病害的保护作用。

【实验材料】

① 供试药剂：80％多菌灵（carbendazim）WP，20％粉锈宁（triadimefon）WP。

② 供试病原菌：小麦白粉病菌（*Erysiphe graminis*）。

③ 供试小麦：苏麦 3 号（易感白粉病）。

【实验设备及用品】

电子天平（感量 0.1 mg），手持式喷雾器，显微镜，三角瓶，移液管或移液器，量筒，血球计数板,计数器等。

【实验步骤】

(1) 植株准备

在直径 15 cm 的塑料盆钵中播种小麦,待小麦 1~2 叶期即可使用。

(2) 病原菌接种

取长满白粉菌孢子堆的小麦病叶片数片,然后用毛笔轻轻在病叶片上来回抖动以便孢子散落在待测麦苗叶片上(注意:麦苗要先用清水喷湿,以便孢子粘着)。此后将此麦苗连盆放入保湿罩内保湿 24 h,温度保持 20℃左右为好。一天后拿去保湿罩,即可作喷药实验。

(3) 药剂处理

① 用自来水稀释药剂,80% 多菌灵 WP 的稀释倍数为 1:1600,20% 粉锈宁 WP 的稀释倍数为 1:800。

② 用手持式喷雾器将各稀释倍数药液均匀喷洒于小麦叶片上,并让其自然风干,然后正常管理。以清水为对照。

【结果与分析】

药剂处理后,逐日观察接菌叶片和新生叶的发病情况,当对照处理的麦苗出现白粉病孢子堆后,即开始记载各处理的发病情况,并计算发病率及病情指数。病情记载可分为 7 d 和 14 d 两次记载。若粉霉堆大小相似时,可计算粉霉堆数,比较各药剂的防治效果。实验结果记录在表 4-38-1 中,根据公式计算病情指数和防治效果,记录于表 4-38-2 中。

小麦白粉病分级记载标准如下。

0 级	未发病
1 级	病斑面积占整片叶面积的 5% 以下
3 级	病斑面积占整片叶面积的 6%~15%
5 级	病斑面积占整片叶面积的 16%~25%
7 级	病斑面积占整片叶面积的 26%~50%
9 级	病斑面积占整片叶面积的 50% 以上

$$病情指数 = \frac{\sum(病级叶片数 \times 该病级数)}{检查总叶片数 \times 最高病级值} \times 100 \qquad (4\text{-}38\text{-}1)$$

$$防治效果 = \frac{对照病情指数 - 处理病情指数}{对照病情指数} \times 100\% \qquad (4\text{-}38\text{-}2)$$

表 4-38-1 粉锈宁和多菌灵对小麦白粉病保护作用

处理时间:＿＿＿＿ 温度:＿＿＿＿ 湿度:＿＿＿＿ 调查时间:＿＿＿＿

处　理	叶片数					
	0 级	1 级	2 级	3 级	4 级	5 级
多菌灵						
粉锈宁						
对照						

表 4-38-2 粉锈宁和多菌灵对小麦白粉病防治效果

处理	病情指数	防治效果/(%)
多菌灵		
粉锈宁		

【注意事项】

可采取先喷药,一天后接种的方式。喷药处理后,注意保证恒定的温湿度条件,创造发病条件。

思 考 题

(1) 杀菌剂盆栽药效实验成功的关键是什么?

(2) 小麦白粉病接种时应注意什么?

(3) 作为保护剂应满足哪些条件?

实验 39 杀菌剂治疗作用的测定

杀菌剂的治疗作用是指在植物发病以后施用杀菌剂,将药剂引入植物组织内部,控制病害扩展与蔓延的方法。具有治疗作用的杀菌剂通常为内吸性杀菌剂,这类杀菌剂不仅能够治疗已经被病原物侵染发病的组织,而且能够保护植物新生组织免遭病原物侵染。

【实验目的】

学习并掌握杀菌剂治疗作用的测定方法及基本技术。

【实验原理】

本实验是利用病菌在活体植物组织上对药剂的反应来测定药剂的毒力,克服了在离体条件下对病菌无效而在活体条件下有效的化合物的漏筛,测定结果反映了药剂、病菌与植物组织之间的相互作用和影响,更接近实际情况,且材料易得,条件易于控制。

【实验材料】

① 供试药剂:80%多菌灵(carbendazim)WP,20%三环唑(tricyclazole)WP。

② 供试病原菌:水稻稻瘟病菌(*Pyricularia oryzae*)。

③ 供试水稻:籼优 63(易感品种)。

【实验设备及用品】

电子天平(感量 0.1 mg),喷雾器械,人工气候箱或光照保湿箱,生物培养箱,培养皿,接种器,移液管或移液器等。

【实验方法】

① 植株培养。取直径约 7 cm 左右的塑料钵,每钵播种感病稻种 10 粒,待稻苗长至三叶期即可使用。

② 病原菌分生孢子的培养。将 *P. oryzae* 接种于 PDA 培养基上生长,然后转移到含稻草汁蔗糖培养基的大试管斜面内,28℃条件下培养 10 d,然后在黑光灯下诱导孢子产生,5 d 后用灭菌水洗下孢子,配制成孢子悬浮液($10^4 \sim 10^5$ 个/mL)待用。

③ 人工接种和药剂处理。取 20 盆长势一致的稻苗,其中 10 盆喷菌液接种,喷至叶面有明

显菌液水珠即可,置于保湿罩下黑暗保湿 24 h 后,再每两盆分别喷水和各药液处理,进行药剂治疗实验。

【结果与分析】

药剂处理后逐日观察接菌秧苗的发病情况,当对照发病后,即开始记载各处理的发病情况,并计算发病率和病情指数。病情可分 5 d 和 10 d 两次记载。

稻瘟病病情分级标准及计算方法。

(1) 分级标准

① 苗瘟:以株为单位分级。

0 级	无病
1 级	病斑 5 个以下
2 级	病斑 5~20 个
3 级	全株发病或部分叶片枯死

② 叶瘟:以叶片为单位共分 6 级。

0 级	无病
1 级	病斑小(长度 0.5 cm 以下)而少(5 个以下)
2 级	病斑小而多(5 个以上)或大(长度 0.5 cm 以上)而少
3 级	病斑大而多
4 级	全叶枯死

(2) 计算方法

$$病情指数 = \frac{\sum(病级叶片数 \times 该病级数)}{检查总叶片数 \times 最高病级值} \times 100 \qquad (4\text{-}39\text{-}1)$$

$$防治效果 = \frac{对照病情指数 - 处理病情指数}{对照病情指数} \times 100\% \qquad (4\text{-}39\text{-}2)$$

【注意事项】

所选治疗剂应该具有一定的内吸作用,能被叶片吸收并在一定时效内保持稳定,不被植物降解失效。

思　考　题

杀菌剂的治疗作用与保护作用有什么区别?

实验 40　杀菌剂联合作用测定

杀菌剂的联合毒力,是指当两种及两种以上杀菌剂混用时,对病菌所表现的综合毒杀能力。其联合毒力可表现为三种形式:增效作用、拮抗作用及相加作用,药效可相应表现为增效、减效及药效持平。杀菌剂的联合毒力是以其混剂中单剂毒力的总和来比较的:增效作用(synergism),即农药混合后的毒力明显大于各自单剂毒力的总和;拮抗作用(antagonism),又称负增效作用(depotentiation)即农药混合后的毒力低于各自单剂毒力的总和;相加作用(addition),又称联合作用(joint action),即农药混合后的毒力与单剂毒力的总和相似。生物测定结果总是免不了存在着误差,只有经过统计分析,才能证明是否存在真正差异,而对各个生测结果的数据,又不可能逐个做显著性测定,所以实测值与理论值差异明显时才能认为是增效或拮抗作用。农药混用后的绝对相加几乎是不存在的,只不过是与单剂毒力总和差异不明显。

【实验目的】

学习并掌握杀菌剂联合作用的测定方法、计算方法及联合毒力判定标准。

【实验原理】

分别测定各单剂(杀菌剂)的 EC_{50} 及混剂的 EC_{50},并根据混剂中各单剂的比例计算出混剂理论 EC_{50},通过混剂的实际 EC_{50} 与理论 EC_{50} 的比较来判定其混合使用是增效、拮抗还是相加作用,进而判定这几种杀菌剂混合是否合适,比例是否适当。

【实验材料】

① 供试药剂:98%多菌灵(carbendazim)原药,97%戊唑醇(tebuconazole)原药。

② 供试病原菌:禾谷镰孢菌(*Fusarium graminerarum*)。

③ 供试培养基:PDA。

【实验设备及用品】

电子天平,超净工作台,培养皿,量筒,容量瓶,三角瓶,接种针,打孔器,记号笔,滤纸等。

【实验步骤】

(1)定性测定——滤纸条法

① *F. graminearum* 菌株在 PDA 培养基平板上培养 5 d,接种到 2%~5%绿豆汤中 25℃下培养 7~10 d 获得分生孢子。

② 用尼龙滤网过滤菌丝后,将滤液离心,收集分生孢子,并用适量无菌水稀释至孢子浓度为 10^5~10^6 个/mL。

③ 取一套灭菌培养皿,加入 2 mL 孢子悬浮液,然后加入 19 mL 熔化冷却至 40~45℃左右的 PDA 培养基,慢慢转动培养皿使充分混匀,然后水平放置,制成含孢子平板。

④ 将经干热灭菌的宽 7 mm、长 80 mm 的滤纸条分别浸入 $2×10^{-3}$ mol/L 的多菌灵与戊唑醇溶液中,取出(注意水平放入和取出)后在无菌条件下风干或烘干,然后将两片滤纸条十字交叉置于上述含孢子 PDA 平板表面,25℃下培养 5 d 调查结果,并进行联合作用的定性分析。

(2)定量测定

① *F. graminearum* 菌株在 PDA 培养基平板上培养 5 d,用打孔器(直径 5 mm)在菌落边缘打孔,制备菌碟。

② 分别称取 0.0204 g 98%多菌灵原药和 0.0206 g 97%戊唑醇原药,放入两个 20 mL 容量瓶中定容,其中多菌灵用 0.1 mol/L HCl 溶液定容,戊唑醇用甲醇溶液定容,得到两种药剂的 1000 μg/mL 母液。

③ 多菌灵单剂浓度设置为 0、0.2、0.4、0.6、0.8、1.6 μg/mL;戊唑醇单剂浓度设置为 0、0.0625、0.125、0.25、0.5、1 μg/mL;两种药剂的复配剂浓度设置为 0、0.0625、0.125、0.25、0.5、1 μg/mL,两种药剂的复配比例设置为多菌灵:戊唑醇=3:1、2:1、1:1、1:2、1:3,各浓度含药平板配制方法如表 4-40-1。

a. 多菌灵单剂。取 160 μL 1000 μg/mL 多菌灵母液,加入 100 mL 融化的 PDA 培养基中,混匀后取 50 mL 含药培养基均匀倒入 3 个灭菌培养皿中,冷却后制得 1.6 μg/mL 多菌灵含药平板,剩余的 50 mL 含药培养基梯度稀释后制得剩余各浓度的含药平板。

　　b. 戊唑醇单剂。取 100 μL 1000 μg/mL 戊唑醇母液,加入 100 mL 融化的 PDA 培养基中,混匀后取 50 mL 含药培养基均匀倒入 3 个灭菌培养皿中,冷却后制得 1 μg/mL 戊唑醇含药平板,剩余的 50 mL 含药培养基梯度稀释后制得剩余各浓度的含药平板。

　　c. 多菌灵与戊唑醇复配。按表 4-40-1 所列向 100 mL 融化的 PDA 培养基中分别加入适量的多菌灵与戊唑醇母液,混匀后取 50 mL 含药培养基均匀倒入 3 个灭菌培养皿中,冷却后制得 1 μg/mL 多菌灵与戊唑醇相应比例复配的含药平板,剩余的 50 mL 含药培养基梯度稀释后制得剩余各浓度的含药平板。

表 4-40-1　多菌灵与戊唑醇的复配比例

药　剂	比例(多菌灵∶戊唑醇)				
	3∶1	2∶1	1∶1	1∶2	1∶3
多菌灵母液/μL	75	67	50	33	25
戊唑醇母液/μL	25	33	50	67	75

　　④ 接种。挑取菌丝块接种于含不同药剂浓度的 PDA 培养基平板,25℃培养 3 d,检查菌落直径。

【结果与分析】

　　① 定性测定。根据菌落生长形态,判断其联合作用方式(见图 4-40-1)。

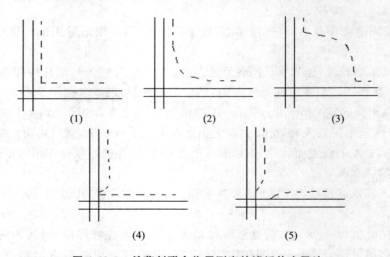

图 4-40-1　杀菌剂联合作用测定的滤纸片交叉法
(实线表示含药滤纸条,虚线表示抑菌带)
(1) 独立作用;(2) 相加作用;(3) 增效作用;(4) 拮抗作用;(5) 拮抗作用(相互拮抗)

　　② 定量测定。计算菌丝生长抑制率,求出毒力回归方程、相关系数及 EC_{50},根据 Wadley 法计算混剂的联合作用。

$$混剂理论\ EC_{50} = \frac{a+b}{\dfrac{a}{EC_{50A}} + \dfrac{b}{EC_{50B}}} \tag{4-40-1}$$

$$SR = \frac{混剂理论 EC_{50}}{混剂实际 EC_{50}} \qquad (4\text{-}40\text{-}2)$$

式中,A、B 代表两种不同药剂;a,b 代表 A、B 两种药剂在混剂中的比例。以 SR 值分析复配后的联合作用,当 SR 为 $0.5 \sim 1.5$ 之间,则两种药剂复配为相加作用;$SR \leqslant 0.5$,则两种药剂属拮抗作用;$SR \geqslant 1.5$,则为增效作用。

表 4-40-2　多菌灵与戊唑醇混用对禾谷镰刀菌的增效值(SR)测定结果

药　　剂	毒力回归式	实测 EC_{50}	混剂 EC_{50} 理论值	SR
多菌灵(A)				
戊唑醇(B)				
A∶B＝3∶1				
A∶B＝2∶1				
A∶B＝1∶1				
A∶B＝1∶2				
A∶B＝1∶3				

【注意事项】

(1) 实验中各单剂和混剂必须来源一致,也就是说所测混剂必须是用所测单剂配成的混剂。

(2) 各单剂和混剂必须使用同一实验测定方法和同一计算方法求得 EC_{50} 进行比较。

思　考　题

在进行杀菌剂联合毒力测定中应注意哪些问题?

实验 41　杀菌剂药害实验

杀菌剂对植物的药害已成为生产中需要注意的重要问题。如使用不当,会给农业生产带来重大损失,杀菌剂药害根据发生时间通常可分为直接要害和间接药害。直接药害指施药后对当茬作物造成药害,而间接药害则是指杀菌剂对下茬敏感作物造成药害。因此,评价杀菌剂对植物的药害是农药开发和登记过程中的重要内容。

【实验目的】

掌握杀菌剂对植物药害的测定方法。

【实验原理】

杀菌剂由于其自身的某些特性,在一定条件下会对作物的生长产生一些不利的影响,即药害。根据杀菌剂自身特性及用药时期,其对作物的药害主要体现在以下几方面:

① 对作物种子及出苗的影响(如发芽率、发芽势、出苗率、根系数量、主根长度、根茎鲜重比等)。

② 对作物营养生长的影响(如株高、植株形态、叶色等)。

③ 对作物生殖生长的影响(如株高、植株形态、叶/果色、结实率等)。

常见的药害症状主要包括变色、坏死、生长发育延缓、萎蔫、畸形等。

【实验材料】

　　① 供试药剂：50％福美双(thiram)WP。

　　② 供试植物：黄瓜。

【实验设备及用品】

　　手持式喷雾器,量筒,烧杯,分析天平等。

【实验步骤】

　　① 植物培养。取一塑料盆钵(直径 15 cm),播种黄瓜种子 2 粒,放于温室中培养至三～四叶期待用。

　　② 药剂浓度。用自来水稀释 50％福美双 WP,稀释倍数为 0、75、150 和 300 倍。

　　③ 处理植物。向手持式喷雾器中装入相应浓度的药液,对黄瓜苗进行喷雾,使黄瓜苗完全湿润,每个浓度 3 盆黄瓜苗作为重复,以清水为对照。

　　④ 药后逐日观察黄瓜苗生长情况至药后 14 d。

【结果与分析】

　　观察黄瓜苗生长情况,是否出现坏死、变色等症状。

思　考　题

为什么杀菌剂会对作物产生药害?

实验 42　杀线虫剂生物测定——熏蒸毒力测定

　　线虫是一类重要的植物病原物,线虫引起的植物病害给农业生产带来重大损失。杀线虫剂有挥发性和非挥发性两类,前者主要起熏蒸作用,后者起触杀作用。一般应具有较好的亲脂性和环境稳定性,能在土壤中以液态或气态扩散,从线虫表皮进入,从而起到毒杀作用。

【实验目的】

　　学习并掌握杀线虫剂熏蒸作用毒力测定的方法。

【实验原理】

　　卤代烃滴滴混剂、二溴氯丙烷、二溴乙烷、溴甲烷、卤代烃溴甲烷、威百亩及氯化苦等药剂是具有一定挥发作用的杀线虫剂,这些药剂的蒸气会挥发进入空气中通过线虫的表皮或口针进入呼吸系统,从而渗透到血液,使线虫中毒死亡。使用剂量根据熏蒸场所空间体积计算(单位为 g/m^3),浓度根据熏蒸时间、熏蒸场所密闭程度、被熏蒸物的量和对熏蒸剂蒸气的吸附能力等确定。

【实验材料】

　　① 供试药剂：42％威百亩(metham sodium)水剂。

　　② 供试线虫：采用南方根结线虫(*Meloidogyne incongnita* Chitwood)作供试线虫,在番茄栽培地寻找采收末期的番茄植株,挖取完整的植株根系,采回后即洗净根系,统计根系上的根结数量,再放入盆中,加入自来水浸泡过夜,在盆中逐株清洗根系,尽可能将根系上的土洗下,洗净的根系继续泡入水中浸泡过夜,收集浸泡液,同法再泡洗 3 次,弃去根系,回收洗液和泥土,洗液和泥土经 20 目分离筛清洗,去除分离筛上较大颗粒土和植株残渣,放入容器中静置后,轻轻移弃上部液体,残液和泥土经 2000 r/min 离心 2 min,弃去上清液,加入 494 g/L 蔗糖,混匀后 2000 r/min 离心 2 min,上清液用 800 目的分离筛清洗,收集分离筛上的虫体——二龄幼虫,所分离的幼虫放在 4℃的冰箱中备用。

③ 供试染料：番红。

【实验设备及用品】

恒温培养箱，显微镜，解剖镜，离心机，天平，试管（10 mL），筛子，移液管或移液器，凹玻片，三角瓶，小镊子，塑料薄膜，纱布。

【实验步骤】

（1）线虫的准备

方法一。准备一支 10 mL 的试管，取线虫分离液 10 mL 并摇匀，然后用微量移液器吸取 0.25 mL 移置在凹玻片上，在 40 倍解剖镜下计数液滴中的线虫数，将凹玻片上的液滴移回试管中，重复 4 次，根据平均值计算 1 mL 分离液中线虫的数量，每个处理线虫数量不少于 100 头。

方法二。用线虫分离器直接分离线虫，置于培养皿中待用。

（2）药剂配制

取 42％威百亩水剂 10 mL，并且设置稀释浓度为 100、150、200、250、300 倍，5 个浓度梯度，用移液管吸取一定量的供试药剂于三角瓶底。

（3）药剂处理

将包有线虫筛子的纱布悬挂于三角瓶中的药液上方，并用塑料薄膜将三角瓶封口，设置不加熏蒸药剂的为空白对照。在恒温箱中（25℃）处理 24 h 与 48 h 后染色，在解剖镜下采用针刺法检查病块组织中线虫的死活情况：① 死亡的线虫，身体僵直，不活动，对针刺无反应，虫体呈鲜红色；② 活线虫，身体活动舒展或静止不动，但身体尾端呈弯钩状，虫体不着色。

染色法。称取 0.5 g 的番红染料，加入 100 mL 的蒸馏水，配成 0.5％的染色液，将处理的线虫，用配好的 0.5％番红染色液染色 5 min，温度在 10℃以上，对死活线虫染色分辨清楚，染色时间短，效果比较好

【结果与分析】

调查 24 h 与 48 h 供试线虫的死亡情况，将总处理虫数和死亡数记入表 4-42-1 中，DPS 软件或 Polo Plus 软件计算出毒力回归式，对该毒力回归线进行 x^2 检验，并求致死中浓度 LC_{50} 及其 95％置信限，评价供试药剂对靶标线虫的熏蒸活性。

表 4-42-1 42％威百亩水剂对南方根结线虫熏蒸毒性实验记录

稀释倍数	浓度/(mg/L)	处理数	死亡数	
			24 h	48 h
100				
150				
200				
250				
300				
CK				
毒力回归式				
LC_{50}/(mg/L)				
95％置信限				
相关系数 r				

【注意事项】

（1）实验要在密闭的条件下进行，且避免供试线虫与药剂接触。

（2）熏蒸药剂由于易挥发，施用过程中对人伤害较大，所以在使用时一定做好防范措施，如戴上手套、口罩等。

（3）药剂不慎溅入眼睛或身上，要立即用肥皂水冲洗。

思 考 题

如何计算熏蒸性杀线虫剂的浓度？

实验 43 杀线虫剂生物测定——触杀毒力测定

非熏蒸性杀线虫剂并非直接杀死线虫，通常起到麻醉的作用，影响线虫的取食、发育和繁殖行为，延迟线虫对作物的侵入及危害峰期。非熏蒸性杀线虫剂处理后，虽然线虫密度没有明显下降，但是增产显著。目前使用的非熏蒸性杀线虫剂类型主要有有机磷类、氨基甲酸酯类和三氟丁烯类化合物，作用方式主要有触杀作用和内吸作用。杀线虫生物测定方法主要有触杀法、土壤淋溶法、叶面喷雾法和熏蒸法。

【实验目的】

学习并掌握杀线虫剂触杀毒力测定的方法。

【实验原理】

将一定浓度（或剂量）的杀线虫剂施于虫体的全部或局部（合适部位），使其虫体充分接触药剂而发挥触杀作用。

【实验材料】

① 供试药剂：10％噻唑磷（fosthiazate）颗粒剂。

② 供试线虫：采用南方根结线虫（*Meloidogyne incongnita* Chitwood）作供试线虫，收集方法同实验42。

③ 供试染料：番红。

【实验设备及用品】

恒温培养箱，显微镜，解剖镜，离心机，天平，试管（10 mL），筛子，移液管或移液器，凹玻片，三角瓶，小镊子，塑料薄膜，纱布。

【实验步骤】

（1）线虫的准备

方法一。准备一支 10 mL 的试管，取线虫分离液 10 mL 并摇匀，然后用微量移液器吸取 0.25 mL 移置在凹玻片上，在 40 倍解剖镜下计数液滴中的线虫数，将凹玻片上的液滴移回试管中，重复 4 次，根据平均值计算 1 mL 分离液中线虫的数量，每个处理线虫数量不少于 100 头。

方法二。用线虫分离器直接分离线虫，置于培养皿中待用。

（2）药剂配制

称取噻唑磷颗粒加蒸馏水配成浓度为 500、1000、1500、2000、2500 mg/L 的药液。

（3）药剂处理

取 1 mL 线虫悬浮液装入有药液的烧杯中（烧杯中的药液量约为 20 mL，线虫数不少于 100 头）在恒温箱中（25℃）处理 24 h 和 48 h 后染色，在显微镜下检查线虫死活情况，每个处理 4 次重复,并设立不含药剂的处理作为对照。线虫的染色及死活的观察同实验42。

【结果与分析】

调查24 h与48 h供试线虫的死亡情况,将总处理虫数和死亡数记入表4-43-1中,采用DPS软件或Polo Plus软件计算出毒力回归式,对该毒力回归线进行x^2检验,并求致死中浓度LC_{50}及其95%置信限,评价供试药剂对靶标线虫的触杀活性。

表 4-43-1　10%噻唑磷颗粒剂对南方根结线虫触杀毒性实验记录

浓度/(mg/L)	处理数	死亡数	
		24 h	48 h
500			
1000			
1500			
2000			
2500			
CK			
毒力回归式			
LC_{50}/(mg/L)			
95%置信限			
相关系数 r			

【注意事项】

(1) 药剂不慎溅入眼睛或身上,要立即用肥皂水冲洗。

(2) 若发生中毒,可先服用阿托品,然后立即送往医院。

(3) 工作现场禁止吸烟、进食和饮水,工作完毕,淋浴更衣。

思　考　题

触杀剂的使用范围及其应用?

实验 44　杀线虫剂生物测定——内吸毒力测定

植物线虫病害在世界范围内广为危害并严重威胁农业生产。我国发生的植物线虫病害主要有根结线虫病、大豆胞囊线虫病、水稻干尖线虫病和松树萎蔫线虫病。目前防治线虫病害的农药品种少、毒性高、用量大且主要依赖进口。杀线虫剂的生物活性测定对杀线虫剂的研制、生产和施用具有重要指导意义。植物线虫体形微小、种类繁多、生活习性不一,主要寄生于植物组织和细胞内,体躯可携带真菌、细菌和病毒,所以杀线虫剂生物活性测定虽可借鉴其他生测方法,但又较之繁难得多。

【实验目的】

学习并掌握内吸性的杀线虫剂的毒力测定方法——土壤淋浴法。

【实验原理】

杀线虫剂的内吸作用,是指不论将药剂施到作物的哪一部位上,如根、茎、叶、种子上,都能被作物吸收到体内,并随着植株体液的传导而输导到全株各个部位且不受雨水冲刷的影响。传导到植株各部位的药量,足使危害这部位的线虫中毒。这类药剂并非直接杀死线虫,而是麻醉作用,影响线虫取食、发育、繁殖行为,延迟线虫对作物的侵入时间及危害峰期。根据受试植物中线虫的死活情况来确定供试杀线虫剂的内吸活性。

【实验材料】

① 供试药剂：10％噻唑磷(fosthiazate)颗粒剂。

② 供试线虫：采用南方根结线虫(*Meloidogyne incongnita* Chitwood)作供试线虫,收集方法同实验 42。

③ 供试染料：番红。

【实验设备及用品】

恒温培养箱,显微镜,解剖镜,离心机,天平,试管(10 mL),筛子,移液管或移液器,凹玻片,三角瓶,小镊子,塑料薄膜,纱布。

【实验步骤】

(1) 线虫的准备

方法一。准备一支 10 mL 的试管,取线虫分离液 10 mL 并摇匀,然后用微量移液器吸取 0.25 mL 移置在凹玻片上,在 40 倍解剖镜下计数液滴中的线虫数,将凹玻片上的液滴移回试管中,重复 4 次,根据平均值计算 1 mL 分离液中线虫的数量,每个处理线虫数量不少于 100 头。

方法二。用线虫分离器直接分离线虫,置于培养皿中待用。

(2) 药剂配制

将噻唑磷颗粒加蒸馏水配成浓度为 500、1000、1500、2000、2500 mg/L 的药液。

(3) 药剂处理

待水培的番茄幼苗长 3～5 cm 高,将其放入配好的不同浓度的药液中,48 h 后将番茄幼苗转移到正常的水培液中,每株接种 2 mL 的含二龄幼虫的虫液,放入培养箱中继续培养。待空白对照根部感病症状明显(约 4 周左右)后进行调查,将感病植株根上的卵囊进行消毒后培养(用 0.5％的 NaClO 消毒 1 min 后用无菌水冲洗 3 次,将卵悬浮液置于培养皿中 25℃下培养使卵孵化,收集二龄幼虫),检查线虫的死活情况。每个处理种三盆,重复 4 次。线虫的染色及死活的观察同实验 42。

【结果与分析】

调查供试线虫的死亡情况,将总处理虫数和死亡数记入表 4-44-1 中,采用 DPS 软件或 Polo Plus 软件计算出毒力回归式,对该毒力回归线进行 x^2 检验,并求致死中浓度 LC_{50} 及其 95％置信限,评价供试药剂对靶标线虫的内吸活性。

表 4-44-1　　10％噻唑磷颗粒剂对南方根结线虫内吸毒性实验记录

浓度/(mg/L)	处理数	死亡数
500		
1000		
1500		
2000		
2500		
CK		
毒力回归式		
LC_{50}/(mg/L)		
95％置信限		
相关系数 r		

【注意事项】

（1）药剂不慎溅入眼睛或身上，要立即用肥皂水冲洗。

（2）若发生中毒，可先服用阿托品，然后立即送往医院。

（3）工作现场禁止吸烟、进食和饮水，工作完毕，淋浴更衣。

思　考　题

描述感病植物的症状。

第五章　除草剂、植物生长调节剂生物测定

5.1　除草剂生物测定概述

除草剂生物测定在除草剂的研制、应用研究中占有重要地位。除草剂的筛选、除草活性、杀草谱确定、除草剂对作物的安全性及除草剂残留药害等诊断,都离不开生物测定,尤其是在新化合物的高通量筛选中,除草剂生物测定更是不可缺少的研究手段。

除草剂生物测定是通过测定除草剂对生物影响程度,来确定除草剂对杂草的生物活性、毒力等。除草剂生物测定和其他农药的生物测定一样必须在可控的条件下进行。

除草剂生物测定可以广泛应用于许多方面,凡是和除草剂生物活性相关的研究都可采用生物测定的方法。归纳生物测定应用的范围,可包括如下几个方面。

① 除草活性的确定。新合成的化学除草剂要判定其是否对杂草有活性,就必须采用生物测定的方法。

② 杀草谱的确定。新的除草剂对哪些种类的杂草有明显的作用,必须通过生物测定来确定。

③ 最佳用药浓度和用药时期的确定。除草剂对特定杂草的生长抑制是在适当的剂量下和特定的生长时期,如果用药量和用药时期不当,就起不到预期的效果,还会造成经济损失,因此对特定的杂草,最佳的用药浓度和时期非常重要。

④ 对作物安全性的研究。包括两方面含义,一是对当茬作物的安全性,也就是除草剂的选择性;二是对后茬作物的安全性,即是否存在残留药害。

⑤ 除草剂复配后联合效果的判别。除草剂复配后联合作用效果的判别一般采用生物测定的方法。

⑥ 环境条件对除草剂活性的影响。这些环境条件包括温度、光照、土壤湿度等。

⑦ 除草剂在水体、土壤中的残留活性和在土壤中的淋溶性。

⑧ 抗药性和耐药性杂草的鉴定。

除以上提到的应用范围外,只要和除草剂活性相关的研究都可以采用生物测定的方法。

在测试过程中对供试生物、除草剂以及测试条件的要求如下所述。

(一) 试材的选择和培养

除草剂生物活性靶标试材的选择原则为:在分类学上、经济上或地域上有一定代表性的栽培植物或杂草等;遗传稳定,对药剂敏感,且对药剂的反应与剂量有良好相关性,便于定性、定量测定;易于人工培养、繁育和保存,能为实验及时提供相对标准一致的试材。

除草剂生物活性测定实验的靶标植物可以选择栽培植物、杂草或其他组织器官细胞以及藻类等。作物种子由于萌发率高、易得、种质纯正等优点,被广泛应用于除草剂的生物活性测定,如玉米根长法、高粱法、小麦去胚乳幼苗法等都是以作物种子为靶标试材。重要常见杂草作为防除对象,能更直接地反映除草剂的生物活性和除草效果,也被普遍采用,常用除草剂生物活性测定

的靶标植物有小麦、玉米、高粱、水稻、棉花、油菜、大豆、燕麦等作物,稗草、狗尾草、马唐、野燕麦、看麦娘、蔺草、早熟禾等禾本科杂草,苘麻、牵牛、反枝苋、藜、鸭跖草、苍耳、龙葵、繁缕、猪殃殃、婆婆纳、大巢菜、稻槎菜、荠菜、拟南芥、鳢肠、蓼、鸭舌草、浮萍等阔叶杂草以及香附子、异型莎草、水莎草等莎草科杂草。

作物种子可以从专业种子公司购买,杂草种子大多需要实验人员在田间采集、净化、干燥、破除休眠后放置在0℃左右的冰箱内保存备用。大部分杂草种子都具有休眠习性,发芽率低且不整齐,一般杂草种子采集净化后于室温下存储一年即可破除休眠,但随着放置时间的延长又会进入二次休眠,所以需要定期检测种子发芽率,在种子发芽率达到85%以上时最好立即包装,储存在0℃以下的冰箱内,以保持其发芽势。许多禾本科杂草种子秋季采收后,用透气性良好的网袋包装,埋在室外土壤中越冬,可以快速破除休眠。

(二) 实验环境条件

在实验中,土壤、光照、温度、湿度等环境条件不仅影响靶标生物的生长状态,也影响药剂的吸收、传导及药效的发挥。

在实验时,土壤性质如有机质、pH 要明确,选择中性轻质土壤,光照、温度、湿度等环境条件应在具有一定控制系统的硬件配套设施中进行。

要保证所有处理在相对一致的环境下测试,结果具有重现性和可行性。

(三) 实验方法

近年来,全世界除草剂的产量和品种的增长速度超过了杀虫剂与杀菌剂的总和。除草剂的迅猛发展,使除草剂的生物测定也日臻完善,许多不同种类的除草剂都有自己专门的测定方法。

常规生物测定一般是利用生物活体作靶标,通过观察除草剂对靶标生物的生长发育、形态特征、生理生化等方面的反应来判断除草剂的生物活性。除草剂生物测定可在整株水平、组织或器官水平、细胞或细胞器水平、酶水平上进行测定。如以高等植物为试材时,常是以植物地上部的鲜重、干重、芽鞘及茎、叶和幼根的长度,种子的萌发率以及植物的形态变化等作为评判指标;若用低等植物作试材,一般以个体生长速率作为评判除草活性的指标。除草剂对植物的影响常是多方面的,各种器官均可以作为某一除草剂的活性评定指标。

1. 种子萌发鉴定

种子萌发是将指示生物的种子置于药砂中(也称带药载体)让其萌发。不单看其萌发率,而是在萌发以后的48~96 h范围内,以根、茎的生长长度为指标,在一定的范围内,根和茎生长的抑制率和剂量成正相关,故可作为定量测定,且灵敏度高。一般激素型除草剂、氨基甲酸酯类和二硝基苯类的除草剂采用这个方法,如皿内法测定2,4-D丁酯对小麦种苗的活性。

① 黄瓜幼苗形态法。以黄瓜为实验靶标,利用黄瓜幼苗形态对激素型除草剂浓度之间的特异性反应,测定除草剂浓度和活性的经典方法,主要适用于2,4-D、2-甲4-氯等苯氧羧酸类、杂环类等激素型除草剂的活性研究。

② 小杯法。选择小烧杯或其他杯状容器,配制定量含药溶液,培养实验靶标植物,测定药剂对植物生长的抑制效果,评价其除草活性,可测定二苯醚类、酰胺类、氨基甲酸酯类、氯代脂肪酸类等大部分除草剂的活性,但对抑制植物光合作用的除草剂则几乎不能采用。该法具有操作简便、测定周期短、范围较广的优点。

③ 高粱法。以敏感指示植物高粱为试材,通过测试除草剂对高粱胚根伸长的抑制作用大小评价其活性的高低。本法具体操作为:用直径 9 cm 的培养皿,装满干燥黄砂并刮平,每皿加入 30 mL 药液,刚好使全皿黄砂浸透,然后用有十个齿的齿板在皿的适当位置压孔(或用细玻棒均匀压 10 个孔)以便每皿能排 10 粒根长 1～2 mm(根尖尚未长出根鞘)的萌发高粱种子(一般于实验前的一天在 25℃ 温箱内催芽)。为了缩短测试时间,在排种培养的前一天,将上述准备好的培养皿置于 34℃ 恒温箱中过夜,以提高砂温(室温低时尤为重要),排种工作在恒温室内进行,然后放在 34℃ 恒温箱内培养,隔 8 h 左右,就可划道标记每一株根尖位置起点,经 14～16 h,对照根长 30 mm 左右,即可测量,求出抑制生长 50% 的除草剂浓度。

④ 稗草中胚轴法。此为快速测定生长抑制型除草剂生物活性的方法,测定原理是利用稗草中胚轴(从种子到芽鞘节处的长度)在黑暗中伸长的特点,以药剂抑制中胚轴的长度来测定药剂的活性。类似的方法如燕麦芽鞘法。本方法适用于酰胺类除草剂的活性研究,如甲草胺、乙草胺等。具体方法是将稗草种子在 28℃ 培养箱中浸种催芽露白,取 50 mL 的烧杯,每杯加 6 mL 各浓度待测液,选取刚露白的稗草种子放入烧杯内,每杯 10 粒,并在种子周围撒石英砂使种子固定,编号标记后,将烧杯放入温度 28℃、RH 80%～90% 的植物生长箱中暗培养,处理 4 d 左右,取出稗草幼苗,用滤纸吸干表面水分后,测量各处理每株稗草的中胚轴长度,计算各处理对稗草中胚轴的生长抑制率,评价除草剂的生物活性。

⑤ 琼脂测定法。此法的特点是将药剂定量的倒入融化的琼脂液中,混匀后倒入培养皿中冷却凝固,之后接入供试植物的种子,观察发芽后的情况。该法最大的特点是以琼脂代替了土壤,既能与药剂混匀又起到了固定植物的目的。

2. 植物生长量的测定

将供试生物在被药剂处理的土壤中或混药的溶液中培养到一定时间以后,测量植株的生长量。对单子叶的禾本科作物,可测定叶片长度,阔叶植物(双子叶)可以用叶面积表示。比较常用的方法是测定地上部分的质量,以质量作为评判指标,这种方法一般常用于抑制光合作用的除草剂,如均三氮苯类、有机杂环类、取代脲类等。

① 去胚乳小麦幼苗法。该法适用于测定光合作用抑制剂,如均三氮苯类及取代脲类等除草剂。选择饱满度一致的小麦种子,浸种催芽后,培养 3～4 d 至小麦幼叶刚露出叶鞘见绿时,用镊子及剪刀小心将小麦胚乳摘除,不要伤及根和芽,以断其营养来源,促使幼苗通过光合作用合成营养,供其进一步生长发育,在蒸馏水中漂洗后,胚根朝下垂直插入加好药液的烧杯中,每杯 10 株,然后将烧杯放入人工气候箱中培养,培养条件为 20℃、光照 5000lx、光周期 16 h/8 h(d/n)、RH 70%～80%,每天早晚 2 次定时补充烧杯中蒸发掉的水分,培养 6～7 d,取出烧杯中的小麦幼苗,放在滤纸上吸去表面的水分,测量幼苗长度(从芽鞘到最长叶尖端的距离),计算抑制率及 EC_{50} 或 EC_{90},评价化合物的除草活性。

② 萝卜子叶法。以萝卜为实验靶标,利用子叶的扩张生长特性测定生长抑制或刺激生长作用的除草剂或植物生长调节剂的活性。取不锈钢盘或瓷盘,铺两张滤纸,用蒸馏水湿透,挑选饱满一致露白种子放在滤纸上,然后薄膜封口,在 28℃ 人工气候箱中培养至两片子叶展开,剪取子叶放入蒸馏水中备用,取 9 cm 培养皿,底铺两张滤纸,放入 20 片大小一致的萝卜子叶,加各测试浓度的药液 10 mL 于培养皿中,使每片子叶均匀着药,加盖后置于人工气候箱中,在 28℃、3000lx、光周期 16 h/8 h(d/n)、RH 70%～80% 的条件下培养 4 d,取出测定萝卜子叶鲜重,并计

算抑制率及 EC_{50} 或 EC_{90}，评价除草剂或植物生长调节剂的生物活性。

③ 番茄水培法。其原理是利用番茄幼苗的再生能力，测定生长抑制型除草剂的生物活性。首先用盆栽法培养番茄苗，待两片真叶时，作水培试材用，挑选生长健壮，大小、高度一致的番茄苗，将主根及子叶剪掉，留带有叶片的幼苗地上部用于实验，每 4 株一组插入装有 15 mL 系列浓度的待测药液的 30 mL 试管中，标记此时药液水平位置，然后置人工气候箱中培养，在 28℃、5000lx、光周期 16 h/8 h(d/n)、RH 70%～80% 的条件下培养，培养期间定期向试管内补充水分，使药液到达标记位置，处理 96 h 后，反应症状明显时，取出各处理番茄幼苗，观察番茄幼苗下胚轴不定根的再生情况，或称量幼苗鲜重，计算各处理对番茄幼苗的生长抑制率，评价除草剂的生物活性。本法适用于取代脲类、三氮苯类、酰胺类、磺酰脲类等除草剂活性测定。

④ 小麦胚芽鞘伸长法。生长素和脱落酸的生物测定方法。生长素能促进禾本科植物胚芽鞘的伸长。切去顶端的胚芽鞘段，断绝了内源生长素的来源，其伸长在一定范围内与外加生长素浓度的对数呈线性关系。因此，可以用一系列已知浓度的生长素溶液培养芽鞘切段，绘制成生长素浓度与芽鞘伸长的关系曲线，以鉴定未知样品的生长素含量。精选胚芽鞘长度一致的小麦幼苗 50 株，用镊子从基部取下芽鞘，再用切割器在贴有方格纸的玻璃板上切去芽鞘顶端 3 mm，再向下切取 6 mm 的切段 50 段，放入蔗糖磷酸缓冲液中浸泡 1～2 h，以洗去内源生长素，从缓冲液中取出胚芽鞘切段，吸去表面水分，将切段套在玻璃丝上，注意仔细操作，勿损伤芽鞘，同一玻璃丝上可以穿 2～3 段芽鞘，但要留下生长的空隙，每一皿中放入 10 段芽鞘，加盖，在 25℃ 暗箱或暗室中培养，以上操作应在绿光下进行，培养 24 h 后，取出芽鞘，在毫米方格纸上测量其长度，若能借助于双目解剖镜则可提高测量精度，求出每种处理的芽鞘平均长度，以处理芽鞘长度(L)与对照长度(L_0)之比(L/L_0)为纵坐标，以生长素(IAA)浓度的对数为横坐标画出标准曲线。对于未知浓度的生长素提取液或其他类似物溶液，均可按上述步骤求 L/L_0，查出标准曲线即可求得其浓度或效价。

3. 生理指标的测定

将指示生物用药剂处理一段时间后，测定叶片或整株植物的光合性。可用 CO_2 的交换量作为指标，如褪绿作用，可以通过比色法测定叶绿素的含量作为评判指标。

① 小球藻法。小球藻属于绿藻类，其细胞中只有一个叶绿体，它与高等植物叶绿体相同，也能进行光合作用。经培养的小球藻个体间非常均一，因而是测定除草剂活性的适宜材料。以小球藻如蛋白核小球藻(*Chlorella pyrenoidosa*)为实验靶标，可以快速测定除草剂的生物活性，尤其适合于测定叶绿素合成抑制剂、光合作用抑制剂的生物活性，多用于除草剂定向筛选、作用机理筛选、活性或残留量测定等研究。选用合适培养基，在无菌条件下振荡培养(在 25℃、5000lx、持续光照和 100 r/min 旋转振荡)至藻细胞达到对数生长期后，定量接种到 15 mL 含有测试化合物的培养基的 50 mL 三角瓶中，使藻细胞初始浓度为 8×10^5 个/mL，振荡培养 4 d 后，比色测定各处理藻细胞的相对生长量，评价除草活性大小。

② 浮萍法。以浮萍为实验靶标，可以快速评价化合物是否具有除草剂活性以及除草活性的大小。选取整齐一致的浮萍植株，在含有除草剂的营养液中培养，观察萍体的反应与生长发育情况。该法材料易得，操作简单，适合于评价酰胺类、磺酰脲类、均三氮苯类、二苯醚类、二硝基苯胺类除草剂的生物活性。

实验方法是将浮萍植株在 2% 次氯酸钠水溶液中清洗 2～5 min，再在无菌水中清洗 3 次，放在培养液中培养备用,实验时在培养皿中加入 20 mL 用培养液配制的各浓度待测液,空白对照加 20 mL 培养液,然后向每个培养皿中移入已消毒的浮萍 2～5 株,加皿盖后置于人工气候箱或植物生长箱中培养,培养条件为 28℃、3000lx、光照周期 16 h/8 h(d/n)、RH 70%～80%。培养 5～10 d 左右,测定萍体失绿情况、生长量或叶绿素含量等指标,以评价除草剂生物活性。

萍体失绿评价参考分级标准如下。

0 级	与对照相同
1 级	失去光泽的萍体占 50% 以下
2 级	失去光泽的萍体 50%～100% 之间
3 级	100% 失去光泽,但仍带有暗绿色
4 级	全部失去光泽,部分失绿
5 级	全部失绿或死亡

③ 黄瓜叶碟漂浮法。测定原理是植物在进行光合作用时,叶片组织内产生较高浓度的氧气,使叶片容易漂浮,而若光合作用受抑制,不能产生氧气,则叶片难以漂浮。该法是测定光合作用抑制剂快速、灵敏、精确的方法。摘取水培生长 6 周的黄瓜幼叶或生长 3 周的蚕豆幼叶(其他植物敏感度低,不易采用),用打孔器打取 9 mm 直径的圆叶片(切取的圆叶片应立即转入溶液中,不能在空气中时间太长),在 250 mL 的三角瓶中加入 50 mL 用 0.01 mol/L 磷酸钾缓冲溶液(pH 7.5)配制的不同浓度的除草剂或其他待测样品,并加入适量的碳酸氢钠(提供光合作用需要的 CO_2),然后每只三角瓶中加入 20 片圆叶片,再抽真空,使全部叶片沉底。将三角瓶内的溶液连同叶片一起转入 1 只 100 mL 的烧杯中,在黑暗下保持 5 min,然后在 250 W 荧光灯下曝光,并开始计时,记录全部叶片漂浮所需要的时间,再计算阻碍指数 R_1,阻碍指数越大,抑制光合作用越强,药剂生物活性越高。

④ 酶水平测定法。生物靶标酶在许多除草剂的作用靶标已被测定出来,因此,直接以杂草的靶标部位为测试对象来测试药剂活力的生物测定方法也被开发出来,例如,在酶水平上进行的生物测定法,如对草甘膦类有机磷除草剂的活性测定,可以通过测定植物体内莽草酸的累积量来作为衡量指标,因为草甘膦的作用机制是作用于植物体内芳香族氨基酸——莽草酸合成途径中关键酶 5-烯醇丙酮酰-莽草酸-3-磷酸合成酶(EPSPS 合成酶)造成莽草酸积累的,因此.通过测定植物体内莽草酸的累积量即可得知草甘膦活性的大小。同样,根据磺酰脲类除草剂可抑制乙酰乳酸合成酶 ALS 活性的原理,可以用乙酰乳酸合成酶活性的变化测定植物对磺酰脲类除草剂的活性,此方法可以用作高通量筛选技术。

在测试方法上还有测定呼吸作用抑制剂的方法,其原理是在离体线粒体的条件下,用瓦氏呼吸装置测定氧的吸收和磷氧比,从而确定呼吸作用抑制剂活性。

4. 温室条件下除草剂生物活性测定

温室条件下除草剂的生物活性测定是最普遍、最具代表性、最直接、最便利的确定化合物除草活性的有无、大小以及除草剂在田间的应用前景和应用技术等研究的重要手段,也是除草剂生物活性筛选研究最普遍和最成功的研究方法,被大部分从事除草剂创制研究的公司和除草剂应用技术研究部门所广泛采用。

温室生物测定的方法通常采用盆栽实验法,选择易于培养、遗传稳定的代表性敏感植物、作物或杂草进行实验。实验基质多采用无药剂污染的田间土壤(砂壤土或壤土)或用蛭石、腐殖质、泥炭、沙子、陶土等复配制成的标准土壤,一般要求土壤有机质含量≤2%、pH中性、通透性良好、质地均一、吸水保水性能好,为试材植物提供良好的生长条件。根据实验目的和除草剂的作用方式不同,常分为土壤处理和茎叶处理两种方式进行药剂处理。

① 土壤处理。杀死种子、抑制种子萌发或通过植物幼苗的根茎吸收的化合物可以通过土壤处理来发现除草活性。常用的方式是通过喷雾、混土或浇灌方式将化合物或测试除草剂施于土表,如化合物或除草剂挥发性强,则需作混土处理,再播入供试植物种子,这种土壤处理方式称播前混土处理,多数情况下是在作物或杂草播种后,土壤保持湿润状态,将除草剂施于土表,作物或杂草种子在萌发出土过程中接触药土层吸收药剂来测试药剂生物活性,称为播后苗前处理或苗前处理。

② 茎叶处理。茎叶处理是将除草剂药液均匀喷洒于已出土的杂草茎叶上,适用于通过植物茎叶吸收后发挥生物活性的除草剂,通常在杂草出土后一定叶期进行喷雾处理,测定其生物活性,通常采用喷雾方式在杂草三～五叶期施药。

5. 新除草化合物的高通量筛选

高通量筛选(high throughput screening),简称HTS。该技术是在传统筛选技术的基础上,应用生物化学、分子生物学、细胞生物学、计算机、自动化控制等高新技术,使筛选样品微量(样品用量在几微升到几百微升或者微克至毫克级之间),样品加样、活性检测乃至数据处理高度自动化。可以缩短新农药创制的研发周期,降低研发成本,提高开发的成功率。

采用高通量筛选方法来发现新农药,主要方法如下。

(1) 高效活体筛选

进行除草剂初筛时,在多孔板的每个微孔中注入琼脂糖培养基(含单一剂量待测化合物),将杂草种子放入微孔中,测试板封好放入生长培养箱,在合适的条件下培养7 d,然后对植物的化学损伤和症状进行评价。

① 代表性植物为测试对象。此类方法一般用藻类、浮萍等水生植物作为供试生物,将一定剂量的化合物及藻类、浮萍或植物细胞分别加入微量滴定板孔中混匀,在控制条件下振荡培养一段时间,之后测定混合液的光密度值,如果光密度值不变甚至减少,表明藻类不生长,定性判断化合物有除草活性,此外,此方法还可以通过生长抑制率求出 EC_{50},以定量判断化合物活性大小。

② 种子处理生长测试法。该方法一般要求选取的供试植物种子的个体比较小,如小米、鼠耳芥、剪股颖的种子,方法是在微量滴定板孔中加入待测药液,然后加入植物种子以及植物生命发育所需的营养液或培养基,用透明盖封好,置适宜的温度、光照条件下培养一定时间,通过观察种子萌芽及植物生长发育情况,如种子萌芽率、生长情况、叶片及植物形态等,以判断供试化合物的活性有无。

(2) 离体细胞悬浮培养法

用小麦、玉米和油菜的自由细胞进行异养悬浮培养,用微电极测培养基的电导率,电导率的减少与细胞生长量的增加成反比,结果以相对于对照组的生长抑制率表示。

(3) 离体酶筛选

大多数除草剂都是与生物体内某种特定的酶或受体结合发生生物化学反应而表现活性的,

因此可以以杂草的某种酶为靶标,直接筛选靶标酶的抑制剂。

（4）免疫筛选测试法

该方法是将选择性抗体与结合了酶的磁性固体微粒相结合,形成一个酶反应系统,用以测试、筛选农药。

（四）实验设计

生物的复杂性、多样性,需掌握以下原则。

设空白对照、不含有效成分的对照（必要时）和标准药剂的对照,以排除偶然性误差,取得可信的实验数据。

应设置一定的数量的重复,减轻个体反应程度的差异,以保证其代表性和结果的可靠性。

（五）实验结果的评价和数据处理

（1）实验结果的评价

实验结果与药剂、靶标、测试条件等多种因素相关,故在记录和评价活性时,要有详细的实验原始记录,并随实验报告一起归档保存。

原始记录应记载药剂的特性、剂型、含量、生产日期、样品提供者、配制过程、施药方法、靶标生育期、培养条件、喷雾速度、压力、雾滴情况等基础数据,以及处理后的试材培养条件及管理方法,结果调查方法与调查结果等。

调查方法有视植物受害症状及程度的综合评价目测法和根长、鲜重、株高、分枝（蘖）数、株数、叶面积等的定量化指标测定。

（2）数据处理

对于实验得到的大量数据,通过计算机如 DPS 数据统计分析软件的处理才能发现其内在关系与规律,如建立相关系数 $R \geqslant 0.9$ 的剂量-反应相关模型,获得 ED_{50} 或 ED_{90},能正确阐述实验结果的科学性。

（六）除草剂的联合作用测定

将两种或两种以上的除草剂混配在一起应用的施药方式叫除草剂混用。通过除草剂的混用可以扩大除草谱、提高除草效果、延长施药适期、降低药害、减少残留活性、延缓除草剂抗药性的发生与发展,是提高除草剂应用水平的一项重要措施。

除草剂混用后的联合作用表现为下列三种情况。

① 相加作用:两种或几种除草剂混用后的药效表现为各药剂单用效果之和。

② 增效作用:两种或几种除草剂混用后的药效大于各药剂单用效果之和。

③ 拮抗作用:两种或几种除草剂混用后的药效低于各药剂单用效果之和。

除草剂混配联合作用测定方法有如下三种。

（1）Gowing 法

该方法适合于评价两种杀草谱互补型除草剂的联合作用类型和配比合理性,以 A 和 B 两种药剂混用为例,按比例混合后混剂的理论抑制作用为:

$$E_0 = X + \frac{Y(100 - X)}{100} \tag{5-0-1}$$

式中,X:除草剂 A 用量为 P 时的杂草抑制作用;Y:除草剂 B 用量为 Q 时的杂草抑制作用;E_0:

除草剂 A 用量为 P 时的理论抑制作用＋除草剂 B 用量为 Q 时的理论抑制作用；E：除草剂 A 与 B 混用后的实际抑制作用。

$E-E_0>10\%$ 为增效作用；$E-E_0<-10\%$ 为拮抗作用；$E-E_0$ 值介于 $-10\%\sim10\%$ 之间的为加成作用。

（2）Colby 法

该方法适合于评价两种以上杀草谱互补除草剂的联合作用类型和配比的合理性，混用除草剂的理论抑制作用为：

$$E_0=\frac{A\times B\times C\times\cdots N}{100\times(N-1)} \tag{5-0-2}$$

式中，A：除草剂 1 对杂草的抑制作用；B：除草剂 2 对杂草的抑制作用；C：除草剂 3 对杂草的抑制作用；E_0：除草剂 1 对杂草的抑制作用＋除草剂 2 对杂草的抑制作用＋除草剂 3 对杂草的抑制作用＋…除草剂 N 对杂草的抑制作用；E：除草剂混用后对杂草的实际抑制作用；$E-E_0>10\%$ 为增效作用；$E-E_0<-10\%$ 为拮抗作用；$E-E_0$ 值介于 $-10\%\sim10\%$ 之间的为加成作用。

注：N 为混配除草剂品种数量

（3）等效线法

该方法适合于评价两种杀草谱相近除草剂的联合作用类型，并能确定最佳配比。

① 分别进行除草剂 A、B 单剂的系列剂量实验，求出两个单剂的 ED_{50}（或 ED_{90}）。

② 以横轴和纵轴分别代表除草剂 A、B 的剂量，在两轴上标出相应药剂 ED_{50}（或 ED_{90}）的位点并连线，即为两种除草剂混用的理论等效线。

③ 求出各不同组合的 ED_{50}（或 ED_{90}），并在坐标图中标出。

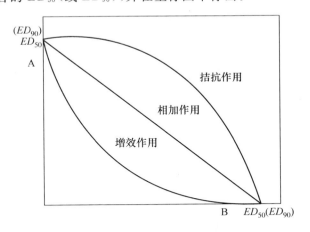

图 5-0-1　具有双边效应的凸形线

若混用组合的 ED_{50}（或 ED_{90}）各位点均在理论等效线之下，则为增效作用；在理论等效线之上，则为拮抗作用；接近于等效线，则为相加作用。

（七）除草剂药害测定

除草剂药害实验，是在温室和农林作物田间测定除草剂对作物引起暂时或长时间伤害能力的方法，在农药开发阶段，药害实验是田间药效实验的重要内容之一，药害评价是综合生物评价的一个重要方面。除草剂在使用条件下对农作物及其产品的有害作用,包括作物整株或部分器官(如幼芽、根、茎、叶、花、果等)的生育形态、生理机能等引起暂时或持续长时间的异常症状,轻者很快恢复,重者难恢复,甚至植株死亡,造成作物不同程度产量影响或品质影响。

1. 药害的主要类型

(1) 按发生药害时间划分

① 急性药害:症状可在施药后数小时或几天内出现。

② 慢性药害:症状出现缓慢,施药后两周或更长时间出现,甚至在收获产品时才表现出来。

(2) 按发生药害的时期划分

① 直接药害:使用除草剂对当季作物造成药害。

② 间接药害:使用除草剂使邻近敏感作物受害;长残效除草剂施用后使下茬敏感作物受害。

2. 除草剂药害表现症状

除草剂药害症状主要表现为:① 发育周期改变;② 缺苗;③ 颜色变化;④ 形态异常;⑤ 接触药剂部位褐变枯斑或药剂传导到生长活动部位褐变、枯斑;⑥ 产量及品质受到影响。

3. 药害实验设计

在新农药的开发阶段田间药效实验中,涉及到药害的评价,实验中对药害出现要准确记录和综合评价,其方法有以下几种。

① 作物栽培品种敏感性实验。设计几个不同环境条件、多种栽培品种,进行药害比较实验。未推荐剂量、倍量,有时3倍量,调查时可用目测法5级准确评价,以确定除草剂对实验作物品种敏感性。

② 选择性实验。目前常用选择性指数表示,即抑制作物生长10%的剂量或浓度与抑制杂草生长90%的剂量或浓度的比值,选择性指数越大,选择性程度越高,对作物越安全,一般要求选择性系数大于3。

③ 种子处理药害实验。温室或田间能对除草剂减少出苗的药害依据,包括种子准备,测其发芽率,设计药剂剂量系列(至少一个常量及一个有药害反应的高剂量),并设对照药剂和不施药对照。

④ 后茬作物影响实验。根据前茬实验不同小区播种或移栽敏感后茬作物,进行药害评价,分别在除草剂施药后第15、30、60、90、120、150 d在同小区定期播种敏感作物,观察药害症状,并定时测鲜重,记载实验情况评价。

4. 药害调查指标

调查药害的指标应根据药害发生的特点加以选择使用。

(1) 总体调查

有些药害指标可用绝对数值表示,如药害发生的频率(植株数、可见症状数)及测量数值(高度、长度、直径、分蘖数、植株或器官的重量)等,也可用受害强度直观的估计值表示,如畸形及失色,叶枯程度的估计值,参照分级标准估计药害情况。

(2) 单一症状调查

① 推迟出苗,用推迟出苗天数表示。

② 缺苗情况,待完全出苗后,调查每小区或每单位面积的植株数。

③ 生长提前或推迟,以50％植株提前或推迟到某一生长期所需天数表示。

④ 抑制或刺激作用,可用某一器官的数目、高度、枝条长度、直径、分蘖数等变化来表示。

⑤ 颜色变化程度、坏死、畸形株数,或某一器官受害数目或用分级范围或受害面积的百分率表示。

药害程度采用5级分级标准。

0级(无药害)	无药害症伏,作物生长正常
1级(轻微)	微见症伏,局部颜色变化,药斑占叶面积或叶鞘10％以下,恢复快,对生育无影响
2级(小)	轻度抑制或失绿,斑点占叶面积及叶鞘1/4以下,能恢复,推测减产率0～5％
3级(中)	对生育影响较大,畸形叶、株矮或叶斑占叶面积1/2以下,恢复慢,推测减产6％～15％
4级(大)	对主育影响大,叶严重畸形,抑制生长或叶枯斑3/4,难以恢复,推测减产16％～30％
5级(极大)	药害极重,死苗,减收率31％以上

5.2　植物生长调节剂生物测定概述

植物生长调节剂的生物测定(bioassay of plant growth regulator)是利用敏感植物某些性状反应作指标,对生理活性物质进行定性或定量生物测定的方法。在一定浓度范围内,供试植物材料的反应随药剂浓度的改变而呈现规律性的变化,即与植物生长调节剂的浓度变化有正或负相关性。植物生长调节剂生物测定方法是筛选天然和人工合成的活性物质的基本方法,还能测定这些物质在植物体内各部位的存在情况,为了解作用机制提供依据。植物生长调节剂生物测定法是在Went(1928)发现生长素时开始建立的,曾对生长素生理作用的机理研究和发现新的细胞分裂素——玉米素等方面发挥过重要作用,60年代初,气相色谱法开始应用于生长调节剂的测定,具有专一性强、灵敏度高、操作简便等特点,其后相继出现的荧光光度法、质谱法、高效液相色谱法、免疫法使得测试手段日益完善,但作为经典的生物测定法仍在广泛应用,这是因为生物测定法专一性较强,尤其是对粗提物中未知生长调节剂的粗筛,常可得到定性定量的相对结果。

植物生长调节剂生物测定的供试材料一般为敏感植物的种子、幼苗或组织器官(如胚芽鞘、黄化茎、根、子叶等),在恒温、恒湿和一定光照条件下,加上一定浓度范围的待测药液进行。主要特点有能够直观地确定被测物质对植物某一器官所表现出的活性和作用特性;在很多情况下,可直接用粗提物进行测定从而可避免与提取、净化和分离过程有关的物理与化学问题;所需的试材、仪器等实验条件比较易于满足,不需昂贵的分析仪器设备;灵敏度高,不少方法测定的浓度可低至10^{-9}级。生物测定方法广泛应用于植物生长调节剂在植物体内吸收运转、作用部位、降解和残留、土壤吸附和淋溶等研究中。其缺点是:生物测定方法实验周期长,比仪器分析法花的时间要多;实验结果常会受供试材料培养和反应时间所影响;通常需有仪器分析配合才能确定植物生长调节剂的化学结构。生长调节剂的生物测定方法也常被用于除草剂的生物测定。

但植物生长调节剂生物测定时要求有较强的专一性、较高的灵敏性和较短的实验周期,尤其是对粗提物中未知激素的初筛,常可得到定性定量的相对结果。测定时,对环境条件和植物材料都有较严格的要求。

实验 45　除草剂生物测定——黄瓜幼苗形态法

除草剂生物测定是通过测定除草剂对生物影响程度，来确定它的生物活性、毒力等。除草剂生物测定在除草剂的研制、应用过程中占有重要地位。除草剂的筛选、除草活性、杀草谱确定、除草剂对作物的安全性及其是否存在残留药害等诊断，都离不开生物测定，也正因为如此，生物测定得到了广泛的应用，特别是在新化合物的高通量筛选中是不可缺少的手段。

黄瓜幼苗形态法是测定激素型除草剂及其他植物生长调节剂活性的经典方法。

【实验目的】

学习并掌握除草剂的生物测定方法之一——黄瓜幼苗形态法。

【实验原理】

测定原理是以不同剂量的药剂所引起黄瓜幼苗形态上的不同变化来测定样品活性。该法具有操作简单，灵敏度高（可测出 0.05 mg/L）的特点。

【实验材料】

① 供试药剂：72% 2,4-D 丁酯（2,4-D butylate）乳油。

② 供试植物：黄瓜种子。

【实验设备及用品】

光照培养箱或可控日光温室（光照、温度、湿度等），电子天平，烧杯，量筒，容量瓶（1 L），培养皿，玻璃棒，滤纸。

【实验步骤】

（1）黄瓜种子消毒

挑选大小、饱满度一致的黄瓜种子，在 1% 的 NaClO 溶液中消毒 20 min，取出用清水冲洗干净。

（2）配制药液

配制 0.5,0.1,10,100,1000 mg/L 的 2,4-D 丁酯系列浓度及未知浓度 2,4-D 丁酯溶液。

（3）药剂处理

① 将培养皿中放一层滤纸，每皿均匀放入 7 粒均匀一致（大小、饱满度一致）的黄瓜种子。

② 分别往培养皿中加入 12 mL 浓度为 0.5,0.1,10.0,100.0,1000.0 mg/L 的 2,4-D 丁酯药液及未知浓度 2,4-D 丁酯药液，加入顺序为从低浓度到高浓度，重复 3 次，并设清水对照。

③ 然后在种子上面铺一层滤纸，盖上皿盖，标明各处理浓度，以免混淆。

④ 置于 26～27℃培养箱中，黑暗条件下，培养 5～6 d，取出测量各处理根长，并记录结果。

【结果与分析】

① 观察各处理的黄瓜幼苗形态，并按比例画成"标准形态图谱"，此图谱用以测定 2,4-D 类除草剂的含量或用以比较待测样品的除草活性。

② 测量各处理黄瓜幼苗的初生根长，将实验结果如表 5-45-1 中。

表 5-45-1　2,4-D 对黄瓜幼苗的抑制作用

处理浓度/(mg/L)	各重复的平均值/mm			三次重复平均值/mm	抑制率/(%)
	I	II	III		
0.5					
1.0					
10					
100					
1000					
CK					
未知浓度药液					

注：从各皿中选较一致的,计算平均值。

$$抑制率 = \frac{对照根长 - 处理根长}{对照根长} \times 100\% \qquad (5\text{-}45\text{-}1)$$

③ 求出 2,4-D 丁酯系列浓度与黄瓜初生根长抑制率二者的直线回归方程。

直线回归方程：$y = a + bx$,其中 y 为抑制率,x 为 2,4-D 丁酯浓度。并且求出相关系数 r 值检定其可靠性程度。

④ 求出未知浓度。计算出未知浓度处理黄瓜相对抑制率,代入标准曲线方程,即可求出未知浓度。

【注意事项】

在黄瓜种子的挑选上,一定选用大小、饱满度一致的种子。

思　考　题

(1) 描述 2,4-D 丁酯各处理的结果,并按比例绘出标准形态图谱。

(2) 求出 2,4-D 丁酯对黄瓜初生根长抑制率的直线回归方程。

(3) 计算出未知药液的浓度。

实验 46　除草剂生物测定——玉米根长法(培养皿法)

玉米根长法是磺酰脲类、咪唑啉酮类、喹啉羧酸类等许多种除草剂的较理想的生物测定方法,该方法简单、快速、准确,此法不仅可以用于除草剂活性的测定,还可以用于除草剂淋溶、吸附、降解及残留的研究。

【实验目的】

学习并掌握除草剂的生物测定方法之一——玉米根长法(培养皿法)。

【实验原理】

玉米根部对除草剂具有较高的敏感性,因此可根据玉米根长对除草剂的反应来评价除草剂的毒力。

【实验材料】

① 供试药剂。50％二氯喹啉酸(quinclorac)可湿性粉剂。

② 供试植物。玉米种子。

【实验设备及用品】

光照培养箱或可控日光温室(光照、温度、湿度等),电子天平,烧杯,量筒,容量瓶,培养皿,玻璃棒,滤纸。

【实验步骤】

(1)玉米种子催芽

挑选大小、饱满度一致的玉米种子,在 1% 的 NaClO 溶液中消毒 20 min,取出用清水冲洗干净,在 20℃ 下浸泡 24 h,25℃ 保湿萌发 16 h 至种子刚刚露白。

(2)配制药液

配制 0.1,0.5,1.0,3.0,5.0,7.0 mg/L 的二氯喹啉酸系列浓度及未知浓度二氯喹啉酸溶液。

(3)药剂处理

① 将培养皿中放一层滤纸,每皿均匀放入 7 粒均匀一致(大小、饱满度一致)的玉米种子。

② 分别往培养皿中加入 15 mL 浓度为 0.1,0.5,1.0,3.0,5.0,7.0 mg/L 的二氯喹啉酸药液及未知浓度二氯喹啉酸药液,加入顺序为从低浓度到高浓度,重复 3 次,并设清水对照。

③ 然后在种子上面铺一层滤纸,盖上皿盖,标明各处理浓度,以免混淆。

④ 置于 26~27℃ 培养箱中,黑暗条件下,培养 72 h,取出测量各处理根长,并将实验结果记录在表 5-46-1 中。

【结果与分析】

表 5-46-1　二氯喹啉酸对玉米根长的抑制作用

处理浓度/(mg/L)	各重复的平均值/mm			三次重复平均值/mm	抑制率/(%)
	Ⅰ	Ⅱ	Ⅲ		
0.1					
0.5					
1.0					
3.0					
5.0					
7.0					
未知浓度药液					

注:从各皿中选较一致的,计算平均值。

$$抑制率 = \frac{对照根长 - 处理根长}{对照根长} \times 100\% \qquad (5-46-1)$$

① 标准曲线方程的建立。根据直线回归方程 $y = ax + b$,y 为相对抑制率,x 为二氯喹啉酸浓度,把各处理实验结果输入 Excel,可求出 a、b 值。

② 求出未知浓度。计算出未知浓度处理的玉米相对抑制率,代入标准曲线方程,即可求出未知浓度。

【注意事项】

(1) 挑选大小、饱满度一致的玉米种子进行实验。

(2) 玉米种子催芽到刚刚露白。

思　考　题

(1) 用平皿法测定除草剂的活性时应注意什么?

(2) 平皿法的适用范围?

实验 47　除草剂生物测定——去胚乳小麦幼苗法

除草剂品种中大多属于光合作用抑制剂,而去胚乳小麦幼苗法是测定光合作用抑制除草剂活性的常用方法。植株生长量的测定是试材在含有药剂的基质中生长一段时间后,测定其某个部位或整株植物的生长量如株高、鲜重或叶长、叶面积等。

本法适用于测定光合作用抑制剂。与其他测定光合作用抑制剂的方法相比,具有操作简便、测定周期短、专一性好等优点。

【实验目的】

学习并掌握除草剂的生物测定方法之一——去胚乳小麦幼苗法。通过去胚乳小麦幼苗法实验,掌握光合抑制剂的生物测定方法原理和方法。

【实验原理】

小麦幼苗去胚乳法主要是测定抑制光合作用除草剂的活性,通过去除小麦胚乳,其幼苗生长只能依赖于光合作用,根据除草剂对小麦幼苗的光合抑制作用与浓度的关系判别光合抑制剂对小麦的生物活性。

【实验材料】

① 供试药剂:38%莠去津(atrazine)水悬剂。

② 供试植物:小麦种子。

【实验设备及用品】

光照培养箱或可控日光温室(光照、温度、湿度等),电子天平,烧杯,量筒,容量瓶,瓷盘,玻璃棒,滤纸。

【实验步骤】

(1) 小麦种子催芽

选择均匀一致的小麦种子,浸种 2 h 后,排列在铺有湿润滤纸或湿石英砂的瓷盘中,在室温 25℃左右催芽,培养 3~4 d,待苗高 2~3 cm,选取高度一致的幼苗,轻轻取出,避免伤根,用镊子摘除胚乳,用水漂洗掉附在上面的胚乳成分,准备种植。

(2) 配制药液

将实验药剂配成 1000、500、250、125、61.25、31.25 mg/L 6 个浓度梯度,并设清水对照。

(3) 配制培养液

① 培养液配方。硫酸铵 3.20 g、硫酸镁 1.20 g、硫酸钙 0.80 g、磷酸二氢铵 2.25 g、氯化钾 1.20 g、微量元素 0.01 g,水 1 L。

② 微量元素配方。硫酸亚铁 10 g、硫酸铜 3 g、硫酸锰 9 g、硼酸 7 g,水 1 L。

（4）药剂处理

用小烧杯每杯注入不同浓度的供试药液 3 mL 和稀释 10 倍的培养液 6 mL，每杯播入上述去胚乳小麦幼苗 10 株。

处理后置于 21～26℃培养箱中，光照条件下培养。每天早晚两次定时补充烧杯中蒸发掉的水分。培养 6～7 d，取出烧杯中的小麦幼苗，放在滤纸上吸去表面水分，测量幼苗长度（从芽鞘到最长叶尖的距离）。

【结果与分析】

测量小麦苗长度（从芽鞘到最长叶尖的距离），根据苗长与浓度对数作图，得到回归方程，计算抑制率及 EC_{50} 或 EC_{90}，评价化合物的除草活性。

表 5-47-1　莠去津对小麦幼苗的抑制活性

浓度/(mg/L)
浓度对数
苗长/cm
回归方程
相关系数
EC_{50}
EC_{90}

【注意事项】

（1）挑选大小、饱满度一致的小麦种子进行实验。

（2）小心去除小麦胚乳。

（3）每天早晚两次定时补充烧杯中蒸发掉的水分。

思　考　题

（1）用去胚乳小麦幼苗法测定除草剂的活性时应注意什么？

（2）去胚乳小麦幼苗法的适用范围？

实验 48　除草剂生物测定——萝卜子叶法

萝卜子叶法是由南开大学元素所谭慧芳等建立的一种除草剂生物活性测定方法。该方法对测定触杀型除草剂比较敏感，如百草枯、杀草快、除草醚、敌稗等。此外，对于影响杂草氮代谢的除草剂也很敏感，如杀草强、杀草胺、2,4-D、2,4,5-T 以及二氯丁酸等。本法适于测定触杀性及影响氮代谢的除草剂。

【实验目的】

学习并掌握除草剂的生物测定方法之一——萝卜子叶法。

【实验原理】

利用子叶的扩张生长特性测定除草剂的活性。取红萝卜种子洗净播种在垫有两层滤纸的培养皿内，暗室培养 24～30 h，从幼苗上切下子叶，放入盛有以 0.2 mol/L 磷酸缓冲液配制的不同浓度除草剂药液的培养皿内，加盖后置于 25℃ 的恒温培养箱中，辅以 3000 lx 的日光灯连续光照 3 d，然后按不同处理提取叶绿素 A、B，与标准叶绿素 A、B 相比较求出抑制叶绿素含量 50% 的除草剂浓度。简化的萝卜子叶法是直接称量各处理的萝卜子叶的鲜重,与空白对照相比较,计算抑制率,以浓度对数与抑制率几率值作图,计算 EC_{50} 或 EC_{90},评价除草剂生物活性。

【实验材料】

① 供试药剂:25%氟磺胺草醚(fomesafen)水剂。

② 供试植物:萝卜种子。

【实验设备及用品】

光照培养箱或可控日光温室(光照、温度、湿度等),电子天平,烧杯,量筒,容量瓶,不锈钢盘或瓷盘,玻璃棒,滤纸,镊子,手术剪刀。

【实验步骤】

(1)萝卜子叶培养

挑选大小、饱满度一致的萝卜种子,种子萌发后取均匀一致的萝卜种子 200 粒,在 1% 的 NaClO 溶液中消毒 20 min,取出用清水冲洗干净,摆放在垫有滤纸并用蒸馏水湿润过的带盖搪瓷盘中,25℃暗中催芽。约 30 h 后,即萌发而展开一大一小两片子叶,从每个幼苗上切下较小的一片子叶,注意子叶上不能残留下胚轴,选择大小一致的子叶备用。

(2)配制药液

将实验药剂配成 6 个浓度梯度。

(3)药剂处理

① 将培养皿中放一层滤纸,分别往培养皿中加入不同浓度的供试药液 10 mL,加入顺序为从低浓度到高浓度,重复 3 次,并设清水对照。

② 每皿均匀放入 10 片大小一致的萝卜子叶,使每片子叶均匀着药。

③ 然后在子叶上面铺一层滤纸,盖上皿盖,标明各处理浓度,以免混淆。

④ 在 28℃,光照条件下,培养 4 d,取出,测定萝卜子叶鲜重。

【结果与分析】

测定萝卜子叶鲜重,并计算抑制率及 EC_{50} 或 EC_{90},评价除草剂生物活性。

【注意事项】

挑选大小、饱满度一致的萝卜种子进行实验。

思　考　题

用萝卜子叶法测定除草剂的活性时应注意什么?

实验 49　除草剂生物测定——浮萍法

该法材料易得,操作简单,适合于评价酰胺类、磺酰脲类、三氮苯类、二苯醚类、二硝基苯胺类除草剂的生物活性。

【实验目的】

学习并掌握除草剂的生物测定方法之一——浮萍法。

【实验原理】

以浮萍为实验靶标,可以快速评价化合物是否具有除草剂活性以及除草活性的大小。选取整齐一致的浮萍植株,在含有除草剂的营养液中培养,观察萍体的反应与生长发育情况。

【实验材料】

① 供试药剂：38％莠去津(atrazine)水悬剂。

② 供试植物：浮萍植株。

【实验设备及用品】

光照培养箱或可控日光温室(光照、温度、湿度等)，电子天平，烧杯，量筒，容量瓶，玻璃棒。

【实验步骤】

(1) 浮萍植株的准备

将浮萍植株在 2％NaClO 水溶液中清洗 2～5 min，再在无菌水中清洗 3 次，备用。

(2) 配制药液

将实验药剂配成 6 个浓度梯度。

(3) 药剂处理

在烧杯中加入系列浓度的药液 1000 mL，重复 3 次，并设清水对照。每个烧杯中加入标准一致的不带芽体的单体浮萍 10 株。

在 28℃，光照条件下，培养 5～10 d，取出，测定萍体失绿情况、生长量或叶绿素含量等指标。

【结果与分析】

测定萍体失绿情况、生长量或叶绿素含量等指标，以评价除草剂生物活性。

萍体失绿评价参考分级标准如下。

0 级	与对照相同
1 级	失去光泽的萍体占 50％以下
2 级	失去光泽的萍体 50％～100％之间
3 级	100％失去光泽，但仍带有暗绿色
4 级	全部失去光泽，部分失绿
5 级	全部失绿或死亡

【注意事项】

挑选大小一致的浮萍植株进行实验。

思 考 题

用浮萍法测定除草剂的活性时应注意什么？

实验 50 除草剂生物活性测定——小球藻法

此法对抑制光合作用和呼吸作用的除草剂较灵敏，适用于联吡啶类及取代脲类等除草剂的生物测定。小球藻生测法测定光合作用抑制剂具有实验周期短(1～2 d，而用高等植物要 2～4周)、准确度较高的特点，因此受到重视。

【实验目的】

学习并掌握除草剂的生物测定方法之一——小球藻法。

【实验原理】

小球藻属于绿藻类，其细胞中只有一个叶绿体，它与高等植物叶绿体相同，也能进行光合作用。经培养的小球藻个体间非常均一，因而是测定除草剂活性的适宜材料。

【实验材料】

　　① 供试药剂：200 g/L 百草枯（paraquat）水剂。

　　② 供试植物：小球藻。

【实验设备及用品】

　　光照培养箱或可控日光温室（光照、温度、湿度等），分光光度计，电子天平，烧杯，量筒，容量瓶，玻璃棒。

【实验步骤】

　　（1）培养液配制与种藻培养

　　配制水生 4 号培养液，调节 pH 至 7.5 左右。配好的培养液于高压灭菌锅内 121℃ 灭菌 20 min，待用。

　　将小球藻接种到上述培养液中，在无菌条件下，振荡培养（在 25℃、持续光照和 100 r/min 旋转振荡）至藻细胞达到对数生长期，备用。

　　① 水生 4 号培养液配方。（NH_4)$_2$$SO_4$ 0.200g，Ca(H_2PO_4)$_2$ · H_2O 0.030 g，$MgSO_4$ · $7H_2O$ 0.080 g，$NaHCO_3$ 0.100 g，KCl 0.025 g，$FeCl_3$（3%）0.150 mL，土壤浸出液 0.500 mL，水 1000 mL。

　　② 土壤浸出液的制备。取少量菜园土，加 2~3 倍自来水，煮沸 10 余分钟，冷却后用滤纸过滤即可使用。

　　（2）含药培养液的配制

　　在无菌条件下，将实验药剂配成 6 个浓度梯度，以培养液为基质。

　　（3）药剂处理

　　将对数生长期的小球藻定量接种到 15 mL 含有实验药剂的培养液的 50 mL 三角瓶中，使藻细胞初始浓度为 $8×10^5$ 个/mL，以培养液不加药剂作对照，每处理 4 次重复。

　　振荡培养（在 25℃、持续光照和 100 r/min 旋转振荡）4 d 后，比色测定各处理藻细胞的相对生长量。

【结果与分析】

　　比色测定各处理藻细胞的相对生长量，并计算抑制率及 EC_{50} 或 EC_{90}，评价除草剂生物活性。

【注意事项】

　　用对数生长期的小球藻接种。

思　考　题

设计一个用小球藻法测定除草剂生物活性的实验。

实验 51　除草剂生物测定——茎叶喷雾法

　　根据除草剂的不同使用方式，通常可将除草剂分为土壤处理剂和茎叶处理剂。茎叶处理剂的使用采用茎叶喷雾法，药剂与杂草植株直接接触，通过叶片吸收或在叶片上渗透，进入植物体内，从而起到除草作用。

【实验目的】

　　学习并掌握除草剂的生物测定方法之一———茎叶喷雾法。

【实验原理】

茎叶处理是将除草剂药液均匀喷洒于已出土的杂草茎叶上。适用于通过植物茎叶吸收后发挥生物活性的除草剂,通常在杂草出土后一定叶期进行喷雾处理,测定其生物活性。通常采用喷雾方式在杂草三～五叶期施药。

【实验材料】

① 供试药剂：10%甲基磺草酮(mesotrione)悬浮剂,40 g/L 烟嘧磺隆(nicosulfuron)悬浮剂。

② 供试植物：反枝苋(*Amaranthus retroflexus*)种子,马唐(*Digitaria sanguinalis*)种子。

【实验设备及用品】

可控日光温室(光照、温度、湿度等),营养钵,喷雾器,电子天平,烧杯,量筒,容量瓶,玻璃棒,米尺,标签,记号笔。

【实验步骤】

① 播种。在营养钵中播种定量的杂草种子,覆 0.5 cm 厚表土,镇压,淋水后置于温室正常管理。

② 根据药剂活性设置 4～6 个剂量。

③ 反枝苋二～四叶期、马唐三～五叶期进行喷药处理,喷液量为 150 L/hm²,每处理 4 次重复,另设清水对照,处理后置于温室正常管理,观察并记录杂草生长发育情况。

【结果与分析】

于处理后 15 d、30 d 二次调查,第一次为目测防效,其中 0% 表示无效,100% 表示植株完全死亡。第二次测量各处理杂草地上部分鲜重,计算鲜重抑制率,评价除草剂对供试阔叶杂草和禾本科杂草的活性。

$$鲜重抑制率 = \frac{对照鲜重 - 处理鲜重}{对照鲜重} \times 100\% \tag{4-51-1}$$

【注意事项】

(1) 播种杂草和作物要均匀一致,喷雾要均匀。

(2) 喷药时选择株高、长势、生理状态一致的杂草。

思 考 题

设计一个茎叶喷雾法测定除草剂活性的实验。

实验 52　除草剂生物测定——土壤喷雾法

土壤处理剂通常采用土壤喷雾的方法进行施用。喷雾处理后,在土壤表明形成药土层,杂草种子吸收药剂后萌发受到抑制,或者萌发后杂草幼芽或胚芽鞘接触药土层吸收药剂,从而起到除草作用。

【实验目的】

学习并掌握除草剂的生物测定方法之一——土壤喷雾法。

【实验原理】

土壤处理即是在杂草未出苗前,将除草剂喷撒于土壤表层或喷撒后通过混土操作将除草剂拌入土壤中,建立起一层除草剂封闭层,也称土壤封闭处理。

适用于经杂草根和幼芽吸收的除草剂,如酰胺类、三氮苯类和取代脲类等。

【实验材料】

① 供试药剂:38%莠去津(atrazine)水悬剂。

② 供试植物:反枝苋(*Amaranthus retroflexus*)种子,马唐(*Digitaria sanguinalis*)种子。

【实验设备及用品】

可控日光温室(光照、温度、湿度等),营养钵,喷雾器,电子天平,烧杯,量筒,容量瓶,玻璃棒,米尺,标签,记号笔。

【实验步骤】

① 营养钵中播种定量的杂草种子,覆 0.5 cm 厚表土,镇压,淋水后置于温室正常管理。

② 根据药剂活性设置 4~6 个剂量。

③ 播种后出苗前进行喷药处理,喷药液量为 300 L/hm², 每处理 4 次重复,另设清水对照。处理后置于温室正常管理。观察并记录杂草的生长发育情况。

【结果与分析】

于处理后 15 d、30 d 二次调查,第一次为目测防效,其中 0% 表示无效,100% 表示植株完全死亡。第二次测量各处理杂草地上部分鲜重,计算鲜重抑制率,评价除草剂对供试阔叶杂草和禾本科杂草的活性。

$$鲜重抑制率 = \frac{对照鲜重 - 处理鲜重}{对照鲜重} \times 100\%$$

【注意事项】

(1) 播种杂草和作物要均匀一致,喷雾要均匀。

(2) 药剂必须在杂草出苗前施用。

思　考　题

设计一个土壤喷雾法测定除草剂活性的实验。

实验 53　除草剂对作物药害的测定

农田化学除草,因省工、省力、除草效果好而被广泛应用,但是随着除草剂的大量应用,由于环境、使用和除草剂本身等因素造成的药害事故频繁发生,给农业生产带来较大损失,给除草剂的推广工作造成许多负面影响。

【实验目的】

学习并掌握除草剂对作物药害的测定方法;通过除草剂药害的观察,明确常用除草剂的药害症状,以便确定其药害。

【实验原理】

除草剂的药害是指除草剂使用中对作物造成的伤害。按发生药害的时期分为当季药害、残留药害和飘移药害。

【实验材料】

① 供试药剂:25%氟磺胺草醚(fomesafen)水剂,72%2,4-D 丁酯(2,4-D butylate)乳油。

② 供试植物:大豆,玉米,向日葵。

【实验设备及用品】

可控日光温室(光照、温度、湿度等),营养钵,喷雾器,电子天平,烧杯,量筒,容量瓶,玻璃棒,米尺,标签,记号笔。

【实验步骤】

(1) 氟磺胺草醚对大豆药害的测定

① 采用盆栽实验,营养钵中播种定量的大豆种子,覆 0.5 cm 厚表土,镇压,淋水后置于温室正常管理。

② 设置 4 个氟磺胺草醚剂量,大豆第一片三出复叶完全展开时进行喷药处理,喷液量为 150 L/hm²,每处理 4 次重复,另设清水对照。

③ 处理后置于温室正常管理,观察并记录大豆的药害和生长发育情况。

(2) 氟磺胺草醚对玉米药害的测定

① 采用盆栽实验,取 5～10 cm 土层土壤,过 20 目筛配制成含 0.50、1.25、2.50、5.00、7.50 和 10.00 μg/kg 硝磺草酮的土壤,调节含水量至 18%,装入营养钵中。另设清水对照,4 次重复。

② 在上述处理中播种发芽一致的玉米。

③ 播种后置于温室正常管理,观察并记录玉米的药害和生长发育情况。

(3) 2,4-D 丁酯对向日葵药害的测定

① 营养钵中播种定量的向日葵种子,覆 0.5 cm 厚表土,镇压,淋水后置于温室正常管理。

② 设置 4 个 2,4-D 丁酯剂量,模拟飘移量。

③ 向日葵四～五叶期进行喷药处理,喷液量为 150 L/hm²,每处理 4 次重复,另设清水对照,处理后置于温室正常管理,观察并记录向日葵的药害和生长发育情况。

【结果与分析】

① 描述大豆的药害症状,于处理后 15 d、30 d 二次调查。第一次测定大豆的药害并测量株高,第二次测定大豆的药害并测量株高和鲜重。

② 描述玉米的药害症状,于播种后 7 d、15 d 和 30 d 三次调查。第一次测定玉米的药害和出苗率,第二次测定玉米的药害并测量株高,第三次测定玉米的药害并测量株高和鲜重。

③ 描述向日葵的药害症状,于处理后 15 d、30 d 二次调查。第一次测定向日葵的药害并测量株高,第二次测定向日葵的药害并测量株高和鲜重。

采用目测百分比法测定药害,其中 0% 表示无药害,100% 表示植株完全死亡。

调查记录的数据应用 Excel 和 DPS 软件进行分析处理。

【注意事项】

除草剂喷雾要均匀。

思　考　题

(1) 除草剂产生药害的主要原因?

(2) 除草剂药害的类型?

实验 54 除草剂联合作用测定

除草剂的合理混用具有扩大杀草谱、提高除草效果和选择性、降低施药成本等优点,故在生产实践中已被广泛采用。因此药剂混用的实验技术和数据整理就显得非常重要。

【实验目的】

掌握除草剂混配联合作用的评价方法及其应用范围。

【实验原理】

(1) Gowing 法

设 E 为混用后对杂草生长的实际抑制百分数,E_0 为混用后对杂草生长的理论抑制百分数。若 $E-E_0>10\%$,即为增效作用;$E-E_0$ 介于 $\pm10\%$ 之间,为加成作用;$E-E_0<-10\%$,为拮抗作用。这种方法只能用于判定联合作用效果,而不能确定最佳配比和浓度。

(2) 等效线法

设 Y 轴为药剂 A 的剂量,X 轴为药剂 B 的剂量,连接两药剂单用时的 ED_{50}(或 ED_{90})值,这一直线就是两药剂按各种比例混配所引起 50%(或 90%)抑制率的相似联合作用轨迹。如果实测混剂的 ED_{50} 值的点落在直线上,即属相加作用;在直线上方,为拮抗作用;在直线下方,为增效作用。利用等效线法不仅能区分除草剂二元复配的联合作用方式,而且能确定最佳配比以及对作物的选择性,但该方法不能用于多元复配联合作用的判断。

【实验材料】

① 供试药剂:95%苯磺隆(tribenuron-methyl)原药,97%炔草酸(clodinafop-propargyl)原药,96%二氯喹啉酸(quinclorac)原药,95%氰氟草酯(cyhalofop-butyl)原药。

② 供试杂草:茵草(*Beckmannia syzigachne*),大巢菜(*Vicia sativa*),稗草(*Echinochloa crusgalli*),千金子(*Leptochloa chinensis*)。

【实验设备及用品】

光照培养箱,旋转喷雾塔,电子天平(精确到 0.1 mg),烧杯,培养皿,塑料碗,移液管,容量瓶等。

【实验步骤】

1. Gowing 法

(1) 剂量设置及药液配制

苯磺隆剂量(有效成分 a.i.)为 0、3、6、12、24、48 g(a.i.)/ha,炔草酸剂量为 0、3.75、7.5、15、30、60 g(a.i.)/hm²/ha,两两交叉用药。原药用丙酮溶解配成 20000 μg/mL 母液,喷雾时用 0.1%的吐温 80 水溶液稀释。

(2) 实验方法

① 种植茵草及大巢菜。在直径 11 cm、高 5 cm 的盆内装田土 80 g,加水至湿润,每盆播 30 粒茵草及大巢菜种子,播后盖土 5 g,放入光照培养箱中生长,白天 25℃,夜间 15℃,光照周期 12:12(D:L)。

② 待茵草二～三叶,大巢菜二～三轮叶,每盆选均匀一致的植株定苗 25 株。

③ 按实验设定剂量进行茎叶喷雾处理,兑水量 100 mL/m²。喷雾采用农业部南京农业机械化研究所生产的 3WPSH-500D 型生测喷雾塔,圆盘直径 50 cm,主轴转动速度 6 转/min,喷头孔

径 0.3 mm,喷雾压力 0.3 MPa,雾滴直径 100 μm,喷头流量 90 mL/min。

④ 定期观察茵草及大巢菜受害症状。药后 20 d,从根部剪取茵草及大巢菜地上部,并称量每盆茵草及大巢菜地上部鲜重。

⑤ 根据鲜重,计算鲜重抑制率,并填入表 5-54-1 中。

表 5-54-1　苯磺隆与炔草酸复配对杂草的抑制作用

处理剂量/[g(a.i.)/ha]		炔草酸				
		0	3.75	7.5	15	30	60
	0						
	3						
苯磺隆	6						
	12						
	24						
	48						

⑥ 根据公式(5-0-1)计算 E_0 值,计算结果填入表 5-54-2。计算 $E-E_0$ 值,计算结果填入表 5-54-3 中,并判断联合作用类型及最佳配比。

表 5-54-2　苯磺隆与炔草酸复配的 E_0 值

处理剂量/[g(a.i.)/ha]		炔草酸				
		3.75	7.5	15	30	60
	3					
	6					
苯磺隆	12					
	24					
	48					

表 5-43-3　苯磺隆与炔草酸复配的 $E-E_0$ 值

处理剂量/[g(a.i.)/ha]		炔草酸				
		3.75	7.5	15	30	60
	3					
	6					
苯磺隆	12					
	24					
	48					

（3）对作物安全性实验

① 剂量设置。剂量设置如表 5-54-4 所示。

表 5-54-4　苯磺隆与炔草酸复配对小麦鲜重的影响

苯磺隆＋炔草酸 [g(a.i.)/ha]	小麦鲜重/(g/盆)				鲜重抑制率 /(%)
	重复 1	重复 2	重复 3	重复 4	
0＋0					
3＋3.75					
6＋7.5					
12＋15					
24＋30					
48＋60					

② 种植小麦。小麦催芽露白后，播种于直径 11 cm、高 5 cm 的盆中，盆内装田土 80 g，加水至湿润，每盆播 20 粒发芽的小麦种子，播后盖土 5 g，放入光照培养箱中生长，白天 25℃，夜间 15℃，光照周期 12∶12(D∶L)。

③ 待小麦长至二～三叶期，每盆选均匀一致的植株定苗 15 株。

④ 按实验设定剂量进行茎叶喷雾处理，方法同 1(2)③(p.147)。

⑤ 定期观察小麦受害症状。药后 20 d，从根部剪取小麦地上部，并称量每盆小麦地上部鲜重。

⑥ 根据鲜重，计算鲜重抑制率，并比较显著性差异。

2. 等效线法

（1）剂量设置及药液配制

二氯喹啉酸剂量为 0、15、30、60、120、240 g (a.i.)/ha，氰氟草酯剂量为 0、5、10、20、40、80 g (a.i.)/ha。原药用丙酮溶解配成 20000 μg/mL 母液，喷雾时用 0.1% 的吐温 80 水溶液稀释。

（2）实验方法

① 种植稗草及千金子。在直径 11 cm、高 5 cm 的盆内装田土 80 g，加水至湿润，每盆播 30 粒稗草及千金子种子，播后盖土 5 g，放入光照培养箱中生长，白天 30℃，夜间 20℃，光照周期 12∶12(D∶L)。

② 待稗草、千金子二～三叶，每盆选均匀一致的植株定苗 25 株。

③ 按实验设定剂量进行茎叶喷雾处理，兑水量 100 mL/m²。喷雾采用农业部南京农业机械化研究所生产的 3WPSH-500D 型生测喷雾塔，圆盘直径 50 cm，主轴转动速度 6 转/min，喷头孔径 0.3 mm，喷雾压力 0.3 MPa，雾滴直径 100 μm，喷头流量 90 mL/min。

④ 定期观察稗草及千金子受害症状。药后 20 d，从根部剪取稗草及千金子地上部，并称量每盆稗草及千金子地上部鲜重。

⑤ 根据鲜重，计算鲜重抑制率，并填入表 5-54-5 中。

表 5-54-5　氰氟草酯与二氯喹啉酸复配对杂草的抑制作用

处理剂量 /[g (a.i.)/ha]	二氯喹啉酸						ED$_{90}$
	0	15	30	60	120	240	
氰氟草酯　　　0							
5							
10							
20							
40							
80							
ED$_{90}$							

⑥ 计算毒力回归方程、相关系数、ED_{50}、ED_{90}，并绘制等效线。

⑦ 根据等效线，判断二氯喹啉酸与氰氟草酯复配的联合作用类型，并求出最佳增效配比。

(3) 对作物安全性实验

① 剂量设置。剂量设置如表 5-54-6 所示。

表 5-54-6　苯磺隆与炔草酸复配对水稻鲜重的影响

二氯喹啉酸＋氰氟草酯 /[g (a.i.)/ha]	水稻鲜重/(g/盆)				鲜重抑制率/(%)
	重复 1	重复 2	重复 3	重复 4	
0＋0					
15＋5					
30＋10					
60＋20					
120＋40					
240＋80					

② 种植水稻。水稻催芽露白后，播种于直径 11 cm、高 5 cm 的盆中，盆内装田土 80 g，加水至湿润，每盆播 20 粒发芽的水稻种子，播后盖土 5 g，放入光照培养箱中生长，白天 30℃，夜间 20℃，光照周期 12：12(D：L)。

③ 待水稻长至二～三叶期，每盆选均匀一致的植株定苗 15 株。

④ 按实验设定剂量进行茎叶喷雾处理，方法同 2(2)③(p.149)。

⑤ 定期观察水稻受害症状。药后 20 d，从根部剪取水稻地上部，并称量每盆水稻地上部鲜重。

⑥ 根据鲜重，计算鲜重抑制率，并比较显著性差异。

思 考 题

Gowing 法、等效线法和 Colby 法适用于何种复配情况，有何优缺点？

实验 55　生长素的生物测定——小麦胚芽鞘伸长法

生长素(auxin)是第一个被发现的植物激素。生长素中最重要的化学物质为 3-吲哚乙酸(IAA)。生长素有调节茎的生长速率、抑制侧芽、促进生根等作用,在农业上用以促进插枝生根,效果显著。生长素对植物生长的作用,与生长素的浓度、植物的种类以及植物的器官(根、茎、芽等)有关。一般来说,低浓度可促进生长,高浓度会抑制生长甚至致植物死亡;双子叶植物对生长素的敏感度比单子叶植物高;营养器官比生殖器官敏感;根比芽,芽比茎敏感等。

【实验目的】

学习并掌握生长素的生物测定方法之——小麦胚芽鞘伸长法。

【实验原理】

生长素能促进禾本科植物胚芽鞘的伸长。切去顶端的胚芽鞘段,断绝了内源生长素的来源,其伸长在一定范围内与外加生长素浓度的对数呈线性关系。因此,可以用一系列已知浓度的生长素溶液培养芽鞘切段,绘制成生长素浓度与芽鞘伸长的关系曲线,以鉴定未知样品的生长素含量。

【实验材料】

① 供试药剂:吲哚乙酸(2-indoleacetic acid)。

② 供试植物:小麦种子。

③ 供试试剂:漂白粉,蔗糖,磷酸氢二钾,柠檬酸。

【实验设备及用品】

光照培养箱或可控日光温室(光照、温度、湿度等),搪瓷盘(带盖),电子天平,烧杯,量筒,培养皿,容量瓶,玻璃棒,贴有毫米方格纸的玻璃板,吸量管,镊子,绿色灯泡,记号笔,细玻璃丝若干,简易切割刀。

【实验步骤】

(1) 材料培养

精选小麦种子 100 粒,浸入饱和的漂白粉溶液中 20 min,取出后用自来水和蒸馏水洗净,成横排摆放在铺有洁净滤纸的带盖搪瓷盘中。为了使胚芽鞘基部无弯曲,可将种子排齐,种胚向上并朝向一侧,将搪瓷盘斜放成 40°～50°角,使胚倾斜向下,盘中适当加水并加盖,置 25℃暗室中培养,暗室以绿色灯泡照明。

培养 3 d 后,当胚芽鞘长度为 25～35 mm 时,精选芽鞘长度一致的幼苗 50 株,用镊子从基部取下芽鞘,再用切割器在贴有方格纸的玻璃板上切去芽鞘顶端 3 mm,再向下切取 6 mm 的切段 50 段,放入蔗糖磷酸缓冲液中浸泡 1～2 h,以洗去内源生长素。

(2) 2%蔗糖的磷酸-柠檬酸缓冲液(pH 5.0)的配制

称取 K_2HPO_4 1.794 g,柠檬酸 1.019 g,蔗糖 20 g,溶于蒸馏水中定容至 1 L。

(3) 吲哚乙酸(IAA)母液的配制

精确称取 17.5 mg 生长素,用上述缓冲液溶解并定容至 100 mL,为 0.001 mol/L 的生长素溶液。

(4) 标准溶液的配制

取洗净烘干的培养皿(直径 7 cm)5 套,用记号笔编号,向各皿内加 pH 5.0 的蔗糖磷酸缓冲液 9 mL，然后在 1 号皿中加 0.001 mol/L 的 IAA 母液 1 mL，摇匀，即成 10^{-4} mol/L 的吲哚乙酸溶液；再从 1 号皿中吸出 1 mL 注入 2 号皿，摇匀，即成 10^{-5} mol/L IAA 溶液；再从 2 号皿中吸出 1 mL 注入 3 号皿，摇匀，即成 10^{-6} mol/L IAA 溶液；再从 3 号皿中吸出 1 mL 注入 4 号皿，摇匀，即成 10^{-7} mol/L IAA 溶液，并吸出 1 mL 弃去，5 号皿不加 IAA 作对照。

(5) 药剂处理

从缓冲液中取出胚芽鞘切段，吸去表面水分，将切段套在玻璃丝上，注意仔细操作，勿损伤芽鞘。同一玻璃丝上可以穿 2~3 段芽鞘，但要留下生长的空隙。每一皿中放入 10 段芽鞘，加盖，在 25℃暗箱或暗室中培养，以上操作应在绿光下进行。

培养 24 h 后，取出芽鞘，在毫米方格纸上测量其长度。

【结果与分析】

① 标准曲线的绘制。培养 24 h 后，取出芽鞘，在毫米方格纸上测量其长度，若能借助于双目解剖镜则可提高测量精度，求出每种处理的芽鞘平均长度，以处理胚芽鞘中切段长度(L)与对照胚芽鞘中切段长度(L_0)之比(L/L_0)为纵坐标，以 IAA 浓度的对数为横坐标画出标准曲线。

② 未知样品浓度的测定。对于未知浓度的生长素溶液，可按上述步骤求 L/L_0，查出标准曲线即可求得其浓度。

【注意事项】

(1) 为了减少实验误差，要严格选用一定长度的胚芽鞘。

(2) 为了使胚芽鞘有较大伸长生长量，可以采用磷酸盐缓冲液代替蒸馏水配制生长素溶液，并加 2‰~3‰ 的蔗糖用以补充营养。

(3) 将芽鞘切段套在玻璃丝上目的是防止芽鞘弯曲生长，若有摇床设备，可不必用玻璃丝而将芽鞘直接放入培养皿或三角瓶中置摇床上缓慢摇动或使芽鞘经常滚动，可避免弯曲。

(4) 本实验操作应在安全绿光下进行。

思　考　题

生长素的生物测定方法有哪些？

实验 56　脱落酸的生物测定——小麦胚芽鞘伸长法

脱落酸是一种具有倍半萜结构的植物激素。1963 年美国艾迪科特等从棉铃中提纯了一种物质能显著促进棉苗外植体叶柄脱落，称为脱落素Ⅱ，英国韦尔林等也从短日照条件下的槭树叶片提纯一种物质，能控制落叶树木的休眠，称为休眠素，1965 年证实，脱落素Ⅱ和休眠素为同一种物质，统一命名为脱落酸。

【实验目的】

学习并掌握脱落酸的生物测定方法之一——小麦胚芽鞘伸长法。

【实验原理】

脱落酸能诱导离区细胞中纤维素和果胶酶的生物合成，从而促进植物离层形成，导致器官脱落。

脱落酸能抑制植物器官的生长，在一定的浓度条件下，其抑制程度与浓度呈线性关系，利用这一线性关系就可确定脱落酸的浓度。

脱落酸的生物测定方法主要有小麦胚芽鞘伸长法和棉花外植体脱落法。

【实验材料】

① 供试药剂：脱落酸(abscisic acid)。

② 供试植物：小麦种子。

③ 供试试剂：漂白粉,蔗糖,磷酸氢二钾,柠檬酸。

【实验设备及用品】

光照培养箱或可控日光温室(光照、温度、湿度等),搪瓷盘(带盖),电子天平,烧杯,量筒,培养皿,容量瓶,玻璃棒,贴有毫米方格纸的玻璃板,吸量管,镊子,绿色灯泡,记号笔,细玻璃丝若干,简易切割刀。

【实验步骤】

(1) 材料培养

精选小麦种子 100 粒,浸入饱和的漂白粉溶液中 20 min,取出后用自来水和蒸馏水洗净,成横排摆放在铺有洁净滤纸的带盖搪瓷盘中。为了使胚芽鞘基部无弯曲,可将种子排齐,种胚向上并朝向一侧,将搪瓷盘斜放成 40°～50°角,使胚倾斜向下,盘中适当加水并加盖,置 25℃暗室中培养,暗室以绿色灯泡照明。

培养 3 d 后,当胚芽鞘长度为 25～35 mm 时,精选芽鞘长度一致的幼苗 50 株,用镊子从基部取下芽鞘;再用切割器在贴有方格纸的玻璃板上切去芽鞘顶端 3 mm,再向下切取 4 mm 切段做实验,此段对脱落酸最敏感;将切段放入蔗糖磷酸缓冲液中浸泡 1～2 h,以洗去内源脱落酸。

(2) 2%蔗糖的磷酸-柠檬酸缓冲液(pH 5.0)的配制

称取 K_2HPO_4 1.794 g,柠檬酸 1.019 g,蔗糖 20 g,溶于蒸馏水中定容至 1 L。

(3) 脱落酸(ABA)母液的配制

精确称取 26.4 mg ABA,用上述缓冲液溶解并定容至 100 mL,为 0.001 mol/L 的 ABA 溶液。

(4) 标准溶液的配制

取洗净烘干的培养皿(直径 7 cm)5 套,用记号笔编号,向各皿内加 pH 5.0 的蔗糖磷酸缓冲液 9 mL,然后在 1 号皿中加 0.001 mol/L 的 ABA 母液 1 mL,摇匀,即成 10^{-4} mol/L 的 ABA 溶液;再从 1 号皿中吸出 1 mL 注入 2 号皿,摇匀,即成 10^{-5} mol/L ABA 溶液;再从 2 号皿中吸出 1 mL 注入 3 号皿,摇匀,即成 10^{-6} mol/L ABA 溶液;再从 3 号皿中吸出 1 mL 注入 4 号皿,摇匀,即成 10^{-7} mol/L ABA 溶液,并吸出 1 mL 弃去。5 号皿不加 ABA 作对照。

(5) 药剂处理

从缓冲液中取出胚芽鞘切段,吸去表面水分,将切段套在玻璃丝上,注意仔细操作,勿损伤芽鞘。同一玻璃丝上可以穿 2～3 段芽鞘,但要留下生长的空隙。每一皿中放入 10 段芽鞘,加盖,在 25℃暗箱或暗室中培养,以上操作应在绿光下进行。

培养 24 h 后,取出芽鞘,在毫米方格纸上测量其长度。

【结果与分析】

① 标准曲线的绘制。培养 24 h 后,取出胚芽鞘切段,在毫米方格纸上测量其长度,若能借助于双目解剖镜则可提高测量精度,求出每种处理的芽鞘平均长度,以处理胚芽鞘中切段长度(L)与对照胚芽鞘中切段长度(L_0)之比(L/L_0)为纵坐标,以 ABA 浓度的对数为横坐标画出标准曲线。

② 未知样品浓度的测定：对于未知浓度的脱落酸溶液，可按上述步骤求 L/L_0，查出标准曲线即可求得其浓度。

【注意事项】

（1）为了减少实验误差，要严格选用一定长度的胚芽鞘。

（2）将芽鞘切段套在玻璃丝上目的是防止芽鞘弯曲生长，若有摇床设备，可不必用玻璃丝而将芽鞘直接放入培养皿或三角瓶中置摇床上缓慢摇动或使芽鞘经常滚动，可避免弯曲。

（3）本实验操作应在安全绿光下进行。

思　考　题

脱落酸的生物测定方法有哪些？

实验 57　赤霉素的生物测定——大麦胚乳实验法

赤霉素，是广泛存在的一类植物激素。其化学结构属于二萜类酸，由四环骨架衍生而得。其最明显的生理效应之一是促进器官的伸长，包括节间、胚轴及禾谷类的芽鞘、叶片等。此外，赤霉素还具有打破休眠、促进发芽、坐果、开花和单性结实等作用。

【实验目的】

了解赤霉素在植物生长发育中的作用，掌握赤霉素的生物测定方法。

【实验原理】

大麦种子吸水萌动后，胚中产生的赤霉素可将胚乳最外层糊粉层中的 α-淀粉酶激活，而无胚的大麦半粒种子由于不能产生赤霉素，因此无 α-淀粉酶活性，据此，可用于赤霉素类物质的测定。其优点是：α-淀粉酶的释放是与赤霉素原初作用位点关系较为密切的步骤之一；不受溶剂中杂质的影响，且对赤霉素高度专化；不受植物天然提取物质中其他非赤霉素类物质的影响。

【实验材料】

① 赤霉素（gibberellic acid，GA_3）标准品。

② 0.1%淀粉溶液：可溶性淀粉 1 g，加入 50 mL 蒸馏水，沸水浴至完全溶解后，再加入 KH_2PO_4 8.16 g，待其溶解后定容至 1000 mL。

③ 2×10^{-5} mol/L GA_3 溶液：680 mg GA_3 溶于少量 95%乙醇中，定容至 1000 mL。

④ I_2-KI 溶液：0.6 g KI 和 0.06 g I_2 分别用少量 0.05 mol/L HCl 溶解后混合，用 0.05 mol/L HCl 定容至 1000 mL。

⑤ 1×10^{-3} mol/L 乙酸缓冲液：10^{-3} mol/L 乙酸钠溶液 590 mL 与 10^{-3} mol/L 乙酸溶液 410 mL 混合后，加入 1g 链霉素，摇匀。

⑥ 大麦种子。

【实验设备及用品】

大培养皿、小刀、量筒、1000 mL 容量瓶、烧瓶、试管、镊子、恒温振荡摇床、恒温水浴锅。

【实验步骤】

① 选取籽粒饱满、大小一致的大麦种子 50 粒，用刀片将每粒种子横切为两半，弃去有胚的一半，将无胚的一半种子放入新配制的 1% 次 NaClO 溶液中消毒 15 min，取出后用无菌水冲洗干净。

② 将无胚种子放入盛有消毒湿石英砂的大培养皿中,吸涨 48 h。

③ 将 2×10^{-5} mol/L GA$_3$ 溶液稀释为 2×10^{-6}、2×10^{-7}、2×10^{-8} mol/L 的溶液,将 1×10^{-3} mol/L 乙酸缓冲液稀释为 0.5×10^{-3} mol/L。

④ 取小试管 5 个,分别加入 1 mL 0.5×10^{-3} mol/L 乙酸缓冲液及 2×10^{-5}、2×10^{-6}、2×10^{-7} 和 2×10^{-8} mol/L 的 GA$_3$ 溶液。

⑤ 在小试管中分别放入 10 粒已吸涨的大麦无胚种子,将试管放入恒温振荡摇床,25℃下振荡培养 24 h。

⑥ 从每个试管中取出 0.2 mL 上清液,放入新试管中,再加入 1.8 mL 0.1% 淀粉溶液,混匀后置于 30℃ 水浴中 10 min(放置时间以光密度达到 $0.4 \sim 0.6$ 的反应时间为宜)。

⑦ 向试管中加入 I$_2$-KI 溶液 2 mL,用蒸馏水稀释至 5 mL 后充分摇匀,此时溶液呈蓝色。

⑧ 用紫外分光光度计测定溶液在 OD_{580} 下的吸光值,以赤霉素浓度的负对数为横坐标,相应吸光值为纵坐标绘制标准曲线。

表 5-57-1　赤霉素标准曲线

赤霉素浓度	赤霉素浓度负对数	OD_{580}
0		
2×10^{-5}		
2×10^{-6}		
2×10^{-7}		
2×10^{-8}		
标准曲线		

思　考　题

赤霉素的生物学作用是什么?

实验 58　细胞分裂素的生物测定——萝卜子叶增重法

细胞分裂素(cytokinins)是在植物体内普遍存在的一类激素,它们的生理作用主要是促进细胞分裂和细胞扩大,延迟叶片衰老,促进侧芽生长,促进器官分化等。细胞分裂素的生物测定方法分为四类,是依据① 细胞分裂,即细胞数目增加,或组织增重;② 细胞的扩大,即体积的增加;③ 延迟叶片衰老,即叶绿素的降解延缓;④ 诱导色素的合成,即苋红素的合成。

【实验目的】

了解细胞分裂素的生物学功能,掌握细胞分裂素的生物测定方法。

【实验原理】

细胞分裂素有促进萝卜子叶增大的效应,其主要原因是促进了细胞的分裂和扩大。在一定浓度范围内(激动素为 $2 \sim 25$ μg/mL),子叶增重与浓度呈线性关系。利用此法可得激动素最低浓度是 10 μL/L 左右。该法不受 IAA、嘌呤、嘧啶、核苷、氨基酸、糖及维生素等物质的干扰。

【实验材料】

激动素(kinetin),萝卜种子,次氯酸钠,滤纸。

【实验设备及用品】

　　培养箱,镊子,培养皿。

【实验步骤】

　　① 将萝卜种子用 0.5% NaClO 液消毒后用蒸馏水洗净,放入垫有湿滤纸的大培养皿中,在 25℃黑暗条件下放置 30 h 至种子萌发。

　　② 从每个幼苗上用镊子取下较小的一片子叶,子叶上不能带有下胚轴,选取大小一致的子叶 50 片。

　　③ 在垫有滤纸的培养皿中(直径为 9 cm),分别加入 5、0.5、0.05、0.005 μg/mL 的激动素溶液 3 mL,以蒸馏水为对照。

　　④ 在每个培养皿中放入 10 片子叶,将培养皿放入生长箱中,皿内铺一张湿滤纸,在 25 W 荧光灯下连续培养 3 d。

　　⑤ 取出子叶,用滤纸吸去其表面的水分,立即用天平称每皿中子叶的重量,以子叶增重值为纵坐标,激动素浓度对数为横坐标,画出激动素浓度与子叶重量的关系曲线,用同样方法可测出未知样品中细胞分裂素含量相当于多少含量的激动素。

【注意事项】

　　(1) 萝卜种子的两个子叶大小不同,对细胞分裂素的反应不同,在不同时期离体的子叶对细胞分裂素的效应也不同。大子叶对诱导的生长反应比小子叶的小得多,而且随着种子萌发时间的延长,细胞分裂素诱导的子叶效应有所下降。用在 25℃萌发 1~2 d 的种子上离体的小子叶进行对比实验,取得的效果最好。

　　(2) 在进行细胞分类素对子叶扩大效应的实验时,下胚轴应完全去掉,否则会影响细胞分裂素的效应,因细胞分裂素对下胚轴段的伸长起抑制作用,而赤霉素对下胚轴的重量和长度的增加都有促进作用,这样会影响子叶鲜重称量的准确性。若供试溶液中可能有赤霉素,为避免赤霉素对细胞分裂素效应的干扰,所以,应去除下胚轴。

思　考　题

　　细胞分裂素的生物学作用是什么?

实验 59　乙烯的生物测定

　　植物激素乙烯的分子结构相当简单,但它却调节着植物生长和发育的许多方面,包括种子萌发、根毛发育、植物开花、器官衰老与脱落、果实成熟、环境胁迫和病原反应等。

【实验目的】

　　了解乙烯的生物学作用,掌握乙烯的生物测定方法。

【实验原理】

　　乙烯对植物黄化幼苗具有"三重反应"特性:① 抑制黄化幼苗下胚轴的伸长;② 使下胚轴细胞横向扩大,下胚轴短粗;③ 偏上生长,从而使下胚轴横向生长。因此,可据此进行乙烯的生物测定。

【实验材料】

　　乙烯气体,豌豆种子,次氯酸钠,滤纸,培养皿,石英砂。

【实验设备及用品】

生化培养箱,试管,橡皮塞,注射器。

【实验步骤】

① 将豌豆种子放入 0.5% NaClO 溶液中,浸泡 15 min。然后用流水缓缓冲洗 2 h 后,用清水浸泡至吸涨。

② 将种子取出,放于垫有滤纸的培养皿中,25℃下培养 2 d 至萌发。

③ 取一塑料杯,加入 5 cm 高度的石英砂,加水湿润,选择萌发整齐的种子播种于含石英砂的塑料杯中,每杯 1 粒,放入 25℃恒温培养箱中黑暗培养 7 d。

④ 将滤纸剪成宽 1.2 cm,长 10 cm 的长条,中部挖一小孔,其大小以豌豆苗能够穿过即可,将滤纸叠成三折后放入一试管中,加入适量清水。

⑤ 将豌豆幼苗插入滤纸洞中,使其根部浸入水中,然后用橡皮塞塞住试管。

⑥ 用注射器向试管内注入乙烯气体,使试管内乙烯浓度分别为 0.5、1.0、5.0 和 10.0 mg/L,以注射空气为对照。

⑦ 将豌豆幼苗置于 25℃下黑暗培养 2 d。观察豌豆苗的生长情况。

思　考　题

乙烯的生物学作用是什么?

实验 60　油菜素内酯的生物测定——水稻叶片倾角法

油菜素内酯(brassinolide,简称 BR),又称芸苔素内酯或芸苔素,它是一种甾体化合物,广泛存在于植物界,对植物生长发育有多方面的调节作用。其对植物的主要生理作用为:① 促进植物细胞的伸长与分裂;② 提高植物的光合作用;③ 提高植物的抗病性;④ 促进愈伤组织的产生和诱导;⑤ 延缓作物衰老;⑥ 促进种子发芽;⑦ 提高作物的抗冷性;⑧ 影响花粉发育与育性;⑨ 促进导管的分化。除此之外,油菜素内酯还具有:对葡萄具有明显的膨大作用;影响作物糖代谢;参与向地性和光形态建成;影响育性、顶端优势及维管组织的分化;促进根系的生长和发育;提高植物的抗药性;增强植物抗病虫的能力;提高产量和品质等方面的功能。

【实验目的】

了解油菜素内酯的生物功能,掌握其生物测定方法。

【实验原理】

水稻叶片倾角法是目前最灵敏、最专一的一种 BR 生物测定法。其原理是 BR 能增加水稻叶片与叶鞘之间的夹角,在一定浓度范围内二者呈线形关系。检测范围为 $5 \times 10^{-3} \sim 5 \times 10^{-5}$ $\mu g/mL$,其他植物激素对测定无明显干扰。

【实验材料】

水稻种子,次氯酸钠,蒸馏水,油菜素内酯(brassinolide),马来酸二钾盐。

【实验设备及用品】

塑料盘。

【实验步骤】

① 取约 1000 粒水稻种子,用 0.5% NaClO 溶液消毒后,清水洗净,放于垫有纱布的塑料盘中,30℃黑暗条件下催芽 48 h。

② 挑取发芽的水稻种子,更换清水后于 30℃ 黑暗条件下继续培养 7 d。

③ 选择生长均一的黄化幼苗,切下第二茎节[如图 5-60-1(1)所示],漂浮在蒸馏水上 24 h。

④ 选择叶片与叶鞘夹角比较均一的切段,每 8 段漂浮在 1 mL 待测液里(2.5 mol/L 马来酸二钾盐水溶液,油菜素内酯浓度分别为 0、0.1、0.01、0.001、0.0001 µg/mL),置于 30℃下,黑暗中培养 48 h。

⑤ 测量叶片与叶鞘之夹角,取平均值,绘制夹角与油菜素内酯的浓度(µg/mL)对数的曲线[如图 5-60-1(2)]。

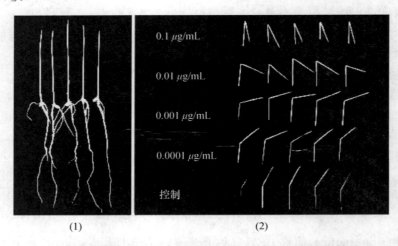

(1)　　　　　　　　　　　(2)

图 5-60-1　不同浓度油菜素内酯处理下的水稻叶片倾角

(图片来自:http://jpkc.yzu.edu.cn/course/zhwshl/ppebook/07z/ppe0707.htm)

思　考　题

油菜素内酯的生物学功能是什么?

第六章　杀鼠剂、杀软体动物剂生物测定

（一）杀鼠剂

杀鼠剂指用于控制鼠害的一类农药。狭义的杀鼠剂仅指具有毒杀作用的化学药剂,广义的杀鼠剂还包括能熏杀鼠类的熏蒸剂、防止鼠类损坏物品的驱鼠剂、使鼠类失去繁殖能力的不育剂、能提高其他化学药剂灭鼠效率的增效剂等。

1. 杀鼠剂胃毒毒力测定

杀鼠剂胃毒毒力测定与杀虫剂等其他胃毒药剂的测定方法大体相同(见杀虫剂胃毒毒力测定),但前者还有其以下特点。

（1）单剂量实验和多剂量实验

鉴于杀鼠剂通常为配成毒饵后由鼠自行摄入的方式进行防治,而这种摄入方式通常可分为一次性摄入和短期内连续多次摄入,因此,杀鼠剂的毒力测定应分成单剂量(single dose,即一次摄入毒饵)实验和多剂量[multiple dose,或称"慢性毒力"(chronic toxicity),即多次摄入毒饵]实验两类,且多数慢性杀鼠剂的单剂量实验的毒力远低于多剂量毒力,因此在进行毒力测定时,除应进行一次给药的致死中量测定外,还需测定每天给药 1 次,连给 5 d 的致死中量代表其慢性毒力。例如,杀鼠灵(warfarin)对褐家鼠(*Rattus norvegicus*)的单剂量致死中量为 186 mg/kg,但若给药 5 d,每天 1 次,则致死中量为 5.0 mg/kg,其毒力增加了 17 倍。其增毒幅度远非通常的蓄积中毒所能解释,但其药剂对鼠的适口性要好,否则难以让鼠连续 5 d 摄入含药毒饵。

（2）区分慢性杀鼠剂和抗药性

对慢性杀鼠剂应按世界卫生组织 WHO/VBC/75·595 号技术文件规定的方法进行抗药性监测。

（3）控制供试动物数量

在测定对非靶动物的毒性时,应选用需要供试动物较少的简略方法。

一次性给药法。一般选取大白鼠或小白鼠作为供试生物,逐只称重、编号及登记,按处理剂量数随机分组,每组 10 只,雌雄各半,通过灌胃法,给药剂量按 0.01 mL/g 体重计算,一次性给药,灌胃后正常饲养,并观察和记录动物中毒反应、症状、开始死亡的时间和死亡数,连续观察 4 d以上。

2. 杀鼠剂适口性测定

杀鼠剂必须在配成毒饵后,由鼠自行食入方能生效,故其适口性测定结果与实际灭鼠效果密切相关。适口性实验应采用捕来的靶鼠,这样测定的结果更能代表野生鼠类种群的实际情况,而不宜使用实验室长期已驯化饲养的大白鼠、小白鼠等动物。测定实验可分为单鼠饲养实验(每笼养一只鼠)和多鼠饲养实验(每笼养两只以上鼠)两种。

（1）单鼠饲养实验

取已适应笼中生活的健康靶鼠雌、雄各 10 只,一笼一鼠分养进行实验。在此鼠的正常活动高峰期前,取出饲料,以形状、大小、质料相同的食皿,分装无毒试饵和用杀鼠剂配成的毒饵。毒

饵含药量按实际使用浓度确定。两个食皿的位置每 2 h 要对调一次,共实验 8 h。取出试鼠正常饲养,记录死亡数,按下式计算摄食系数:

$$摄食系数 = \frac{毒饵消耗量}{无毒饵消耗量} \tag{6-0-1}$$

摄食系数超过 0.3 者为适口性好,0.1~0.29 为适口性中等,不足 0.1 者为适口性差。通常,以摄食系数低于 0.05 者无实用价值。除摄食系数外,供试鼠的死亡率在 85% 以上者为效果好,70%~85% 为中等,低于 70% 为差。

以上同时供应两种试饵的方法,被称为有选择实验。若仅投毒饵 6 h 或 8 h,则为无选择实验,其试鼠死亡率常高于有选择的。

(2)多鼠饲养实验

将同性鼠放在同一笼中进行的实验。以观察部分个体的不适或其他行为,对同一笼中其他个体的影响。实验方法同单饲实验。一般而言,多鼠饲养实验是更严格的测试,试鼠死亡率常低于单鼠饲养实验。

(二)杀软体动物剂

杀软体动物剂是指用于防治危害农林渔业等有害软体生物的农药。危害农作物的软体动物隶属于软体动物门腹足纲,主要指蜗牛(俗称水牛儿、旱螺蛳)、蛞蝓(俗称鼻涕虫、蜒蚰)、田螺(俗称螺蛳)及钉螺等农业有害生物。该类软体动物发生量大,食性贪婪,咬食蔬菜、水稻、玉米、菱角、甘薯、芋等的幼芽、嫩叶、嫩茎,使受害作物茎部断裂,叶片被刮食成孔洞,其黏液、排泄物还会降低蔬菜水果的质量,并可导致根部茎部和叶片出现大量伤口,利于真菌、细菌和病毒等病原菌的侵入,使作物危害程度加重,更为严重的是钉螺是血吸虫的唯一中间宿主,是血吸虫病传播中不可缺少的环节,因此防除钉螺对于控制血吸虫病的蔓延和扩散有着极其重要的意义。

杀软体动物剂生物测定主要采用浸渍法。主要是根据蜗牛、蛞蝓、钉螺等有害软体动物与药剂接触后的反应,来判断杀软体动物剂的毒力。

实验 61　杀鼠剂胃毒作用测定

鼠类危害是多方面的,如消耗和毁坏大量的粮食、食品;破坏森林、草原、农田;啃咬物品、建筑、通讯设施;传播疾病等等。控制鼠害最简捷而有效的方法是使用化学杀鼠剂。

常用的杀鼠剂按其作用快慢可分为急性杀鼠剂与慢性杀鼠剂两类。如按作用方式,可将杀鼠剂分为速效剂、缓效剂、熏蒸剂、驱避剂和不育剂。杀鼠剂的毒力是杀鼠剂开发的重要评价指标。杀鼠剂的胃毒作用测定是杀鼠剂生物测定的主要方法。

【实验目的】

学习并掌握杀鼠剂胃毒毒力测定方法;进行有关毒力数据整理,掌握杀鼠剂致死中量(LD_{50})的计算及其可靠性检验方法。

【实验原理】

通过灌胃法,一次性给药,经口灌入一定剂量的药液,灌胃后正常饲养并观察和记录实验用鼠中毒反应、症状、开始死亡的时间和死亡数,测定杀鼠剂的胃毒毒力。

【实验材料】

① 供试药剂:0.005% 溴鼠隆(brodifacoum)毒饵制剂。

② 供试生物材料：小白鼠(*Cavia porcellus*)，年龄 28～30 d。

【实验设备及用品】

鼠笼，烧杯，量筒，移液管，电子天平等。

【实验步骤】

① 供试小白鼠的停食处理。将健康 28～30 d 小白鼠在实验前 4～6 h 停止饲喂。

② 称量。从经过停食处理的小白鼠中选取年龄大小相近的，在电子天平上称取每只小白鼠的体重并做好标记。

③ 药剂配制。用注射生理水将溴鼠隆配制成 10 个不同浓度，做好标记备用。

④ 供试小白鼠处理。将不同性别和体重的小白鼠均匀分成 10 组，每组 10 只。由腹腔灌入一定剂量的药液(容量以 0.5 mL 为宜)，灌入时间为 1～2 s，一般观察 15 d，以死亡为主要指标。

【结果与分析】

① 死亡率。按下式分别计算不同浓度处理的死亡率，并把结果填入表 6-61-1。

$$死亡率 = \frac{死亡数}{每一浓度处理试鼠总数} \times 100\% \tag{6-0-2}$$

表 6-61-1　溴鼠隆对小白鼠的急性口服 LD_{50} 实验结果

组　别	剂量/(mg/kg)	动物数/只	死亡数/只	死亡率/(%)
1		10		
2		10		
3		10		
4		10		
5		10		
6		10		
7		10		
8		10		
9		10		
10		10		

② LD_{50} 计算方法。根据公式(6-61-1)，(6-61-2)，(6-61-3)计算 LD_{50}、$\lg LD_{50}$ 的标准误差 $S^- x_{50}$ 值和 LD_{50} 的 95% 平均可信限(95% CI)，得出回归方程。

$$LD_{50} = \lg^{-1}\left[X_{\mathrm{m}} - i\left(\sum P - \frac{3 - Pm - Pn}{4}\right)\right] \tag{6-61-1}$$

$$S^- x_{50} = i \cdot \sqrt{\frac{\sum P - \sum P^2}{n-1}} \tag{6-61-2}$$

$$LD_{95} = LD_{50} \pm 4.5 \cdot LD_{50} \cdot i \cdot \sqrt{\frac{\sum P - \sum P^2}{n-1}} \tag{6-61-3}$$

式中，X_{m}：最高致死量对数值；i：相邻剂量对数差；p：各剂量组致死率。

将实验结果按前面表格进行记录,求 LD_{50},同时进行回归方程的可靠性检验,撰写实验报告。

【注意事项】

(1) 实验期间,对照组小白鼠死亡率不得超过 10%。

(2) 实验期间,尽可能维持恒定条件。

(3) 除观察记录试鼠的死亡率之外,还要观察记录各处理试鼠的中毒症状和生长状况。

思　考　题

(1) 描述供试小白鼠的中毒症状(中毒症状一般表现为呕吐、下痢、挣扎、痉挛、麻痹、死亡等)。

(2) 杀鼠剂胃毒作用测定给药以何种方式为佳,为什么?

实验 62　杀鼠剂适口性测定

适口性测定结果与实际灭鼠效果密切相关,杀鼠剂的适口性常用摄食系数(又称选择性取食率)来表示。即在实验环境下,同时提供毒饵和空白饵,并定时交换放置位置,让鼠有选择地自由取食,毒饵耗量与空白饵耗量之比值为摄食系数。一般认为,在使试鼠死亡的毒饵实验浓度下,摄食系数大于 0.3 者表示适口性好,在 0.1~0.3 之间表示有效,小于 0.1 者表示适口性差。

【实验目的】

学习并掌握杀鼠剂适口性的测定方法;进行有关数据整理,掌握杀鼠剂摄食系数的计算适口性评价方法。

【实验原理】

通过有选择性实验,同时供给试鼠毒饵和清洁饵料及清洁水,让试鼠自然选择摄食,整个实验给毒饵 6~8 h 后为正常饲养,记录试鼠死亡情况和饵料消耗量,计算试鼠死亡率和摄食系数,测定杀鼠剂的适口性。

【实验材料】

① 供试药剂:0.005% 溴鼠隆(brodifacoum)毒饵制剂。

② 供试生物材料:小白鼠(*Cavia porcellus*)或捕得的老鼠。

【实验设备及用品】

鼠笼,食皿,烧杯,量筒,移液管,电子天平等。

【实验步骤】

① 供试小白鼠停食处理。将健康供试鼠在实验前 4~6 h 停止饲喂。

② 供试小白鼠处理。选择健康靶鼠雌、雄各 10 只,一笼一鼠分养进行的实验,在鼠的正常活动高峰期前,取出饲料,以形状、大小、质料相同的食皿,分装 0.005% 的溴鼠隆毒饵和清洁饵料,两个食皿的位置每 2 h 要对调一次,共实验 8 h,取出试鼠正常饲养,记录死亡数和饵料消耗量。

【结果与分析】

按下式计算摄食系数,并把结果填入表 6-62-1 中。

$$摄食系数 = \frac{毒饵消耗量}{无毒饵消耗量} \qquad (6\text{-}62\text{-}1)$$

表 6-62-1　0.005％溴鼠隆毒饵有选择性生效实验的摄食系数测定结果

组　别	性　别	有毒饵摄取量/(g/20 g 重)	无毒饵摄取量/(g/20 g 重)	死亡率/(%)	摄食系数	平均摄食系数 K
1						
2						
3						
4						
5						
6						
7						
8						
9						
10						

将实验结果按表 6-62-1 进行记录,计算摄食系数并评价实验药剂的适口性,撰写实验报告。

【注意事项】

（1）实验期间,对照组小白鼠死亡率不得超过 10％。

（2）实验期间,尽可能维持恒定条件。

（3）除观察记录供试小白鼠的死亡率之外,还要观察记录各处理试鼠的中毒症状和生长状况。

思　考　题

（1）描述供试小白鼠的中毒症状。

（2）杀鼠剂的适口性对杀鼠剂的灭鼠效果有什么意义?

（3）杀鼠剂适口性测定应注意哪些问题?

（4）单鼠饲养实验和多鼠饲养实验有何差异?单剂量实验和多剂量实验有何异同?

实验 63　杀软体动物剂生物测定

有害软体动物包括植食性的蜗牛、蛞蝓等是农作物、园林绿化植物常见的有害生物,近年来随着农作物,特别是蔬菜种植制度的变革和温室大棚的广泛应用,发生日趋严重。生产上对有害软体动物的防治主要以毒饵诱杀为主。准确测定各种药剂对有害软体动物的胃毒毒力,对于杀软体动物毒剂的筛选、开发具有重要意义。

目前,国内对杀螺剂的毒力测定方法主要针对病媒淡水软体动物钉螺开发,常用方法是浸药法。陆生软体动物体壁结构特殊,体表分泌的黏稠状液,农药有效成分难以穿透体壁到达靶标。因此,浸药法不适合陆生有害软体动物的胃毒毒力测定。软体动物胃毒毒力测定方法可采用琼脂饵饼法,是一种简单、易行、可操作性强的有害软体动物胃毒毒力的生测方法。

【实验目的】

学习并掌握杀软体动物剂毒力测定方法;进行有关数据整理,掌握杀软体动物剂 LC_{50} 的计算及回归方程的检验方法。

【实验原理】

杀软体动物剂的毒力测定方法主要是浸渍法。将供试软体动物浸渍在不同浓度的药液中,根据软体动物接触不同浓度药液的反应判别杀软体动物剂的毒力。

【实验材料】

① 供试药剂：80％四聚乙醛（metaldehyde）可湿性粉剂，70％杀螺胺（niclosamide）可湿性粉剂。

② 供试软体动物：福寿螺（*Pomacea canaliculata*），钉螺（*Oncomelaniahupensis*）。

【实验设备及用品】

烧杯，量筒，移液管，电子天平，塑料杯等。

【实验步骤】

（1）杀福寿螺剂的操作步骤

① 福寿幼螺的采集和喂养。在水稻田内采集福寿幼螺，用自来水冲洗 15～20 min，不喂食，24 h 后选择大小一致的二～三旋中幼螺（0.67～0.23 g/螺），在室内统一喂养 7 d 后作为实验材料。

② 药剂处理和结果分析。将药剂用蒸馏水稀释 5～7 个系列质量浓度，每个浓度用 200 mL 药液倒在 500 mL（上口直径 11.5 cm，下口直径 9.5 cm，高 10 cm）的塑料杯内，每杯放入饥饿 4 h 的 15 个二～三旋的福寿螺，杯口用纱布封口防其逃逸。置于 24～28℃条件下饲养，每隔 24 h 检查各杯福寿螺死亡数量，共观测 120 h，并计算相应时间内不同处理福寿螺的死亡率，设蒸馏水为空白对照，每处理重复 4 次，参考 Santos 等的方法，福寿螺置于培养液后，每隔 24 h，取出各处理中的疑似死螺，分别放入清水中，浮于水面或悬浮于水中对外界刺激已无反应者为死螺，沉于水底者且开始活动的为活螺（有腐肉已离壳沉底也是死螺）。

（2）杀钉螺剂的操作步骤

将供试药剂稀释为 1.0、0.5、0.25、0.125、0.0625、0.03125 mg/L，在 100 mL 烧杯中加入各浓度药液 100 mL，放入 30 只成钉螺，烧杯上盖塑料纱网防止钉螺爬出液面；设空白对照和药剂对照，置于温度 24～28℃下饲养，24 h 和 48 h 后观察钉螺死亡情况，拣出活动的钉螺，不活动的钉螺用敲击法鉴别其死活。

【结果与分析】

按杀虫剂生物测定的计算方法求死亡率、校正死亡率、致死中浓度（LC_{50}）及其 95％置信限。将实验结果进行记录，计算实验药剂的 LC_{50}，同时进行回归方程的可靠性检验。

【注意事项】

（1）实验期间，对照组死亡率不得超过 10％。

（2）实验期间，尽可能维持恒定条件。

思　考　题

（1）杀福寿螺剂和杀钉螺剂生物测定的操作步骤有何异同？

（2）如何鉴定供试福寿螺和钉螺的死、活，鉴定过程中应注意哪些问题？

第三篇

农药田间药效实验

第七章 农药田间药效实验概述

田间药效实验是在室内毒力测定的基础上，在田间自然条件下检验某种农药防治有害生物的实际效果，评价其是否具有推广应用价值的主要环节。

7.1 田间药效实验的内容和程序

（一）田间药效实验的内容

田间药效实验可分成以下两大类。一类是以药剂为主体的系统实验，主要包括田间药剂筛选、田间药效评价和特定因子实验等；另一类是以某种防治目标为主体的田间药效实验，主要对某种防治对象筛选出最有效的药剂，确定最佳的用药剂量、施药次数、施药时期及施药方法等。

（1）以药剂为主体的系统实验

① 田间药效筛选。新合成的化合物在室内毒力测定的基础上，加工成主要剂型，进一步进行田间筛选。

② 田间药效评价。经过田间药效筛选出的农药制剂在不同施用剂量，施用时间及施药方法的设计下，对主要防治对象的防治效果，对田间有益生物（如蜜蜂、鱼贝、害物天敌等）的影响进行综合评价，总结出切实可行的应用技术。

③ 特定因子实验。为了深入研究田间药效评价或生产应用中提出的问题，专门设计特定因子实验，如环境条件对药效的影响、不同剂型比较、农药混用的增效或拮抗、耐雨水冲刷能力、在作物和土壤中的残留等。

（2）以某种防治目标为主体的实验

以某种防治目标为主体的田间药效实验包括对某种新的防治对象筛选出最有效的农药，确定最佳剂量、最佳施药次数、施药时期及最佳施药方法等。

（二）药效实验程序

（1）小区实验

实验室内初步试制的农药新品种，一般样品数量较少，虽经室内实验证明有效，但尚未经受田间条件的考验，不知其田间实际药效究竟如何，故不宜在大面积上实验，必须先经小面积实验，这就是小区实验。

（2）大区实验

经小区药效实验取得较好效果后，应在有代表性的不同生产地区扩大面积实验，即大区实验，进一步考察药剂的适应地区及条件，进一步完善其应用技术。

（3）大面积示范

在多点大区实验的基础上，选用最佳剂量，最佳施药时期和施药方法进行大面积实验示范，以便对防治效果、经济效益、环境效益及社会效益进行综合评价，并向生产部门提出推广应用的可行性建议。

7.2　田间药效实验原理和基本要求

（一）田间药效实验原理

田间实验是改进农作物生产技术和开展农业科学研究不可逾越的一个环节。它是不同地域、不同自然条件下培育适合农作物生长，是农作物取得增产、增收和保证品质的农业科学实验的重要组成部分。其原理是利用不同的单因子和多因子对农作物进行实验研究，从自然界客观事物发展变化的复杂现象中，通过生产实践发现农药的作用规律，把握农药的本质和特点，经过对比总结概括，得出农药对防治对象的真实效果和在农业生产中的综合表现，指导新农药在生产实践中的应用。

（二）田间药效实验基本要求

（1）实验地的选择

实验地点应选择在防治对象经常发生的地方。如果发生很轻微（远未达到防治指标），这样的实验结果是不可靠的，虽然可以人为地接种一定数量的病原菌或害虫，但这与实际情况相距甚远，防治效果往往偏高。

（2）实验地的规划和管理

规划实验地的时间因实验内容和目的而定。有些实验地在播种（或移栽）前就规划好，这样做的好处是可以完全按照实验要求来安排小区，缺点是如果后期作物长势不匀或病虫草害发生轻微则前功尽弃，另一种方法是在实验施药前临时规划，这样就有可能主动地选择出适合的地块来规划小区。

① 小区面积和形状。小区面积大小应根据土地条件、划坪种类、栽培方法、供试农药数量、实验目的而定，在大多数情况下，小区面积在 $15 \sim 50 \ m^2$ 左右，小区形状以长方形为好，长宽比例应根据地形、草坪种类、草坪地块大小，一般长宽比可为 $2 \sim 8 : 1$。

② 设置对照区、隔离区和保护行。田间药效实验必须设对照区，对照分不施药空白对照和标准药剂对照（所谓标准药剂对照就是用一种当时当地常用的农药品种，在推荐剂量下参加实验），另外应在实验地四周设保护区，小区与小区之间设保护行，其目的是使实验区少受外界种种因素的影响，避免小区各处理间的相互影响，提高实验的准确性。

③ 实验地的管理。实验地必须有专人管理，保证作物生长健壮、均匀一致，从而使病虫害的发生与危害基本一致，除实验项目外，其他一切田间管理操作应力求一致，尽可能减小人为误差。

7.3　田间药效实验设计的原则和方法

（一）实验设计的基本原则

实验设计的主要作用是减少实验误差，提高实验的精确度，为了使参加实验的各个处理组合在公平的基础上进行比较，实验设计必须遵守以下基本原则。

（1）实验必须设置重复

从统计学的观点考虑，变量分析时误差自由度应大于 10，根据这一原则，处理数目不同时所要求的重复次数如下。

① 处理数：2、3、4、5、6、7、8、9、10、11。

② 重复数：11、6、5、4、3、3、3、3、3、2。

（2）运用局部控制

药效实验中，尽管在选择实验地时已经注意到"地力均衡"这一点，但实际上一块地的土壤肥力或水分状态总是存在一定差异的，而且一般来说，在距离很近的范围内，这种差异较小，距离远的地方，差异往往较大。这种地力的差异可能导致植物生长的差异，从而影响到病虫害发生的差异，也可能直接导致杂草发生的差异。假设进行 A、B、C、D、E 5 种处理 4 次重复的实验，如果将 5 种处理集中到一处或无限地分散开来，将使各处理分布在病虫草密度相差很大的地方进行。因而不同处理就受到其所在实验区病虫草分布不均匀的影响。如果将实验地人为地划成 4 大区（重复），每个大区都包含这 5 种处理，即控制每种处理只在每个大区中出现一次，这就是局部控制。运用这种局部控制的办法，由于在同一重复之内，面积缩小，可使处理小区之间病虫草害的差异减小，在重复之间，虽然距离较远，病虫草害的差异可能较大，但因每种处理在各个重复内都有，每种处理在不同环境中机会是均等的，因此，运用局部控制能减少重复之间的差异。

（3）采用随机排列

运用局部控制可以减少重复之间的差异，但重复之内的差异，虽然可以通过认真选择实验地而减小，却由于偶然因素的作用，实验误差总是存在的。为了获得无偏的实验误差估计值，要求实验中每一处理都有同等的机会设置在任何一个实验小区，因此必须采用随机排列。所谓"随机排列"，即指各种处理所在具体小区的位置纯由机会去决定而不是由人们主观去认定。

（二）常用的实验设计方法

（1）对比法设计

对比法设计的特点是每隔两个实验处理设一对照区，在这种设计中，每个对照区与其两旁的处理区（共 3 个小区）构成一组。安排小区时一般采用顺序排列，一般重复 3～4 次。

对比法设计的优点是每个实验处理小区都能与它相邻的对照区直接比较，能充分反映出处理效应，示范作用强，当处理数目较少、土壤条件差异大时，这种设计的实验结果较准确。缺点是对照区较多（占全部实验区面积的三分之一），土地利用率低，在统计分析中，t 检验只能比较各处理与其邻近对照之间的差异显著性，各处理间不能作直接比较，只有当土壤差异较小时才能用变量分析法做处理间的比较。

（2）随机区组设计

随机区组设计是药效实验中应用最为广泛的方法，特点是每个重复（即区组）中只有一个对照区、对照区和处理一起进行随机排列，各重复中的处理数目相同，各处理和对照在同一重复中只能出现一次。

此法设计的优点是同一重复（区组）内各小区之间的水肥，病虫害发生及田间管理等引起的差异可因随机排列而减小，实验结果便于统计分析，将各处理在各重复中的结果相加便可看出处理效应的差异，而将各重复所有结果的总和进行比较，即可看出重复间土壤条件等的差异情况。随机区组设计的缺点是处理数目过多时，重复内小区间差异较大，局部控制有困难。而且田间布置、管理等容易出错乱。

（3）拉丁方设计

① 拉丁方设计的特点。处理数（包括对照在内）与重复数相同，每一重复中只有一个对照，

每一重复占一条地，排成方形；每一横行或直行中，任何一处理均只出现一次，每一直行或横行均包括实验的所有处理。拉丁方设计由于从横行和直行两个方向实行局部控制，因而比随机区组设计具有更高的精确度，但其适应范围较小，当处理数目太少或太多时均不宜采用。从统计分析对误差自由度的要求来衡量，处理数目一般不能少于 5 个，但处理数目若多于 8 个，则区组延伸太长，土壤条件等差异不易控制。此外，这种设计对实验地的地形要求严格，在小区排列上缺乏伸缩性。

② 在进行田间小区安排时可依处理数目按图 7-0-1 选一个标准方。标准方的第一直行和第一横行均为顺序排列，在此基础上将所有横行、直行及处理进行随机排列。关于田间排列的具体方法请参考有关专著。

A	B	C	D	E	F	G
B	C	D	E	F	G	A
C	D	E	F	G	A	B
D	E	F	G	A	B	C
E	F	G	A	B	C	D
F	G	A	B	C	D	E
G	A	B	C	D	E	F

7×7

A	B	C	D	E
B	A	E	C	D
C	D	A	E	B
D	E	B	A	C
E	C	D	B	A

5×5

A	B	C	D	E	F
B	F	D	C	A	E
C	D	E	F	B	A
D	A	F	E	C	B
E	C	A	B	F	D
F	E	B	A	D	C

6×6

A	B	C	D	E	F	G	H
B	C	D	E	F	G	H	A
C	D	E	F	G	H	A	B
D	E	F	G	H	A	B	C
E	F	G	H	A	B	C	D
F	G	H	A	B	C	D	E
G	H	A	B	C	D	E	F
H	A	B	C	D	E	F	G

8×8

图 7-0-1 常用选择标准方

A_2 B_1	A_2 B_4	A_2 B_4	A_1 B_2	A_1 B_2	A_1 B_2	A_1 B_4	A_3 B_3	A_3 B_3	A_3 B_2	A_3 B_1	A_3 B_4	Ⅰ
												Ⅱ
												Ⅲ

图 7-0-2 A 因子为 3 水平 B 因子为 4 水平的裂区设计示意图

(4) 裂区设计

裂区设计是复因子实验的一种设计形式，这里仅讲比较常用的两个因子实验的裂区设计。在两因子实验中，如两个因子具有同等重要性，则采用随机区组设计，只有当两个因子的重要性有主次之分时才采用裂区设计。

裂区设计首先按次要因子的水平数将实验区划分成 n 个主区,随机排列次要因子的各水平(称为主处理),然后按主要因子的水平数将主区划分成几个裂区,随机排列主要因子的各水平(称为副处理)。裂区设计的特点是主处理分设在主区,副处理分设在主区的裂区,因此在统计分析时,就可以分析出两个因子的交互作用。

裂区设计时,如主处理数为 2~3 个,重复应不少于 5 次;如主处理在 4 个以上,则 4 次重复即可。图 7-0-2 显示 A 因子为 3 个水平(主区)、B 因子为 4 个水平(副区)的裂区设计图。

7.4 小区施药作业

药效实验中除专门以不同剂型,不同施药方法比较为目的外,每个实验的所有处理都应使用同一施药工具并按同一操作规程施药,而且通常条件下都采用手动喷雾器作针对性喷雾。

7.5 药效调查与评判

(一)取样方法

常用的取样方法有对角线法、大五点法、棋盘式法、平行线法、分行法、Z 字形法等。一般来说,应根据防治对象在田间的分布型来确定应该采取哪一种取样方法。目前最常见的分布型有三种:随机型、核心型和嵌纹型。随机型分布以大五点法、棋盘式法、对角线法为宜,核心型分布以平行线法为宜,嵌纹型分布以 Z 字形为宜。病害、虫害取样大多采用对角线法;地下害虫土壤取样、杂草取样采用大五点法;果树采用五方位取样法,即从每株树的东、南、西、北、中各取一定数量的叶片(枝条、果实)。

(二)调查时间

选择合适的调查时间,确定适当的调查次数,对于正确地反应药剂效果也很重要,但调查时间与调查次数常因病、虫、草害种类不同,实验目的不同而不同。应根据病、虫、草害的种类、发生时期、药剂种类和调查目的来确定调查时间和次数。一般应在药效始期、高峰期、消失期各调查一次药效,如要明确药剂的持效期,则应增加调查次数。同时,亦应调查除草剂对草坪生长发育的影响(药害)。

(三)防效评判

(1)杀虫剂的防效评判

表达杀虫剂田间药效的方法主要有以下几种。

① 死亡率。调查结果时能准确地查到样点内所有死虫和活虫时,可用死亡率表达防效。

$$死亡率 = \frac{死亡虫数}{调查总虫数} \times 100\% \qquad (7-0-1)$$

② 虫口减退率。调查结果时,只能准确地查到活虫数而不能找到全部死虫时,最好用虫口减退率表达防治效果。

$$虫口减退率 = \frac{防治前的活虫数 - 防治后的活虫数}{防治前的活虫数} \times 100\% \qquad (7-0-2)$$

③ 被害率。调查结果时,不能准确地查清害虫数量,或不便查清,或害虫有转移危害习性时,最好用被害率表达防效。

$$被害率 = \frac{被害株数（叶数 \cdots\cdots）}{调查株数（叶数 \cdots\cdots）} \times 100\% \qquad (7\text{-}0\text{-}3)$$

但上面算出的死亡率，虫口减退率包含了杀虫剂造成的死亡和自然因素造成的死亡，如果自然死亡率（这里指不施药的对照区的死亡率）很低，低于 5%，则上面公式算出的结果基本上反映了药剂的真实效果；但如果自然死亡率较高（大于 5%），则按上面公式算出的结果就不能反映药剂的真实效果，因此应予以校正（更正），求得校正（更正）死亡率或校正（更正）虫口减退率。

a. 计算校正死亡率，采用下式。

$$校正死亡率 = \frac{处理区死亡率 - 对照区死亡率}{1 - 对照区死亡率} \times 100\% \qquad (7\text{-}0\text{-}4)$$

b. 计算校正虫口减退率，采用以下公式。

当对照区和处理区虫口防治后都减退时，则

$$校正虫口减退率 = \frac{处理区虫口减退率 - 对照区虫口减退率}{1 - 对照区虫口减退率} \times 100\% \qquad (7\text{-}0\text{-}5)$$

其实，无论出现哪种情况，都可用 Abbott 公式进行校正，问题是如何正确理解和应用这一公式，Abbott 校正公式如下。

$$校正防效 = \frac{对照存活率 - 处理存活率}{对照存活率} \times 100\% \qquad (7\text{-}0\text{-}6)$$

其中：

$$存活率 = \frac{防治后的虫口}{防治前的虫口} \times 100\% \qquad (7\text{-}0\text{-}7)$$

c. 对于用危害指数来评判防治效果时，防效计算比较简单：

$$防治效果 = \frac{对照区的危害指数 - 处理区的危害指数}{对照区的危害指数} \times 100\% \qquad (7\text{-}0\text{-}8)$$

d. 在某些情况下，防治前的虫口基数很难准确调查，可直接比较防治后对照区和处理区的活虫数：

$$防治效果 = \frac{防治后对照区的虫口 - 防治后处理区的虫口}{防治后对照区的虫口} \times 100\% \qquad (7\text{-}0\text{-}9)$$

（2）杀菌剂的防效评判

① 以发病率为评判指标。对于苗期病害，可随机取样或选点取样调查一定数量的苗数，求出发病率（病苗率），并以此计算防治效果。

$$发病率 = \frac{发病的苗数}{调查的苗数} \times 100\% \qquad (7\text{-}0\text{-}10)$$

$$防治效果 = \frac{对照区发病率 - 处理区发病率}{对照区发病率} \times 100\% \qquad (7\text{-}0\text{-}11)$$

② 以病情指数为评判指标。许多病害，如叶斑病，虽然同样发病，但不同植物之间，或同一植物的叶片之间病菌危害程度不同，就不能简单地用发病率去计算防治效果，而应作病情分级调查，求出病情指数。

$$病情指数 = \frac{\sum（发病级数 \times 各级病株数或病叶数）}{样本总数 \times 最高分级级别} \times 100\% \qquad (7\text{-}0\text{-}12)$$

以病情指数计算相对防效：

$$相对防效 = \frac{对照区病情指数 - 处理区病情指数}{对照区病情指数} \times 100\% \qquad (7\text{-}0\text{-}13)$$

以病情指数为评判指标求相对防效,只适合于施药前处理区和对照区尚未发病,或施药前发病极轻而且比较均匀的田间情况。

③ 以病情指数增长率为评判指标。对于施药前已经发病,而各实验区的基础病情有明显差异时,应在处理区和对照区分别于施药的当天和施药后若干天进行病害分级调查,求出病情指数增长率,进而求出相对防治效果。

$$病情指数增长率 = \frac{施药后的病情指数 - 施药前的病情指数}{施药前的病情指数} \times 100\% \qquad (7\text{-}0\text{-}14)$$

$$相对防效 = \frac{对照区病情指数增长率 - 处理区病情指数增长率}{对照区病情指数增长率} \times 100\% \qquad (7\text{-}0\text{-}15)$$

应用上式计算防效时可能会出现这种情况,即如果处理区的病情指数在施药后若干天不是增长而是下降了,这样算出的病情指数增长率为负值,代入公式就可能出现防治效果高于100%的难以理解的现象。

严格地讲,除了个别具有铲除作用的杀菌剂防治某些病害的情况外,一般情况下,即使是使用高效治疗剂,也不能使原有的病斑消除,最佳情况是处理区病情指数的增长率为零,不可能出现负数,因而不会有相对防效大于100%的现象。之所以出现施药后病情指数下降的情况,很可能是取样造成的。

为了避免引起混乱,可采用 Abbott 校正公式来计算防病效果,但公式中的"存活率"应赋以新的解释:

$$相对防效 = \frac{对照区存活率 - 处理区存活率}{对照区存活率} \times 100\% \qquad (7\text{-}0\text{-}16)$$

其中:
$$存活率 = \frac{防治后的病情指数}{防治前的病情指数} \times 100\% \qquad (7\text{-}0\text{-}17)$$

(3)除草剂防效评判

除草剂大田药效的评判有目测法和定量评判法两种。一般在药效筛选、大面积实验示范中,目测法资料已足够精确,而在特定因子实验等比较高级的实验中,则采用定量评判的方法。

① 以杂草株数为指标。即取样调查一定面积上的杂草总株数,用下式计算除草效果:

$$除草效果 = \frac{对照杂草株数 - 处理区杂草株数}{对照杂草株数} \times 100\% \qquad (7\text{-}0\text{-}18)$$

因为同种除草剂对不同的杂草敏感度不同,应将主要的几种杂草列出并计算除草效果。

② 以杂草鲜重为指标。因为大多数除草剂是抑制杂草的生长发育,因此可用杂草鲜重或干重来表示除草剂的药效。即将取样点上一定面积的杂草全部拔下,剪去地下部分及时称重或烘干后称重,用下式计算除草效果:

$$除草效果 = \frac{对照杂草鲜重或干重 - 处理区杂草鲜重或干重}{对照杂草鲜重或干重} \times 100\% \qquad (7\text{-}0\text{-}19)$$

7.6　药效实验的统计分析及总体评价

(一)药效实验的统计分析

在药效实验中广泛采用的统计分析方法是变量分析法,即方差分析。所谓方差分析,就是把构成实验结果的总变异分解为各个变异来源的相应变异,以方差作为测量各变异量的尺度,作出其数量上的估计。关于方差分析的原理和方法,请参阅有关生物统计学的专著,这里仅介绍随机区组方差分析的具体应用。

1. 方差分析中的数据转换

杀虫剂田间药效实验中,实验数据可分为两类:一类是计量数据,是一种连续性资料,作物产量就是计量数据;另一类是计数数据,是非连续性资料,如以单株蚜量,百株虫口为药效评判指标,百株虫口或单株蚜量就是计数数据。计量数据可直接进行方差分析,而计数数据必须经过数据转换后方可进行方差分析。常用的数据转换方法有以下几种。

(1) 平方根转换

如草地螟卵块数要作平方根转换,设原数为 x,转换后为 x',则当 x 大多数大于 10 时,可用 $x'=\sqrt{x}$;当 x 大多数小于 10,并有 0 出现时,则用 $x'=\sqrt{x+1}$。

(2) 对数转换

核心分布型、嵌纹分布型调查资料要作对数转换,设原始数据为 x,转换后为 x',则如资料中没有 0 出现、且大多数值大于 10 时,可用 $x'=\lg x$,如资料中多数值小于 10,且有 0 出现时,则用 $x'=\lg(x+1)$。

(3) 反正弦转换

百分数资料,如死亡率、虫口减退率、被害率等,特别是当这类资料中有小于 30% 或大于 70% 时,应作反正弦转换,即将百分数的平方根值取反正弦值,设 P 为百分数,θ 为角度,则有 $\theta=\sin^{-1}\sqrt{P}$

2. 随机区组的方差分析

例:进行某杀虫剂不同加工剂型(有效剂量相同)防治草坪草地螟实验。

处理项目有乳油、可湿性粉剂、膏剂,以不施药为对照,重复 3 次,小区面积 0.07 亩,随机区组设计。于卵孵化盛期,按每亩 50 kg 液量用农利他 HD-400 型背负式喷雾器喷雾,施药后 10 d 调查防治效果,每小区对角线 5 点取样,统计活虫数(幼虫和蛹),并用下式计算防治效果:

$$防治效果 = \frac{对照区活虫数 - 处理区活虫数}{对照区活虫数} \times 100\% \tag{7-0-20}$$

(1) 实验结果整理

根据原始记录列出处理,区组(即重复)两向计算表。该资料为随机分布,绝大多数数据大于 10,没有 0 出现,因此用 $x'=\sqrt{x}$ 将原资料 x 进行平方根转换,然后将转换后的数据填入表中相应各栏,统计各处理的总和 T_1、平均值及各区组总和 T_2,组成表 7-0-1。

表 7-0-1　KPT 不同剂型防治草地螟实验

重　　复	原资料(x)				平方根转换资料($\sqrt{x}$)				T_2
	乳油	可湿性粉剂	膏剂	对照	乳油	可湿性粉剂	膏剂	对照	
Ⅰ	2	9	6	29	1.41	3.0	2.45	5.39	12.25
Ⅱ	4	5	14	58	2.0	2.24	3.74	7.62	15.6
Ⅲ	19	12	21	36	4.36	3.46	4.58	6.0	18.4
T_1	25	26	41	12.3	7.77	8.7	10.77	19.01	46.25
均数	8.33	8.67	13.67	41.0	2.59	2.9	3.59	6.34	
平均防效/(%)	77.81	75.67	65.61						

（2）自由度与平方和的分解

① 自由度（df）的分解

总自由度＝处理数（K）×重复次数（n）－1＝4×3－1＝11

区组自由度＝重复次数（n）－1＝3－1＝2

处理自由度＝处理数（K）－1＝4－1＝3

误差自由度＝区组自由度×处理自由度＝2×3＝6

② 平方和（SS）的分解

$$C（矫正数）＝\frac{T^2}{nK}＝\frac{46.25^2}{3×4}＝178.2552 \tag{7-0-21}$$

$$总平方和＝\sum x^2－C＝1.41^2＋3.1^2＋\cdots＋4.58^2＋6.0^2－C \tag{7-0-22}$$
$$＝215.0699－178.2552＝36.8147$$

$$处理平方和＝\frac{\sum T_1^2}{n}－C＝\frac{7.77^2＋8.7^2＋10.77^2＋19.01^2}{8}－C \tag{7-0-23}$$
$$＝204.4786－178.2552＝26.2234$$

$$区组平方和＝\frac{\sum T_2^2}{K}－C＝\frac{12.25^2＋15.6^2＋18.4^2}{8}－C \tag{7-0-24}$$
$$＝182.9956－178.2552＝4.7404$$

$$误差平方和＝总平方和－处理平方和－区组平方和 \tag{7-0-25}$$
$$＝36.8147－26.2234-4.7404＝5.8509$$

（3）F 检验

列出方差分析表将上述计算结果填入方差分析表（表 7-0-2），然后计算各变异因素的变量（MS），再计算区组间处理间的 F 值。

$$处理间的 MS＝\frac{处理平方和}{处理自由度}＝\frac{26.2234}{3}＝8.7411 \tag{7-0-26}$$

$$区组间的 MS＝\frac{区组平方和}{区组自由度}＝\frac{4.7404}{2}＝2.3720 \tag{7-0-27}$$

$$误差的 MS＝\frac{误差平方和}{误差自由度}＝\frac{5.8506}{6}＝0.9752 \tag{7-0-28}$$

$$处理间的 F 值＝\frac{处理间的 MS}{误差的 MS}＝\frac{8.7411}{0.9752}＝8.9634 \tag{7-0-29}$$

$$重复间的 F 值＝\frac{区组间的 MS}{误差的 MS}＝\frac{2.3720}{0.9752}＝2.4323 \tag{7-0-30}$$

从 F 表查出处理间理论 F 值：$F_{0.05}(3.6)$ 4.76；$F_{0.01}(3.6)$ 9.78。

重复间理论 F 值：$F_{0.05}(2.6)$ 5.14；$F_{0.01}(2.6)$ 10.92。

方差分析结果说明，重复之间差异不显著但各处理之间差异显著（见表 7-0-2）。

表 7-0-2 方差分析表

变异因素	自由度(df)	平方和(SS)	变量(MS)	F	$F_{0.05}$	$F_{0.01}$
处理间	3	26.2234	8.7411	8.9634	4.76	9.78
区组间	2	4.7404	2.372	2.4323	5.14	10.92
误差	6	5.8509	0.9752			
总变异	11	36.8147				

（4）进行处理间多重比较

多重比较就是对各均数进行差异比较。多重比较的方法有多种，但目前公认比较合理、常采用的是新复极差检验（SSR 检验），即邓肯氏（Duncan）检验法。

① 先计算均数标准误：

$$标准误 = \sqrt{\frac{误差变量}{重复次数}} = \sqrt{\frac{0.9752}{3}} = 0.57 \qquad (7\text{-}0\text{-}31)$$

② 根据误差自由度（$df=6$）查新复极差测验的 SSR 表，这个表的第一列是误差自由度，第 2 列是保证水准，即可信度，分为 0.05 和 0.01 两个级别，第 3 列中要取的最大 P 值就是要比较的处理数目，本例有 4 种处理，故 $P=2,3,4$。

③ 求出两个显著水平的最小显著极差 LSR：

$$LSR_{0.05} = SSR_{0.05} \times Se$$
$$LSR_{0.0l} = SSR_{0.01} \times Se$$
$$（Se \text{ 即标准误差}）$$

并填入表 7-0-3 中。

④ 进行处理间的相互比较。将各处理的活虫平均数由高到低排列，逐个求出其差数，相邻两个处理平均数的比较用 $P=2$ 的 LSR 值；中间隔 1 个处理的用 $P=3$ 的 LSR 值；隔 2 个的用 $P=4$ 的 LSR 值。差异超过相应 $LSR_{0.05}$ 的在右上角标以"$*$"号，超过 $LSR_{0.01}$ 的则标上标"$**$"号。

多重比较结果说明，与不施药对照相比，三种剂型的防治效果达显著或极显著水平，但三种剂型之间差异并不显著。详见表 7-0-3、表 7-0-4、表 7-0-5。

表 7-0-3 新复极差法多重比较的最小显著极差

P	2	3	4
$SSR_{0.05}$	3.46	3.58	3.64
$LSR_{0.05}$	1.9722	2.0406	2.0748
$SSR_{0.01}$	5.24	5.51	5.65
$LSR_{0.01}$	2.9868	3.1407	3.2205

表 7-0-4 处理间的多重比较

处理	活虫数	和对照比差异	和膏剂比差异	和可湿性粉剂比差异
对照	6.34			
膏剂	3.59	2.75$*$		
可湿性粉剂	2.9	3.44$**$	0.69	
乳油	2.59	3.75$**$	1.00	0.31

⑤ 最后结果的表达。在实验报告中可用一个表格简单明确地表达实验结果,差异显著性一般用英文字母来表示,凡字母相同的两处理表示差异不显著,字母不同的则表示两处理有显著差异,本例的结果最后表达如表 7-0-5。

表 7-0-5　KPT 不同剂型防治草地螟的效果

处　　理	平均活虫数(25 丛水稻)	相对防效/(%)	显著性	
			0.01	0.05
对照	41.0		a	A
膏剂	13.67	65.61	b	B
可湿性粉剂	8.67	75.67	b	B
乳油	8.33	77.81	b	B

上述方差分析结果说明,某杀虫剂三种不同剂型防治草地螟,以防治后 10 d 活虫数为评判指标,防效没有显著差异。虽然从平均防效看,乳油(77.81%)比膏剂(65.61%)的防效高出12.2%,但这种差异不是制剂本身的生物效应所致,而是在实验误差的范围内。

还应指出,按田间药效实验设计原则要求,本例有 4 种处理,为保证误差自由度大于或等于10,则应重复 5 次以上,而本例仅重复 3 次。因处理间的 F 值为处理间的 MS 与误差的 MS 之比,误差 MS 越小,则计算的 F 值越大,而误差 MS 为误差平方和与误差自由度之比,除了增大误差自由度可降低误差 MS 外,减小误差平方和也能降低误差 MS。因此,实验质量较高时(如地力均匀,害虫密度也较均匀),也可适当放低对误差自由度的要求,如降低至 6,也不会影响实验的可靠性。

(二) 药效实验的总体评价

田间喷洒农药时,药剂除了对防治对象产生效应外,对整个生态环境(包括人类自身)都会产生某种程度的效应。因此,对药效实验结果,若是旨在对一品种进行农药价值评价时,就不能仅以防治对象对药剂的反应(防效)来进行,而必须对整个生态环境的主要方面进行总体评价,而且在制定药效实验方案时必须统筹安排,除药效外,还应评价以下重要内容。

1. 对施药人员的安全性

调查施药人员在正常防护条件下的作业过程中及作业后一段时期内有无周身不适、食欲不振、皮肤过敏、刺激咽部、流泪、出汗及其他方面的中毒症状。

2. 对作物生长发育的影响

药剂对作物的影响有两个方面:一是促进作用;二是毒害作用(药害)。

(1) 促进作用

很多农药对作物有促进生长发育的作用,因此在药效实验中应观察草坪叶色、长势或调查其根系发育、株高、叶数、鲜重等生长发育指标,如有必要,则应另外安排专项实验进行更为详细的研究。

(2) 毒害作用

因使用农药而使作物受到生理的、形态的和生态的影响,使作物原来的价值降低即是药害。药害的症状常因农药品种不同、剂量不同而差异很大,即使同一品种同一剂量,但因环境条件不同,其症状也不尽相同。

根据药害症状可归纳为两种类型：① 急性药害，药害在施药后几小时至数日内表现出来，一般症状是叶片出现斑点，黄化失绿、枯萎、卷叶、缩节簇生等；② 慢性药害，症状在施药后较长一段时间才表现出来，一般表现为光合作用减弱、畸形、色泽恶化等。就农药种类而言，杀虫剂一般不易产生药害，而杀菌剂，特别是除草剂很容易产生药害。

药害的调查方法目前没有统一的规定，可根据作物及其药害症状灵活掌握，比较粗放的方法是目测估计，评为"严重、较重、中等、轻、很轻"等几个级别，比较细致一点的方法是仿照病害的调查方法，正确取样后将药害分级进行记载，计算出药害指数（相似于病情指数）进行比较评判。

（3）对防治对象天敌的影响

对天敌的影响，主要表现在杀虫剂。在调查防治效果的同时，应同步调查药剂对主要天敌的杀伤程度。如防治蚜虫，则应调查药剂对瓢虫、食蚜蝇等主要天敌种群数量的影响。

（4）在环境中的残留量

农药被喷洒后的一个时期内，其归宿一是分解成无毒无害的化合物，二是继续残存于环境之中。残存于环境中的这部分药剂还会对人类及整个生态环境产生深远的影响，因此应取样分析植物中、土壤中乃至地下水中供试药剂的残留量。

实验 64   杀虫剂田间药效实验

杀虫剂田间药效实验是在室内毒力测定的基础上，在田间自然条件下检验杀虫剂对害虫的防治效果，是评价杀虫剂生物活性的重要指标。杀虫剂田间药效实验一般按照国家标准《农药田间药效实验准则》要求，根据田间药效实验基本原则设计实验方案，制定实验方法，包括药剂浓度、施药次数、采样方法、调查时间和评判方法，根据实际防治效果评价杀虫剂的生物活性。

【实验目的】

通过本实验，使学生熟悉和掌握杀虫剂在不同作物上针对不同防治对象的田间药效实验设计、调查取样和评判方法；理论联系实际地解决有害生物在田间防治中的问题；加深对相关课程的基本理论、基本知识的理解、掌握和应用能力。

【实验原理】

根据 GB/T 17980.79-2004《农药田间药效实验准则》（二）第 79 部分规定的杀虫剂防治小麦蚜虫田间药效小区实验方法和基本要求，本实验主要对啶虫脒在不同剂量对麦蚜的田间防治效果，通过农业生产实际和田间的综合作用，获得啶虫脒对麦蚜的最佳使用剂量及在各种剂量下对小麦的安全性，指导啶虫脒在农业生产中的推广和应用。

【实验材料】

① 供试药剂：5％啶虫脒(acetamiprid)可湿性粉剂(WP)，对照药剂为 50％抗蚜威(pirimicarb)可湿性粉剂(WP)。

② 供试昆虫：无翅蚜即麦长管蚜(*Sitobion avenae*)，麦二叉蚜(*Sehizaphis graminum*)，禾缢管蚜(*Rhopalosiphum padi*)和麦无网长管蚜(*Metopolophium dirhodum*)。

③ 供试作物及品种：春小麦永良 4 号。

【实验设备及用品】

HD-400 型背负式手动喷雾器，卷尺，计数器，200 mL 烧杯，移液管，量筒等。

【实验步骤】

（1）记载实验地点的地理位置、土质状况及气象资料

（2）记载实验地情况

本次实验选择在地势平坦、土地肥沃的地块进行，实验地前茬作物为玉米，田间施肥以农家肥和化学肥料相结合，小麦生长期间灌水 4 次，实验期间天气晴朗，无大风等异常天气。

（3）实验设计

实验共设 5 个处理：5％啶虫脒 WP 20 g/亩、30 g/亩、40 g/亩、50％抗蚜威 WP 8 g/亩（药剂对照），清水空白对照。

实验小区面积为 20 m²，4 次重复，随机排列。HD-400 型背负式手动喷雾器（喷雾前检查药械的完好情况）均匀喷雾叶片的正反面，以药液均匀湿润叶片为度，空白对照喷等量清水，实验期喷药一次，施药时天气晴好，施药后 72 h 未出现降雨现象，实验期间靶标对象未喷施过其他杀虫剂。

（4）实验方法

① 规划实验小区。本实验共 5 个处理，重复 4 次，随机排列各处理。

② 虫口基数调查。

③ 稀释药剂。

④ 药剂喷雾处理。

⑤ 药效调查。

【结果与分析】

① 虫口密度调查方法及药效统计方法。调查时每小区对角线 5 点取样，每点调查 5 株，共计 25 株，药后 3 d、7 d 分别调查药剂处理后麦蚜虫口数量，带入下列公式计算百株蚜量，统计防效。

$$\text{虫口减退率} = \frac{\text{施药前活虫数} - \text{施药后活虫数}}{\text{施药前活虫数}} \times 100\% \tag{7-64-1}$$

$$\text{防治效果} = \frac{PT - CK}{100 - CK} \times 100\% \tag{7-64-2}$$

式中，CK：空白对照区虫口减退率；PT：药剂处理区虫口减退率。

② 用邓肯氏新复极差（DMRT）法对实验数据进行分析。实验设计、调查方法及防效计算方法均参照中华人民共和国《农药田间药效实验准则》进行，将实验结果填入表 7-64-1，分析 5％啶虫脒可湿性粉剂防治小麦蚜虫田间药效实验结果，写出实验报告。

表 7-64-1　5％啶虫脒可湿性对小麦蚜虫的控制效果

药剂	药剂用量/(g/亩)	药前百株蚜量	药后 3 d				药后 7 d			
			百株蚜量	防效/(%)	$F_{0.05}$	$F_{0.01}$	百株蚜量	防效/(%)	$F_{0.05}$	$F_{0.01}$
啶虫脒	20									
	30									
	40									
抗蚜威	8									
CK										

【注意事项】

（1）本药效实验应选择在麦蚜常年发生或发生严重的地块。

（2）田间药效实验应选择晴朗天气,若实验期间 24 h 内有降雨,实验无效,应重做。

（3）实验期间不许喷施其他农药,实验地应插警示牌,以防人为和牲畜的干扰,影响实验结果或引起农药中毒事件的发生。

（4）喷雾处理时为安全起见,操作人员应穿农药安全保护服和防毒面具。

思 考 题

（1）对实验结果进行分析,评价 5％啶虫脒 WP 对麦田麦蚜的防治效果。

（2）杀虫剂田间药效实验在设计、调查取样和评判方法上应注意什么问题?

实验 65　杀菌剂田间药效实验

田间药效实验是农药登记管理工作的重要内容之一,是制定农药产品标签的重要技术依据和安全、合理使用农药的指南。杀菌剂田间药效实验目的是具体解决生产中出现的实际问题,为病害学防治提供新药剂、新剂型及合理的使用方法,因此,科学合理的杀菌剂田间药效实验是杀菌剂生物活性评价的主要依据。通过田间实验确定防治小麦白粉病药剂的最佳田间使用剂量,测试药剂对作物及非靶标有益生物的影响,为杀菌剂的药效评价和安全、合理使用技术提供依据。

小麦白粉病[*Blumeria graminis*(*DC.*) Speer]是我国麦类作物的重要病害之一,目前抗性品种选育和化学农药是防治小麦白粉病的主要途径,但小麦白粉病抗性品种十分匮乏,且部分基因已丧失抗性,应用抗病品种仍不能作为防治小麦白粉病的主要手段,因此,应用杀菌剂是防治小麦白粉病的主要措施。

【实验目的】

通过本实验掌握杀菌剂田间药效实验的方案设计及药效评价方法;明确田间药效实验的目的和基本原则;掌握田间药效实验的基本步骤和方法;熟悉田间药效实验的药效调查方法和结果计算方法。

【实验原理】

根据农药田间药效实验准则(一)对杀菌剂防治禾谷类白粉病(GB/T 17980.22-2000)实验方法和基本要求,本实验以 25％三唑酮(WP)为对照药剂,测定了不同剂量的 25％粉唑醇(SC)对小麦白粉病的田间防治效果。

【实验材料】

① 供试药剂:25％粉唑醇(flutriafol)SC,25％三唑酮(triadimefon)WP (对照药剂)。

② 供试作物:小麦。

【实验设备及用品】

农用喷雾器,烧杯,量筒。

【实验步骤】

① 实验地选择。实验地应选择地势平坦、土地肥沃、小麦长势均匀的田块。

② 实验设计。实验共设 5 个处理,25％粉唑醇 SC 15 g/亩,22.5 g/亩,30 g/亩,25％三唑酮 WP 15 g/亩(药剂对照)和清水空白对照(见表 7-65-1)。

表 7-65-1　药剂处理剂量表

处　　理	剂　　量		稀释倍数
	制剂量/(g/667m²)	有效成分量/[g(a.i.)/hm²]	（按亩用水量 50 kg 计）
1	15	56.25	3333
2	22.5	84.375	2222
3	30	112.5	1667
4（对照药剂）	15	56.25	3333
CK	清水	清水	—

③ 小区分布。实验小区面积为 20 m²，每个处理 4 次重复，随机排列（见表 7-65-2）。

表 7-65-2　小区分布图

1	2	3	4	CK
2	3	CK	1	4
3	1	4	CK	2
CK	4	3	2	1

④ 施药方式。于小麦抽穗期、白粉病发病初期用农用喷雾器喷雾施药一次，10 d 后再次施药，施药前调查白粉病发病基数。

⑤ 效果调查。于第二次施药后 7~10 d 调查最终防效，每小区对角线固定五点取样，每点调查 0.25 m²，调查所有叶片数，将调查结果记入表 7-65-3。

小麦白粉病分级按以下标准（以叶片为单位）。

0 级	未发病
1 级	病斑面积占整片叶面积的 5% 以下
3 级	病斑面积占整片叶面积的 6%~15%
5 级	病斑面积占整片叶面积的 16%~25%
7 级	病斑面积占整片叶面积的 26%~50%
9 级	病斑面积占整片叶面积的 50% 以上

【结果与分析】

根据发病分级标准按公式(7-65-1)计算各处理的病情指数，按公式(7-65-2)计算防治效果，采用 DPS 软件分析各剂量间防效的差异显著性，并将计算结果记入表 7-65-4。

$$病情指数 = \frac{\sum(病级叶片数 \times 该病级数)}{检查总叶片数 \times 最高病级值} \times 100 \qquad (7\text{-}65\text{-}1)$$

$$防治效果 = \frac{对照病情指数 - 处理病情指数}{对照病情指数} \times 100\% \qquad (7\text{-}65\text{-}2)$$

表 7-65-3　杀菌剂田间药效小区实验调查记录表

处理编号：_____，药剂处理时间：_____，处理后天数：_____，调查人：_____，调查时间：_____

处　　理		1	2	3	4	CK
病叶数	0 级					
	1 级					
	3 级					
	5 级					
	7 级					
	9 级					

表 7-65-4　25％粉唑醇 SC 对小麦白粉病的田间防治效果

药　　剂	药剂用量/[g(a.i.)/hm²]	病情指数	防治效果/(％)	显著性分析	
				$F_{0.05}$	$F_{0.01}$
	56.25				
25％粉唑醇（SC）	84.375				
	112.5				
25％三唑酮（WP）	56.25				
清水（CK）					

思　考　题

杀菌剂田间药效实验的设计有哪些要注意的问题？

实验 66　除草剂田间药效实验

农药田间药效实验是实验药剂与常规药剂、无药剂处理区对照进行的实验。在不同自然条件下，通过实验检验农药产品对作物病、虫、草、鼠害的实际防治效果，了解其对作物的安全性及对天敌等有益生物的影响等，为农药登记提供科学依据。除草剂田间药效实验的目的就是要通过实验提出实验药剂的推荐使用剂量、使用方法、使用注意事项等，确定农药在农业生产中的实际防治效果和安全性。除草剂对杂草的防治效果，最终要通过田间药效实验进行全面的评价，在田间条件下进行小区药效实验，综合了自然环境中光照、温度、降雨、空气相对湿度、风、土壤性质等因素对药剂除草活性的影响。通过田间药效实验，还可以明确药剂的杀草谱和持效期等，对于新农药创制、新药剂筛选以及农药的科学合理使用技术探索等是必不可少的实验方法。

水稻生长受多种杂草的为害，生产上经常需用除草剂进行防治，为了确定防治水稻田杂草的最佳田间使用剂量，测试药剂对水稻及非靶标有益生物的影响，为水稻田除草剂登记的药效和安全性评价、合理使用技术提供依据。

【实验目的】

通过本实验掌握除草剂土壤处理防治直播稻田杂草小区药效实验的方法；明确田间药效实

验的目的和基本原则;掌握田间药效实验的基本步骤和方法;熟悉田间药效实验的药效调查方法和结果计算方法。

【实验原理】

除草剂施用后在土壤表面形成一层药膜,杂草种子在萌发过程中会接触到药剂,通过抑制杂草的生理生化过程最终导致杂草死亡。通过实验重复以及小区的合理排列,可以尽可能避免土壤因素以及人为操作不当引起的实验误差。对于除草效果的评价指标,常采用株防效、鲜重防效来评价,但是,株防效在杂草半死不活时难以评价,鲜重防效在杂草被杀死后若含有较多水分误差也较大。目测法是国外较常用的除草剂室内生测和田间药效的评价方法,采用该方法评价时,当药剂处理小区杂草覆盖度与对照没有区别,则防效为 0;若杂草全部死亡,则防效为 100,在两者之间目测植株受抑制程度估算防效。

【实验材料】

① 供试药剂:30%丙草胺(pretilachlor)EC,30%丙草胺(含安全剂)乳油(扫弗特,瑞士先正达公司)。

② 供试作物:直播田水稻。

【实验设备及用品】

分析天平(0.001),绳子,卷尺,标签牌,手动喷雾器(配扇形喷头),压力表以及常用玻璃器皿等。

【实验步骤】

(1)实验地选择

选择土壤肥力较均匀,田间需有药剂的防治对象谱所包含的主要杂草种类且杂草分布较均匀,水分管理较方便的直播稻田进行实验。

(2)实验设计

本实验设实验药剂 30%丙草胺 EC 用药量为 400、450、500、900 g(a.i)/ha 四个用药剂量,对照药剂 30%扫弗特 EC 用药量为 450 g(a.i)/ha,并设置空白对照和人工除草小区。在水稻播种后 3～6 d,稻苗立针期,进行土壤喷雾处理,以喷清水为对照,共 7 个处理,小区面积 20 m²,重复 4 次,共 28 个小区。

(3)施药处理

按随机区组法排列小区,小区间筑小田埂,且小区间要有 1 m 以上宽的隔离带,防止药剂对其他小区产生影响。整地后保持畦面湿润,沟中有水,将已催芽的谷种均匀撒至畦面,播种后 3～6 d 施药,用清水将药剂稀释后喷雾于土壤表层,施药应选用扇形喷头,采用弓字形行进路线,以确保喷雾均匀,药后 6 d 灌浅水,记录土壤类型,必要时测定土壤 pH 与有机质含量,记录各小区的位置及施药处理方法,同时记录施药时和施药后 10 d 的日照、降雨量、温度、空气相对湿度、风力等气象资料。

(4)药效调查

药后 20 d,调查株防效,在各小区对角线上取 3～4 点,每个样点面积 0.25 m²(0.5 m×0.5 m),记录存活杂草的种类和株数(表 7-66-1)。施药后 45 d,目测记录各小区杂草的总体防效,同时,在各小区对角线上取 3～4 点,记录存活杂草的种类和株数,剪取杂草地上部茎叶并分别称每种杂草的鲜重,调查株数时一些分生能力很强的杂草如空心莲子草等记录从基部发出的分支数。

（5）水稻安全性调查

施药后 3、7、14、20、45 d，目测水稻的生长状况，如发生药害，调查记录水稻出苗、株高、分蘖、形态、色泽等变化，在水稻收获时测产评价药剂对水稻的安全性。

【结果与分析】

将杂草调查数据计入表 7-66-1，计算每种杂草和总草的株防效、鲜重防效，应用 SAS、DPS 等统计分析软件，采用 Ducans 新复极差法或 LSD 法进行处理间差异显著性检验，并将计算结果记入表 7-66-2 中。

表 7-66-1　除草剂田间药效小区实验调查记录表

处理编号：　　药剂处理时间：　　处理后天数：　　调查人：　　调查时间：

杂草名称	重复 1			重复 2			重复 3			重复 4		
	目测防效/（%）	株数	鲜重/g	目测防效/（%）	株数	鲜重/g	目测防效/（%）	株数	鲜重/g	目测防效/（%）	株数	鲜重/g
1												
2												
3												
4												

注：表中株数和鲜重数据为小区内 3 个样点的总和，每个样点面积 0.25 m²（0.5 m×0.5 m）。

表 7-66-2　30%丙草胺 EC 土壤处理对稻田杂草的田间防治效果

药　剂	剂　量/[g(a.i)/hm²]	杂草株数/（株/0.25m²）		株防效/（%）		杂草鲜重/（g/0.25m²）	鲜重防效/（%）	显著性分析	
		20 d	45 d	20 d	45 d	45	45 d	$F_{0.05}$	$F_{0.05}$
丙草胺	400								
	450								
	500								
	900								
扫弗特	450								
清水（CK）									

【注意事项】

（1）选择实验地时，若田间杂草种类较少，或分布不均匀，可适当撒入杂草种子。

（2）风力达到 5 m/s 以上不可施药，防止药液漂移影响药效，同时避免对附近作物或园林植物产生药害。

（3）避免下雨前或雨天施药，以免影响药效。

（4）施药前后喷雾器要反复清洗干净。

思　考　题

为了提高实验的准确性和安全性，喷药时应注意哪些问题？

第四篇

农药毒理测定

第八章 农药毒理测定概述

（一）杀虫剂

杀虫剂施用后，必须进入昆虫体内到达作用部位才能发挥毒效。药剂可以从昆虫的口腔、体壁及气门进入昆虫体内。杀虫剂使用以后，害虫接触、吞食药剂，或者通过呼吸而吸进药剂的气体，经过一定时间，即出现一系列的中毒症状，例如兴奋、不停的运动、痉挛、呕吐、腹泻、麻痹直至最后死亡。由药剂引起中毒或死亡的原因称为作用机制，或者叫做毒理。

研究杀虫剂的毒理，是为了明确各类杀虫剂在昆虫体内的生理生化反应，药剂的主要作用部位，以及药剂如何被解毒、排泄。它不仅可以指导新药的合成，而且为害虫防治上合理安全使用杀虫剂提供理论依据。

1. 杀虫剂穿透昆虫体壁

现在使用的杀虫剂大多数是触杀剂。由于昆虫体积小，相对表面积大，体壁接触药剂的机会多，因此，与从口腔及气门相比较，药剂从体壁侵入虫体是更重要的途径。昆虫体壁的上表皮具有不透水的蜡层，如果用惰性粉或砂磨去表皮蜡质后，可引起水分迅速丧失。用有机溶剂除去表皮表面蜡质后，表皮透水性相对增加。昆虫的表皮是一个代表油-水（或者蜡-水）两相的结构，上表皮代表油相，原表皮代表水相，当昆虫接触到药剂以后，药剂溶解于上表皮的蜡层，再按照药剂中的油-水分配系数进入原表皮。杀虫剂中，亲水性强而易溶于水的药剂，因为不能溶于表皮的蜡层，不能穿透表皮，这类药剂的触杀作用极小。一般情况下，脂溶性的药剂因为溶解于蜡质，比较容易穿透上表皮，但是能否继续穿透原表皮（包括外表皮及内表皮）则决定于药剂是否有一定的水溶性。

杀虫剂穿透表皮机制目前有两种意见：大多数人认为药剂从表皮穿透，经过皮细胞而进入血腔，随血液循环而到达作用部位神经系统，在这个过程中包括了可能有部分药剂由血液转移到气管系统，由微气管进入神经系统；另一种意见认为狄氏剂及一些其他化合物从表皮施药进入到昆虫体内，完全是从侧面沿表皮的蜡层进入气管系统，最后由微气管而到达作用部位神经系统，由于表皮蜡层与气管的内壁在结构上是连续的，因此，这种解释的可能性是存在的，特别是一些非极性化合物，从上表皮蜡层向极性的原表皮扩散时有可能从侧面沿蜡层扩散而进入气管。

2. 杀虫剂穿透昆虫的消化道

昆虫取食了含有杀虫剂的食物后，杀虫剂能否穿透肠壁被消化道吸收，这是决定胃毒剂是否有效的重要因素。昆虫的消化道分为前肠、中肠及后肠，前、后肠都是发生于外胚层，肠壁的构造和性质与表皮相似，所以对杀虫剂穿透的反应也与体壁相似。而昆虫的中肠与前肠和后肠不同，肠壁结构也有其特异性，是昆虫消化食物、吸收营养成分的主要场所。

杀虫剂在昆虫消化道中的穿透和吸收是一个复杂的过程，除了被动扩散外，还有主动运输，涉及到多方面因素,其中还包括消化道中酶系对杀虫剂化学结构的改变,从而产生活化(增毒)或降解(减毒)作用。

昆虫消化道的生理学特征性对杀虫剂穿透肠壁的影响是很大的。消化道的酶促反应可影响杀虫剂的毒性。例如,主要存在于昆虫消化道和马氏管内的多功能氧化酶(mixed function oxidases, MFO),能对许多类型的杀虫剂起氧化作用,从而改变这些杀虫剂的化学结构,影响其穿透力与毒性。杀虫剂穿透肠壁组织还受到其他因素的影响,例如肠液及血液的流动、杀虫剂在肠组织及血液中被代谢的情况及脂肪体的吸收等。

3. 药剂从血液到达作用部位——神经系统

昆虫的血液循环,自从在头部离开背血管以后就在血腔内由头部向后流动。在头部,血液已经到达中枢神经的四周。在脊椎动物的脑及脊髓的外围有一个血脑屏障,能限制血液中的某些物质进入脑内。

现在使用的杀虫剂大多数都是作用于神经系统,因此,确定昆虫的中枢神经系统存在血脑屏障对进一步了解杀虫剂的作用机理很有意义。

昆虫血脑屏障的位置可能在胶质细胞和胶质细胞附近区域。昆虫的这一屏障也是类似生物膜的结构,非离子部分可以穿过,电解质的离子部分被阻挡在屏障的外面。杀虫剂的电离常数及溶液的 pH 等因素也影响穿过血脑屏障。如果能控制处理溶液的 pH,降低电离度,可以增加杀虫剂对屏障的穿透,从而增加对昆虫的毒力。

大多数杀虫剂是作用于动物的神经系统,常称为神经毒剂。他们的作用是在神经系统中干扰神经冲动的正常传导。杀虫剂作用于神经系统的部位并不相同,有机磷杀虫剂及氨基甲酸酯类杀虫剂主要作用于突触部位的神经冲动传导,对乙酰胆碱酯酶活性产生抑制;有机氯杀虫剂滴滴涕和拟除虫菊酯类杀虫剂是作用于轴突上的神经冲动传导;杀螟丹及烟碱类杀虫剂作用于突触后膜胆碱受体上的神经冲动传导。

(二) 杀菌剂

用于防治植物病害的化学农药统称为杀菌剂。杀菌剂的作用机理不仅包括杀菌剂与菌体细胞内的靶标互作,还包括杀菌剂与靶标互作以后使病菌中毒或失去致病能力的原因,以及间接作用杀菌剂在生物化学或分子生物学水平上的防病机理。由于杀菌剂作用机理研究需要多学科知识和技术,存在着极大的难度和复杂性,目前认识比较深入的杀菌机理主要是以下几方面。

1. 杀菌剂对菌体细胞结构和功能的破坏

(1) 杀菌剂对细胞壁的影响

真菌和细菌的细胞壁同样由微纤维和无定形物质构成,但两者微纤维的化学成分不同,真菌的主要是几丁质和一些纤维素,而细菌的主要是肽多糖。其中几丁质受损是药剂对细胞壁功能最严重的破坏,不过细胞壁其他组分的改变或异常也会使菌体细胞壁发生变化,导致菌体中毒。菌体受药剂影响的中毒症状:真菌为孢子芽管粗糙、末端膨大、扭曲变形、菌丝过度分枝;细菌为原生质裸露,继而细胞瓦解。目前应用的许多杀菌剂都会对菌体的细胞壁形成或功能起破坏作用,但不同药剂的作用位点不同。

几丁质以外的细胞壁其他组成物,如蛋白质、脂肪和一些果胶,也会受药剂影响而异常,导致细胞壁产生变化。例如,稻瘟灵的作用是减少脂类物质的合成,从而影响细胞壁的形成;丙酰胺则是影响卵菌纤维素的合成而使细胞壁形成受阻;三环唑影响菌附着胞黑色素的形成,使菌失去侵入植物的能力。

细菌细胞壁受青霉素的影响,使药剂与细菌胞壁质的转肽酶结合,使其活性改变,导致细胞壁形成受阻。

（2）杀菌剂破坏菌体细胞膜

菌体细胞膜是由许多含有脂质、蛋白质、甾醇、盐类的亚单位组成的,每个亚单位又由金属桥和疏水键连接起来。目前应用的杀菌剂对菌体细胞膜的破坏,主要是通过以下三个方面作用。

① 有机硫杀菌剂与膜上亚单位连接的疏水键或金属桥结合,致使膜结构受破坏,出现裂缝、孔隙,细胞膜失去正常的生理功能。

② 含重金属元素的杀菌剂,作用于细胞膜上的三磷酸腺苷水解酶的—SH 基,从而改变膜的透性;有机磷杀菌剂抑制菌体细胞膜上卵磷脂合成过程的转移甲基反应,药剂靶点是此反应的甲基转移酶。

③ 对细胞膜组分甾醇的破坏,目前有一大类杀菌剂的作用主要是影响菌体细胞膜生物合成中由鱼鲨烯形成甾醇的阶段,这类药剂通称为甾醇抑制剂,包括吗啉类、哌嗪类、吡啶类、嘧啶类、二氮唑类和三氮唑类,但作用位点不同。吗啉类是抑制甾醇生物合成过程 $\Delta^8\text{-}\Delta^7$ 的双键异构化,靶点是 Δ^{14} 异构酶;而其他五类都是抑制甾醇生物合成过程中由多功能氧化酶细胞色素 P450 催化进行的甾醇 ^{14}C 上的脱甲基,使真菌麦角甾醇的 ^{14}C 脱甲基不能进行。

（3）破坏菌体内一些细胞器或其他细胞结构

细胞内有多种细胞器,如线粒体、核糖体、纺锤体等,各种细胞器担负的生理代谢功能是不同的,药剂对细胞器的作用都会导致菌体细胞代谢的深刻变化,与药剂对代谢过程的干扰有密切的关系。

2. 杀菌剂对菌体内能生成的影响

菌体内能的代谢包括生物氧化和生物合成两个方面。能量生成受干扰,即物质的氧化或生物呼吸受影响,对菌体来说打击是沉重的,起致死作用。多作用位点的传统杀菌剂多数是这种作用。

菌体不同生长发育期对能量的需要量是不同的,孢子萌发比维持生长所需的能量大得多,因而能量供应受阻时,孢子就不能萌发。菌赖以生存的能量来源于其体内糖、脂肪或蛋白质的降解。在菌体内物质的降解有三个途径:酵解、有氧氧化和磷酸戊糖途径。由于糖酵解提供的能量很少,杀菌剂干扰这个代谢途径对防治植物病害的意义不大。杀菌剂对菌体内能生成的影响主要是对有氧呼吸(即有氧氧化)的影响,包括对乙酰辅酶 A 形成的干扰、对三羧酸循环的影响、对呼吸链上氢和电子传递的影响以及对氧化磷酸化的影响。由于有氧呼吸是在线粒体内进行,因而许多对这种细胞器有破坏作用的杀菌剂,都会干扰有氧呼吸而破坏能量生成。

（1）对乙酰辅酶 A 形成的影响

糖降解产生丙酮酸而透入线粒体,在丙酮酸脱氢系的作用下形成乙酰辅酶 A,然后进入三羧酸循环进行有氧氧化。有机硫杀菌剂克菌丹是对乙酰辅酶 A 形成带有特异性反应的药剂,作用点是丙酮酸脱氢系中的硫胺素焦磷酸(TPP)。TPP 在丙酮酸脱羧过程中起转移乙酰基的作用,而 TPP 接受乙酰基时只能以氧化型(TPP⁺)进行,但有克菌丹存在的情况下,TPP⁺ 结构受到破坏,失去转乙酰基的作用,乙酰辅酶 A 不能形成。

（2）对三羧酸循环的影响

三羧酸循环是在线粒体内进行,参与三羧酸循环每个过程的作用酶都分布在线粒体膜、基质和液泡中。因而杀菌剂对三羧酸循环的影响主要是对这些关键酶活性的抑制,使代谢过程不能进行。例如,福美双、克菌丹、硫磺、二氯萘醌等会使辅酶 A 失活;有机硫代森类和 8-羟基喹啉等会与菌体三羧酸循环中的乌头酸酶螯合,使酶失去活性;克菌丹使酮戊二酸脱氢酶活性受阻,是由于克菌丹破坏了此脱氢酶的辅酶-TPP 硫胺素焦磷酸的结构;硫磺、萎锈灵会抑制琥珀酸、苹果酸脱氢酶的活性;含铜杀菌剂会抑制延胡索酸酶的活性。

（3）对呼吸链的影响

ATP 是生物体能量储存"库",在生物体中 ATP 主要在呼吸链中三个位点形成,因此,对呼吸链中电子传递的干扰是杀菌剂的重要作用机理之一。呼吸链的复合物Ⅰ、Ⅱ、Ⅲ、Ⅳ四个部位都有杀菌剂的作用位点。例如:敌枯双是通过抑制辅酶Ⅰ的合成而破坏呼吸链的功能;敌克松则会强烈抑制辅酶Ⅰ与呼吸链细胞色素 C 氧化酶之间的电子传递;萎锈灵则作用于复合物Ⅱ中琥珀酸脱氢酶系到辅酶 Q 之间的非血红铁硫蛋白。

（4）对脂质氧化的影响

对脂质氧化的影响也是杀菌剂作用机理之一。在菌体内脂质氧化主要是 β-氧化,而 β-氧化必须有辅酶 A 参与,所以会影响辅酶 A 活性的杀菌剂如克菌丹、二氯萘醌等都会影响脂肪的氧化。

3. 杀菌剂对代谢物质的生物合成及其功能的影响

（1）杀菌剂对菌体核酸合成和功能的影响

① 苯来特、多菌灵等苯并咪唑类与菌体内核酸碱基的化学结构相似,代替了核苷酸的碱基,从而使正常的核酸合成和功能受影响。

② 许多抗生素,如放线菌素 D、丝裂霉素会影响真菌核酸的聚合,如放线菌素 D 与菌体 DNA 鸟嘌呤结合,使在 DNA 指令的 RNA 聚合酶作用下的 RNA 生物合成受抑制。

③ 核苷酸聚合为核酸的阶段受阻是杀菌剂甲霜灵的毒性机理,甲霜灵对三种 RNA 聚合酶有选择性抑制作用。

④ 对细胞分裂的影响。苯并咪唑类杀菌剂通过与构成纺锤丝的管蛋白的亚单位(微管蛋白)结合而阻碍管蛋白的形成,从而破坏纺锤丝的功能,使细胞有丝分裂不能正常进行,染色体分离紊乱;环烃类和二甲酰亚胺类杀菌剂最主要的杀菌毒性是诱导脂质过氧化反应,除影响膜功能和影响 RNA 的运转外,还会影响 DNA 的功能,出现股的断裂和染色体的畸形,有丝分裂增高。

（2）杀菌剂对蛋白质合成和功能的影响

药剂抑制蛋白质合成或使蛋白变性,表现为:菌体细胞内的蛋白质合成减少,含量降低,生长明显受到抑制;菌体内游离氨基酸增多;细胞分裂不正常。蛋白质合成的每一个步骤都可以被药剂干扰。例如,春雷霉素与稻瘟菌核糖体的 40S 或 30S 小亚基结合,使在蛋白质合成起始阶段的 fmet-t RNA 与核糖体的结合受阻,从而影响蛋白质合成。药剂可与菌体内某些蛋白质结合而严重影响菌的正常代谢,如环烃类、二甲酰亚胺类及甲基立枯磷与肌动蛋白结合而破坏肌丝功能,使孢子形成或萌芽和游动孢子的游动受影响,也可导致体细胞分裂。

(三)除草剂

除草剂的作用机理比较复杂,有些除草剂主要有一种作用机制,多数除草剂涉及到植物的多种生理生化过程。除草剂的作用机理主要有如下几种。

1. 抑制光合作用

目前,已知除草剂的作用部位是以下三个部位。

① 阻断电子由 QA 到 QB 的传递,使 QB 钝化,因此也就阻断了电子传递。大部分光合作用抑制剂作用于此部位,如取代脲类、三氮苯类、尿嘧啶类等。

② 抑制光合磷酸化反应。在光合作用中,光能通过叶绿体最终转化为化学能,即产生 ATP。除草剂苯氟磺胺属解偶联剂,影响光合磷酸化作用,抑制 ATP 的生成。一些酚类、腈类药剂也作用于光合磷酸化反应。1,2,3-硫吡唑基-苯脲类属于能量转换抑制剂,直接作用于磷酸化部位。

③ 截获过渡到 $NADP^+$ 上的电子。季铵盐类除草剂敌草快和百草枯,可充当电子传递受体,从电子传递链中争夺电子,作用于 PSI 中充当铁氧还蛋白(Fd)的作用,使正常传递到 $NADP^+$ 中的电子被截获,而影响 $NADP^+$ 的还原,与此同时,敌草快、百草枯争夺电子后被还原,还原态的敌草快、百草枯可自动氧化产生相应的阳离子,同时产生超氧根阴离子,这种有害物质可致使生物膜中的未饱和脂肪酸产生过氧化作用,最后迅速造成细胞死亡,即表现杂草枯死。

2. 破坏植物的呼吸作用

除草剂通常不影响植物的糖酵解与三羧酸循环,主要影响氧化磷酸化偶联反应,致使不能生成 ATP。有些除草剂就是典型的解偶联剂,如五氯酚钠、二硝酚、二乐酚、碘苯腈与溴苯腈等。此外,如敌种、氯苯胺灵及一些苯腈类等也具有解偶联性质,当五氯酚钠等解偶联剂作用于氧化磷酸化部位后,由 ADP 生成 ATP 的反应受到抑制,于是 ADP 维持在高浓度水平,增强了植物的呼吸作用,但却不能生成 ATP 去满足植物生活的能量需要,植物终因正常代谢受破坏而死亡。

3. 抑制植物的生物合成

(1)抑制色素的合成

① 抑制叶绿素的生物合成及脂膜的破坏,二苯醚类、环亚胺类除草剂的靶标酶为叶绿素合成过程中的原卟啉原氧化酶。

② 抑制类胡萝卜素的生物合成,有些除草剂可以抑制类胡萝卜素合成,致使叶绿素失去保护色素,而出现失绿现象。如广灭灵、哒草伏、嘧啶类、哒嗪酮类等除草剂,它们各自作用部位不同。

(2)抑制氨基酸、核酸和蛋白质的合成

① 抑制氨基酸的合成。目前已开发并商品化的抑制氨基酸合成的除草剂有有机磷类、磺酰脲类、咪唑喹啉酮类、磺酰胺类和嘧啶水杨酸类等。常用的含磷除草剂有草甘膦、草铵膦和双丙氨膦。草铵膦的作用部位是抑制莽草酸途径中的 5-烯醇丙酮酸基莽草酸-3-磷酸酯合成酶,使苯丙氨酸、络氨酸、色氨酸等芳族氨基酸生物合成受阻;草铵膦和双丙氨膦则抑制谷氨酰胺的合成,其靶标酶为谷氨酰胺合成酶;磺酰脲类、咪唑喹啉酮类、磺酰胺类和嘧啶水杨酸类等除草剂的作用靶标为乙酰乳酸合成酶。

② 干扰核酸和蛋白质的合成。除草剂抑制核酸和蛋白质的合成主要是间接性的,已知干扰核酸、蛋白质合成的除草剂几乎包括了所有重要除草剂的类别,例如苯甲酸类、氨基甲酸酯类、酰胺类、二硝基酚类、二硝基苯胺类、卤代苯腈、苯氧羧酸类和三氮苯类等。

③ 抑制脂类的合成。目前,已知芳氧苯氧基丙酸酯类、环己烯酮类和硫代氨基甲酸酯类除草剂是抑制脂肪酸合成的重要除草剂。

4. 干扰植物激素的平衡

激素型除草剂是人工合成的具有天然植物激素作用的物质,如苯氧羧酸类、苯甲酸类和毒莠定类等,这些化合物都很稳定,进入植物体后,会打破原有的天然激素的平衡,因为严重影响植物的生长发育。

5. 抑制微管与组织发育

二硝基苯胺类除草剂是抑制微管的典型代表,他们与微管蛋白结合并抑制微管蛋白的聚合作用,造成纺锤体微管丧失,使细胞有丝分裂停留于前期或中期,产生异常的多形核。由于细胞极性丧失,液泡形成增强,故在伸长区进行放射性膨胀,结果造成根尖肿胀。苯氧羧酸类及苯甲酸类除草剂往往抑制韧皮部与木质部发育,阻碍代谢产物及营养物质的运转与分配,造成形态畸形。

本实验课程涉及农药毒理学的一些基本实验方法和技能,如杀虫剂致毒症状的观察、药剂的作用方式测定、杀虫剂的靶标酶或代谢酶的活性测定等,目的在于使学生了解并掌握农药毒理学基本研究方法,通过实验要求学生进一步理解和掌握农药毒理学基本理论,熟练应用农药毒理学基本实验方法,可设计并独力开展部分毒理学实验。

实验 67　有机磷农药对昆虫乙酰胆碱酯酶抑制作用的测定

乙酰胆碱酯酶(Acetylcholinesterase, AChE)对于昆虫的神经冲动在突触间的正常传导起关键性的作用,乙酰胆碱酯酶是有机磷类和氨基甲酸酯类杀虫剂的主要作用标靶,通过离体测定有机磷杀虫剂对乙酰胆碱酯酶的抑制作用,可以推断昆虫对有机磷杀虫剂的敏感性水平或抗药性机理。

【实验目的】

掌握有机磷杀虫剂对昆虫乙酰胆碱酯酶抑制作用测定的步骤、方法以及实验结果的计算和分析等。

【实验原理】

有机磷农药对乙酰胆碱酯酶的活性具有抑制作用,在一定条件下,其抑制率与农药的浓度呈正相关。正常情况(无有机磷农药抑制)下,底物碘化硫代乙酰胆碱(acetylthiocholine iodide)在乙酰胆碱酯酶(AChE)的作用下,被水解成硫代胆碱和乙酸,硫代胆碱和二硫双对硝基苯甲酸(DTNB)呈黄色反应,在 412 nm 处有吸收峰,用分光光度计在 412 nm 处测定吸光度,根据吸光度可以计算 AChE 催化底物生成产物的量,以酶源中每毫克蛋白单位时间内产物的量(一般用 μmol 表示)来表示 AChE 的活性。在反应体系中加入一定浓度的有机磷杀虫剂,通过和对照(不加药)相比可以计算出抑制率,通过测定不同浓度下有机磷杀虫剂对 AChE 活性的抑制率,可以计算出有机磷杀虫剂对 AChE 的抑制中浓度(I_{50})。

【实验材料】

① 供试药剂：辛硫磷（phoxim）原药。

② 供试昆虫：棉铃虫[*Helicoverpa armigera*（Hübner）]四龄幼虫。

③ 试剂：磷酸二氢钠，磷酸氢二钠，碘化硫代乙酰胆碱，5,5-二硫代双 2-硝基苯甲酸（DTNB），95％乙醇，曲拉通（TritonX-100）等。

【实验设备及用品】

紫外可见分光光度计，万分之一的电子天平，恒温水浴，台式冷冻离心机，制冰机，匀浆器，移液枪，容量瓶，试管，量筒，烧杯等。

【试剂配制】

① 0.1 mol/L pH 7.4 磷酸缓冲液：先配制 0.1 mol/L 的 $Na_2HPO_4 \cdot 12 H_2O$（35.82 g/L）和 0.1 mol/L 的 $NaH_2PO_4 \cdot 2H_2O$（15.601 g/L）按 81：19 的比例混合，调 pH 至 7.4。

② 0.075 mol/L 的碘化硫代乙酰胆碱：称 0.2167 g 碘化硫代乙酰胆碱，于容量瓶中用 0.1 mol/L pH 7.4 磷酸缓冲液定容至 10 mL，放入 4℃冰箱中备用（一般不要超过两周，最好现用现配，防水解）。

③ 1×10^{-4} mol/L 显色剂二硫双对硝基苯甲酸（DNTB）：称取 12.4 mg DTNB 加入 125 mL 95％的乙醇，加 50 mL 磷酸盐缓冲液，用双蒸水定容至 250 mL。

④ 1×10^{-3} mol/L 辛硫磷丙酮溶液：称取 29.83 mg 辛硫磷（有效成分），用丙酮定容至 100 mL。

【实验步骤】

（1）酶源制备

取大小一致的棉铃虫四龄幼虫 10 头（乙酰胆碱酯酶在中央神经系统中含量较高，有时可用昆虫的头部约 0.1 g），加入 10 mL 磷酸盐缓冲液（含 0.1％曲拉通），冰浴中匀浆，匀浆后，在 10,000 g、4℃条件下离心 15 min，取上清液作为酶源，用 Bradford 考马斯亮蓝法测定酶源中蛋白质的含量。

（2）乙酰胆碱酯酶比活力测定

取待测酶液 0.2 mL 于玻璃试管中，加入 0.2 mL 0.075 mol/L 底物碘化硫代乙酰胆碱溶液，混匀，于 30℃水浴锅中反应 15 min 后，加入 3.6 mL 的 DTNB 显色剂显色并终止反应，然后在 412 nm 比色。在对照试管（比色时调零）中，以热灭活酶源代替正常酶液。

（3）杀虫剂对乙酰胆碱酯酶抑制中浓度（I_{50}）的测定

用磷酸缓冲液将 1×10^{-3} mol/L 辛硫磷丙酮母液稀释成 10^{-4}、10^{-5}、10^{-6}、10^{-7}、10^{-8} mol/L 的稀释液。在 1～7 号试管中分别加入酶源 0.1 mL，在第 1～2 号试管中加入 0.1 mL 磷酸缓冲液，在 3～7 号试管中分别加入 10^{-8}、10^{-7}、10^{-6}、10^{-5}、10^{-4} 的辛硫磷稀释液，混匀，把 2～7 号试管于 30℃温育 10 min，第 1 号试管置于热开水中 3～5 min，热灭活酶源以便在测吸光度时调零用。在 1～7 号试管分别加入 0.2 mL 0.075 mol/L 底物碘化硫代乙酰胆碱溶液，混匀，于 30℃水浴中反应 15 min 后，加入 3.6 mL 的 DTNB 显色剂显色并终止反应，然后在 412 nm 比色，具体步骤见表 8-67-1。以上实验重复 3 次。

表 8-67-1 杀虫剂对乙酰胆碱酯酶抑制中浓度(I_{50})的测定

试　剂	1 号试管 调零	2 号试管 标准管	3~7 号试管抑制剂辛硫磷的浓度				
			10^{-8} mol/L	10^{-7} mol/L	10^{-6} mol/L	10^{-5} mol/L	10^{-4} mol/L
酶　源	0.1 mL	0.1 mL	0.1 mL	0.1 mL	0.1 mL	0.1 mL	0.1 mL
缓冲液	0.1 mL	0.1 mL					
抑制剂			0.1 mL	0.1 mL	0.1 mL	0.1 mL	0.1 mL
处　理	热开水中 3~5 min	30℃温育 10 min					
0.075 mol/L 碘化硫代 乙酰胆碱	各试管中分别加入 0.2 mL						
处　理	混匀,于 30℃水浴中反应 15 min 后						
DTNB 显色剂	各试管中分别加入 3.6 mL						

(4) 杀虫剂对乙酰胆碱酯酶抑制双分子速率常数(K_i)的测定

取 8 支试管,在 1~7 号试管中分别加入 0.2 mL 0.075 mol/L 底物碘化硫代乙酰胆碱溶液,在试管 1 中加入热灭活酶源 0.2 mL 用于比色时调零,在试管 2 中加入正常酶源 0.18 mL、缓冲液 0.02 mL 作为正常对照(即所测的酶比活力为 100%);在试管 8 中加入 1.8 mL 酶源和0.2 mL 1×10^{-4} mol/L 辛硫磷(具体浓度应根据预试实验而调整),混匀,分别在抑制后 30 s、1 min、2 min、4 min 和 6 min;取 0.2 mL 酶源辛硫磷混合液于 3~7 号试管中。各试管于 30℃水浴中反应 15 min 后加入 3.6 mL 的 DTNB 显色剂显色并终止反应,然后在 412 nm 比色。

【结果与分析】

(1) 乙酰胆碱酯酶比活力的计算

根据吸光度计算乙酰胆碱酯酶的比活力,计算公式如下:

$$乙酰胆碱酯酶的比活力 = (\Delta A_{412\,nm}/mg \times V)/(\varepsilon \times L)$$

式中,$\Delta A_{412\,nm}$:每分钟吸光度的变化值;V:反应总体积,mL;mg:蛋白质的含量;ε:反应的产物和 DTNB 络合物的摩尔消光系数,1.36×10^4 L/(mol·cm);L:比色杯的光程,酶比活力单位为 $\mu mol/[min \cdot mg(pro)]$。乙酰胆碱酯酶比活力的计算,有时不用摩尔消光系数,直接用光密度(OD)如吸光度计算,表示每分钟每毫克蛋白酶源所催化反应生成的产物吸光度的变化,即 $OD/(min \cdot mg\ pro)$。

(2) 杀虫剂对乙酰胆碱酯酶的抑制中浓度(I_{50})的计算

按式(8-67-1)计算酶的抑制率。

$$酶的抑制率 = \frac{对照组比活力 - 处理组比活力}{对照组比活力} \times 100\% \qquad (8\text{-}67\text{-}1)$$

其中,对照组为 2 号试管,处理组为 3~7 号试管。

根据杀虫剂不同浓度对乙酰胆碱酯酶比活力不同的抑制率计算抑制中浓度 I_{50}。具体如下,以反应体系中杀虫剂浓度的对数为横坐标,以抑制率为纵坐标,以作图法求 I_{50} 或用 DPS

软件求出 I_{50}。

（3）杀虫剂对乙酰胆碱酯酶抑制双分子速率常数（K_i）的计算

以正常酶源（没有加辛硫磷，即试管 2）的活性为 100%，计算抑制不同时间后酶的活力 P（以和试管 2 相比的百分数表示），根据公式 $\lg P = 2 - \dfrac{K_i I}{2.303} t$ 计算双分子速度常数的值。式中，P 代表剩余酶的活力（以百分率表示），I 为反应体系中辛硫磷的浓度，t 为抑制时间，双分子速度常数 K_i 的单位为 $L/(mol \cdot min^{-1})$。

【注意事项】

（1）实验所用酶源应是新制备的酶源，制备的酶源随着存放时间的延长而活性逐渐降低。

（2）底物碘化乙酰胆碱母液最好现用现配，即使放在 $4℃$ 冰箱中，一般不要超过两周。

思　考　题

（1）乙酰胆碱酯酶的主要生理作用是什么？

（2）杀虫剂对乙酰胆碱酯酶的抑制中浓度（I_{50}）和双分子速率常数（K_i）分别代表什么含义？

实验 68　杀虫剂对昆虫体壁穿透作用的测定

杀虫剂对昆虫体壁（表皮）穿透速率下降是昆虫产生抗药性的重要机理之一。杀虫剂对昆虫体壁穿透速率下降主要是由于抗性昆虫体壁组分或结构的变化导致药剂进入虫体的速度减缓，这一机制除造成中毒时间的延迟外，单独存在并不导致很高的抗药性，但由于药剂进入虫体的速度减慢，能为昆虫体内解毒代谢系统提供充足的时间，因此，这一机制与代谢抗性机制相配合，常能导致较高的抗药性。目前测定杀虫剂对昆虫体壁（表皮）穿透作用的方法主要有同位素标记示踪法和气（液）相色谱法两种。

【实验目的】

① 掌握杀虫剂对昆虫体壁穿透作用测定的原理。

② 掌握液相色谱法和同位素标记法测定农药对昆虫体壁穿透作用的方法和步骤。

【实验原理】

利用现代仪器检测杀虫剂对昆虫体壁的穿透速率，即单位时间、单位面积的穿透量。触杀型杀虫剂主要是以穿透昆虫体壁发挥触杀作用，以点滴法处理昆虫，间隔一定时间后，通过丙酮等溶剂将滞留于昆虫体表的杀虫剂洗下，用液（气）相色谱仪进行检测，对于同位素标记的杀虫剂，利用液体闪烁计检测残留量，计算杀虫剂的穿透率。

【实验材料】

① 供试药剂：氯虫苯甲酰胺（chlorantraniliprole）原药，氯虫苯甲酰胺标准品，^{14}C-氯虫苯甲酰胺。

② 供试昆虫：棉铃虫 [$Helicoverpa\ armigera$（Hübner）] 四龄幼虫。

③ 试剂：甲醇，丙酮，蒸馏水，醋酸铵等。以上试剂均为色谱纯。

【实验设备及用品】

液体闪烁计数器，玻璃闪烁瓶，液相色谱仪，色谱柱（Eclipse Plus C18 2.1 mm×100 mm×3.5 μm），DAD 二极管阵列检测器，10 μL 微量进样器，微量点滴仪，移液枪，具塞试管，量筒，烧杯等。

【试剂配制】

① 氯虫苯甲酰胺标准品溶液的配制：准确称取 30 mg（精确至 0.1 mg）氯虫苯甲酰胺标样于 100 mL 容量瓶中，用甲醇溶解、定容至 100 mL，摇匀后备用。

② 氯虫苯甲酰胺原药点滴溶液：根据生物测定的结果，称取一定量的氯虫苯甲酰胺原药，用丙酮溶解，其浓度为 1 μL 的含药量为氯虫苯甲酰胺对棉铃虫的半致死剂量（LD_{50}），同样配制 ^{14}C-氯虫苯甲酰胺丙酮液。

【实验步骤】

(1) 高效液相色谱法

① 药剂的处理及淋洗。选取大小一致的棉铃虫四龄幼虫 40 头，用微量点滴仪将配好的氯虫苯甲酰胺丙酮液 1 μL（即 LD_{50} 的剂量）点滴于棉铃虫幼虫的中胸背板上，勿使药液流失，将点滴后的试虫置于正常的饲养条件下，间隔 6、12、24 h 后，分别取出 5 头活虫，用丙酮分 3～5 次将昆虫的胸部背面淋洗，将 5 头试虫的淋洗液收集于 1 个试管中，浓缩或定容至 100 μL，待测。

② 杀虫剂高效液相色谱仪的检测。液相色谱条件如下。

色谱柱	Eclipse Plus C18 2.1 mm×100 mm×3.5 μm
流动相	开始甲醇：水（0.1%NH₄Ac）=30：70(v/v)，保持 2 min；然后在 15 min 内，逐渐增加甲醇比例，最后变为甲醇：水（0.1%NH₄Ac）=95：5(v/v)，保持 10 min
流速	0.5 mL/min
检测波长	270 nm
进样量	10 μ

待仪器稳定后进样氯虫苯甲酰胺标准溶液，重复进样，色谱图横坐标 10 min 左右会出现氯虫苯甲酰胺的峰，当重复之间的峰面积相差小于 1% 后，即可进行下面的测定。

进样氯虫苯甲酰胺标准溶液，记录氯虫苯甲酰胺峰的面积 $A_{标}$。分别进样氯虫苯甲酰胺原药点滴溶液、间隔 6、12、24 h 收集的淋洗液，分别记录氯虫苯甲酰胺峰的面积 $A_{原}$、A_6、A_{12} 和 A_{24}。由于标准溶液中氯虫苯甲酰胺浓度已知，根据氯虫苯甲酰胺浓度与其对应的峰面积成正比，可以计算出氯虫苯甲酰胺原药点滴溶液和间隔 6、12、24 h 收集的淋洗液的氯虫苯甲酰胺的浓度，进而计算出间隔 6、12、24 h 的氯虫苯甲酰胺对昆虫体壁的穿透率（具体详见表8-68-1）。

(2) 同位素标记示踪法

药剂的处理及淋洗方法同高效液相色谱测定法，用微量点滴器将配制好的 ^{14}C-氯虫苯甲酰胺丙酮液 1 μL（即 LD_{50} 的剂量）点滴于棉铃虫四龄幼虫的中胸背板上，勿使药液流失，将点滴后的试虫置于正常的饲养条件下，间隔 6、12、24 小时后，分别取出 3 头活虫，用 10 mL 丙酮分 3～5 次将昆虫的胸部背面淋洗，将每头试虫的淋洗液收集于闪烁瓶中，用液体闪烁仪测定其放射强度，以点滴的 1 μL 同位素标记的氯虫苯甲酰胺为 100%，根据闪烁强度计算氯虫苯甲酰胺对昆虫体壁的穿透率。

【结果与分析】

(1) 高效液相色谱分析法结果的计算

将高效液相色谱法测定结果记入表 8-68-1。根据氯虫苯甲酰胺质量与其对应的峰面积成正比,按公式(8-68-1)计算所测样品中氯虫苯甲酰胺的质量,然后计算氯虫苯甲酰胺对棉铃虫体壁的穿透率。

样品中(指进样量 10 μL 中)氯虫苯甲酰胺含量(质量)x 的计算:

$$x = \frac{A_{样} \times m}{A_{标}} \tag{8-68-1}$$

式中,$A_{样}$:测定样品溶液中氯虫苯甲酰胺的峰面积;$A_{标}$:标样中氯虫苯甲酰胺的峰面积;m:进样量 10 μL 标样中氯虫苯甲酰胺的质量,μg。

表 8-68-1　高效液相色谱法测定氯虫苯甲酰胺对棉铃虫体壁的穿透率

样　　品	峰面积	进样量 10 μL 中氯虫苯甲酰胺的质量/μg	每头试虫体表(未穿透)的质量/μg	穿透率/(%)
标　　样			—	—
原药点滴液				—
间隔 6 h 淋洗液				
间隔 12 h 淋洗液				
间隔 24 h 淋洗液				

注:淋洗液中为 5 头试虫淋洗液的和,总体积为 100 μL,进样量为 10 μL。

(2)同位素标记示踪法

将液体闪烁计数仪测定结果记入表 8-68-2,以 1 μL 的 ^{14}C-氯虫苯甲酰胺的放射强度为 100% 回收率,计算穿透率。

穿透率＝1－样品的回收率

表 8-68-2　同位素标记示踪法测定氯虫苯甲酰胺对棉铃虫体壁的穿透速率

处理时间/h	放射强度/cpm	回收率/(%)	穿透率/(%)
0(1 μL 点滴液)		100	
间隔 6 h 淋洗液			
间隔 12 h 淋洗液			
间隔 24 h 淋洗液			

【注意事项】

(1)在测定杀虫剂对昆虫体壁的穿透作用时,根据药剂的品种选择具体的分析方法,在实验中用到 ^{14}C 放射性试剂,注意实验操作中防护安全和试剂的存放安全。

(2)尽量避免淋洗过程中样品的损失。

思　考　题

(1)影响杀虫剂对昆虫体壁穿透作用的因素有哪些?

(2)常用杀虫剂残留分析的方法有哪些?

实验 69　昆虫体内多功能氧化酶(MFO)活力的测定

微粒体多功能氧化酶(mixed function oxidase, MFO)是位于某些细胞的光滑型内质网上的一种氧化酶系。多功能氧化酶在还原型辅酶Ⅱ（NADPH）和氧分子存在的情况下，催化昆虫体内杀虫剂以及多种多样的外源性或内源性化合物的氧化代谢。多功能氧化酶系统中起中心作用的是细胞色素 P450，它是微粒体多功能氧化酶的末端氧化酶，是与氧分子和底物相结合的酶，决定着多功能氧化酶对底物的专一性。多功能氧化酶活性的增加是昆虫对多种杀虫剂产生代谢抗药性的主要机理之一。多功能氧化酶底物的多样性也是昆虫对不同杀虫剂产生交互抗性的原因之一。

【实验目的】

掌握多功能氧化酶 O-脱甲基活性、O-脱乙基活性、芳香基羟基化活性和环氧化活性的测定方法和步骤。

【实验原理】

多功能氧化酶催化的反应类型包括：羟基化作用、脱烷基作用、脱硫作用和氧化作用等。根据测定的反应类型，选用合适的底物，在多功能氧化酶的作用下生成不同的产生物，通过分光光度计法、酶标仪法、气相色谱法或高效液色谱法测定产物或底物的量，以计算多功能氧化酶的活性。如测定多功能氧化酶的 O-脱甲基酶活性，以对硝基苯甲醚为底物，在多功能氧化酶的作用下生成对硝基苯酚，利用分光光度计在 400 nm 下测定吸光度，根据吸光度计算对硝基苯酚的量进而计算多功能氧化酶的活性。

【实验材料】

① 供试昆虫：棉铃虫[*Helicoverpa armigera*（Hübner）]五龄幼虫。

② 试剂：磷酸二氢钠，磷酸氢二钠，氢氧化钠、对硝基苯甲醚、对硝基苯酚、辅酶Ⅱ（NADPH），苯并芘，7-乙氧基香豆素，7-甲氧基香豆素、7-羟基香豆素，艾氏剂，狄氏剂，二硫苏糖醇（DTT），苯基硫脲，苯甲基硫酰氟（PMSF），盐酸，丙酮，甘油等。

【实验设备及用品】

荧光分光光度计，荧光酶标仪，气相色谱仪，万分之一的电子天平，恒温水浴锅，台式冷冻离心机，制冰机，容量瓶，量筒，烧杯，匀浆器，移液枪等。

【试剂配制】

① 0.1 mol/L pH 7.5 的磷酸缓冲液：0.1 mol/L 的 $Na_2HPO_4 \cdot 12H_2O$（35.82 g/L）和 0.1 mol/L 的 $NaH_2PO_4 \cdot 2H_2O$（15.601 g/L）按 84∶16 的比例混合，调 pH 至 7.5。

② 0.5 mmol/L 的 NADPH：称取 4.21 mg 的 NADPH，用 0.1 mol/L 的 pH 7.5 的磷酸缓冲液定容至 10 mL。

③ 0.5 mmol/L 的 7-甲氧基香豆素溶液：称取 22.02 mg 的 7-甲氧基香豆素，用 0.1 mol/L pH 7.5 的磷酸缓冲液定容至 250 mL。

④ 0.5 mmol/L 的 7-乙氧基香豆素溶液：称取 23.28 mg 的 7-乙氧基香豆素，用 0.1 mol/L pH 7.5 的磷酸缓冲液定容至 250 mL。

⑤ 2 mmol/L 的苯并芘溶液：称取苯并芘 25.23 mg，用磷酸缓冲液定容至 50 mL。

⑥ 4 mmol/L 的对硝基苯甲醚：称取对硝基苯甲醚 61.27 mg，用磷酸缓冲液定容至 100 mL。

【实验步骤】

（1）酶源的制备

将棉铃虫五龄幼虫（两日龄）于冰上解剖，取出中肠（多功能氧化酶在中肠和马氏管中含量较高），去除内含物，用冰浴的 0.1 mol/L、pH 7.5 的磷酸缓冲液清洗干净。加入 1200 μL 预冷的磷酸缓冲液（含 1 mmol/L 的 EDTA，1 mmol/L 的 DTT，1 mmol/L 的 PTU，1 mmol/L 的 PMSF 和 20% 甘油）匀浆，匀浆液在 12000 r/min、4℃ 下离心 20 min，取出上清液再次离心 20 min。上清液作为多功能氧化酶活性测定的酶源，用 Bradford 考马斯亮蓝法测定酶源中蛋白质的含量。

（2）O-脱甲基活性（以对硝基苯甲醚为底物）测定

取 1 mL 酶液、1 mL 对硝基苯甲醚（4 mmoL/L）、0.2 mL NADPH（0.5 mmol/L）和 0.8 mL 磷酸缓冲液（0.1 mol/L，pH 7.5），37℃ 条件下反应 30 min，加入 1 mL HCl（1 mol/L）终止反应。再加入 5 mL 氯仿萃取，在氯仿层移取 3 mL 到另一试管内，加入 3 mL NaOH（0.5 mol/L）溶液萃取。取 NaOH 溶液层 2 mL，在波长 400 nm 处测定 OD 值（每一样品测定 3 次，取平均值）。以不加 NADPH，多加 0.2 mL 磷酸缓冲液作对照。每处理重复 3 次，用对硝基苯酚制作标准曲线。

（3）O-脱甲基活性（以甲氧基香豆素为底物）测定

在 96 孔酶标板中，每孔依次加入 80 μL 0.5 mmol/L 的甲氧基香豆素、50 μL 酶源，在 30℃ 下温育 5 min，然后加入 10 μL 9.6 mmol/L 的 NADPH，酶促反应阶段温度保持 30℃。用荧光酶标仪在激发波长 380 nm、发射波长 460 nm 下，每隔 30 s 记录一次吸光度，以起始反应速率计算酶的活性。

（4）O-脱乙基活性（以乙氧基香豆素为底物）测定

在 96 孔酶标板中，每孔依次加入 80 μL 0.5 mmol/L 的乙氧基香豆素、50 μL 酶源，在 30℃ 下温育 5 min，然后加入 10 μL 9.6 mmol/L 的 NADPH，酶促反应阶段温度为 30℃。用荧光酶标仪在激发波长 380 nm、发射波长 460 nm 下，每隔 30 s 记录一次吸光度，以起始反应速率计算酶的活性。

（5）芳香基羟基化活性测定

2 mL 反应体系中含有 0.1 mol/L 磷酸缓冲液、0.1 mmol/L EDTA、5 mmol/L 的 MgCl$_2$、蛋白质含量为 0.1 mg 的酶源，在 34℃ 平衡 3 min，利用荧光分光光度计记录荧光基线后加入 3 μL 的 2 mmol/L 苯并芘丙酮液，记录升高的荧光值，最后加入 20 μL 0.01 mol/L NADPH 开始反应。每隔 30 s 记录一次降低的荧光值，测定条件：激发波长 387 nm，光栅狭缝 5 nm；发射波长 406 nm，光栅狭缝 5 nm。通过单位时间内降低的荧光值计算酶的活性。

（6）艾氏剂环氧化活性测定

1 mL 反应体系中含有 0.1 mol/L 磷酸缓冲液、蛋白质含量为 0.1 mg 的酶源、5 μL 艾氏剂（4 mg/mL，溶于乙醇）、150 mmol/L 的 KCl。在 30℃ 水浴条件下振荡 5 min 后，加入 0.1 mL 0.02 mol/L NADPH 开始反应，10 min 后加入 0.8 mL 丙酮终止反应。分别用 2 mL 石油醚萃取 2 次，取上层液相合并，经无水硫酸钠干燥后用岛津 GC-2010 气相色谱仪分析。气相色谱条件如下。

色谱柱	ECD 检测器，毛细管柱 BpX -50，30 m×0.35 mm，膜厚 0.5 μm
固定液	50% Phenyl（equiv.）Polysiphenylene
温度	进样品温度 240℃；柱温 210℃；检测室温度 300℃
柱流量	3.25 mL/min
样品保留时间	8.2 min
最小检出量	1.0 ng/min

【结果与分析】

(1) O-脱甲基活性(以对硝基苯甲醚为底物)的计算

① 对硝基苯酚标准曲线的制作。称取一定量的对硝基苯酚,将对硝基苯酚溶解于 0.5 mol/L 的 NaOH 溶液中,配成梯度浓度的对硝基苯酚的 NaOH 溶液,在 400 nm 下比色,利用 Excel 或 DPS 软件求出对硝基苯酚的浓度和吸光度相关性标准曲线,即回归方程:$y = a + bx$,其中 x 为对硝基苯酚的浓度,y 为吸光度。

② 数据的计算。对于酶活性所测定的数据,根据对硝基苯酚标准曲线和每毫升酶液中所含的蛋白的量求出每分钟每毫克蛋白产生的对硝基苯酚的摩尔数来表示酶的活性。O-脱甲基活性和 O-脱乙基活性的单位为一般用 pmol/[min/(mg pro)]表示。

(2) O-脱甲基活性(以 7-甲氧基香豆素为底物)和 O-脱乙基活性(以 7-乙氧基香豆素为底物)的计算

① 产物标准曲线的制作。7-甲氧基香豆素和 7-乙氧基香豆素在多功能氧化酶的作用下生成 7-羟基香豆素,用缓冲液配制一系列梯度浓度的 7-羟基香豆素溶液,用荧光酶标仪在激发波长 380 nm、发射波长 460 nm 下测定吸光度,利用 Excel 或 DPS 软件求出吸光度和 7-羟基香豆素浓度相关性的标准曲线。

② 根据 O-脱甲基活性和 O-脱乙基活性测定的吸光度和 7-羟基香豆素-吸光度的标准曲线,计算对应的 7-羟基香豆素浓度的浓度,最后根据反应体系的总体积、反应时间和酶源的蛋白质含量求出多功能氧化酶的活性,单位一般用 nmol/[min/mg(pro)]表示。

(3) 芳香基羟基化活性的计算

通过降低的荧光值计算酶的活性。根据测定体系制作苯并芘荧光值的标准曲线,测定条件:激发波长 387 nm,光栅狭缝 5 nm;发射波长 406 nm,光栅狭缝 5 nm。具体步骤和计算方法参照上述 O-脱甲基活性部分,多功能氧化酶的芳香基羟基化活性的单位一般用 nmol/[min/mg (pro)]表示。

(4) 艾氏剂环氧化活性测定的计算

艾氏剂在多功能氧化酶环氧化活性的作用下,被氧化成狄氏剂,配制狄氏剂标准品溶液,采用实验中所述条件用气相色谱仪制作狄氏剂的气相色谱标准图谱,狄氏剂的量(浓度)与其对应的峰面积成正比,根据实验中所测得的产物狄氏剂的峰面积,计算反应体系中狄氏剂的浓度,根据进样体积、反应时间和蛋白质的含量计算多功能氧化酶的艾氏剂环氧化活性,单位一般用 nmol/[min/mg(pro)]表示。

【注意事项】

(1) 多功能氧化酶存在于内质网上的微粒体中,昆虫的其他部分如家蝇的头部含有多功能氧化酶的内源性抑制物,可以采用差速离心纯化微粒体,以除去内源性抑制物质,具体方法如下:将昆虫中肠的匀浆液于 10000 g、4℃离心 15 min,取上清液用 4 层细纱布过滤后再于 100000 g 条件下离心 60 min,将微粒体沉淀用 0.1 mol/L 磷酸钠缓冲液(pH 7.5,含 0.1 mmol/L DTT、1 mmol/L EDTA、1 mmol/L PTU、1 mmol/L PMSF、2.7 mmol/L 甘油)悬浮备用。

(2) 酶源的制备最好现用现制,准备好的酶源在 4℃冰箱中不要超过 48 h。

思 考 题

(1) 多功能氧化酶的主要生理功能是什么?

（2）多功能氧化酶催化的反应类型有哪些？

实验 70　昆虫体内谷胱甘肽-S-转移酶活力的测定

谷胱甘肽 S-转移酶（glutathione S-transferases，GSTs）是催化还原型谷胱甘肽（glutathione，GSH）与各种亲电子化合物进行亲核加成反应的一类酶，它们在生物体内广泛分布。谷胱甘肽 S-转移酶的功能主要表现在以下三个方面：① 对异源有毒物质解毒；② 保护细胞免受氧化毒害；③ 对激素、内源代谢物和外源化合物进行细胞间运输。谷胱甘肽 S-转移酶是昆虫体内主要的解毒酶之一。

【实验目的】

通过本实验学习并掌握谷胱甘肽-S-转移酶活力测定的方法和步骤。

【实验原理】

在谷胱甘肽 S-转移酶的作用下，底物 1-氯-2,4 二硝基苯（CDNB）与还原型谷胱甘肽（GSH）反应，生成的产物在 340 nm 处有最大吸收峰。根据单位时间内吸光度的变化，计算谷胱甘肽 S-转移酶的活性。也可用二氯硝基苯（DCNB）为底物，在 344 nm 处测吸光度。

【实验材料】

① 供试昆虫：棉铃虫 [*Helicoverpa armigera*（Hübner）] 四龄幼虫。

② 试剂：浓盐酸、磷酸二氢钠，磷酸氢二钠，1-氯-2,4 二硝基苯（CDNB），还原型谷胱甘肽（GSH），丙酮等。

【实验设备及用品】

紫外可见分光光度计，恒温水浴锅，台式冷冻离心机，制冰机，万分之一的电子天平，匀浆器，移液枪，试管架，试管，试剂瓶，容量瓶，量筒，烧杯。

【试剂配制】

① 0.1 mol/L pH 7.0 磷酸缓冲液：先配制 0.1 mol/L 的 $Na_2HPO_4 \cdot 12 H_2O$（35.82 g/L）和 0.1 mol/L 的 $NaH_2PO_4 \cdot 2H_2O$（15.601 g/L），按 61：9 的比例混合，调 pH 至 7.0。

② 0.05 mol/L 的 CDNB：称取 0.1012 g CDNB 用丙酮定容至 10 mL，避光保存。

③ 0.05 mol/L 的 GSH：称取 0.1536 g GSH 用缓冲液定容至 10 mL，避光保存。

【实验步骤】

（1）酶源制备

取发育一致的同日龄棉铃虫幼虫（四龄 10 头），放入玻璃匀浆器中，加入 0.1 mol/L pH 7.0 的磷酸缓冲液 5 mL，冰浴匀浆，在 4℃下，10000 r/min 离心 10 min，取上清液作为酶源。用 Bradford 考马斯亮蓝法测定酶源中蛋白质的含量。

（2）谷胱甘肽-S-转移酶活力测定方法

取 2.78 mL 0.1 mol/L pH 7.0 的磷酸缓冲液，0.1 mL 0.05 mol/L 还原型谷胱甘肽（GSH），0.02 mL 0.05 mol/L 1-氯-2,4-二硝基苯（CDNB）丙酮液，以及 0.1 mL 酶液混合均匀后倒入比色皿中，在波长 340 nm 处调零，每隔 1 min 记录一次吸光度值，共记录 3 次。

【结果与分析】

将结果记录于表 8-70-1 内，根据消光系数计算 GST 的活性，GST 活力 [$\mu mol/min/(mg\ pro)$] $= (\Delta OD \times V)/(\varepsilon \times L)/(mg\ pro)$，其中 ΔOD 为每分钟吸光度的变化值，V 为酶促反应体

积（3 mL），ε 为产物的消光系数[0.0096 L/(μmol·cm)]，L 为比色杯的光程（1 cm），也可不用消光系数，以 $OD/(min \cdot mg\ pro)$ 表示。

表 8-70-1　棉铃虫谷胱甘肽-S-转移酶活力的测定

	时间/min			每分钟 OD 值	反应体系中蛋白质量	GST 活力
	1	2	3	/(OD/min)	/mg	μmol/[min·(mg pro)$^{-1}$]
OD 值						

【注意事项】

（1）CDNB 溶液避光保存。

（2）GSH 应密封保存。

思　考　题

（1）谷胱甘肽 S-转移酶（GST）和还原型谷胱甘肽（GSH）有何不同？

（2）谷胱甘肽 S-转移酶的主要功能有哪些？

实验 71　磺酰脲类除草剂对乙酰乳酸合成酶活性抑制作用的测定

乙酰乳酸合成酶（acetolactate synthase，简称 ALS）是固定于高等植物叶绿素中的一种黄素蛋白，是诱导植物体内支链氨基酸（缬氨酸、亮氨酸和异亮氨酸）生物合成第一阶段的关键性酶。ALS 抑制剂类包括磺酰脲类（SU）等五类化合物，是超高效除草剂，自从 20 世纪 80 年代后期以来得到了广泛应用，是目前生产上最为重要的除草剂种类之一。ALS 酶活性受抑制后造成植物体内支链氨基酸合成受阻，细胞不能完成有丝分裂，导致植物停止生长并最终死亡。ALS 酶活性是除草剂杀草活性评价，以及杂草对 ALS 抑制剂抗性鉴定的重要生化指标。

【实验目的】

通过本实验，熟悉和掌握磺酰脲类除草剂对乙酰乳酸合成酶活性抑制作用的测定方法和基本步骤。

【实验原理】

在黄素腺嘌呤二核苷酸、焦磷酸硫胺素以及一种二价金属离子（常为 Mg^{2+}）等辅助因子共存条件下，ALS 酶可催化两个丙酮酸形成乙酰乳酸和 CO_2。加入硫酸后发生脱羧反应生成乙酰甲基甲醇（acetoin）。可通过间接比色法，即通过测定乙酰甲基甲醇的量来计算乙酰乳酸的量。乙酰甲基甲醇与肌酸和 1-萘酚会发生显色反应形成粉红色复合物，可用分光光度计测定该复合物的吸光度值，从而计算出酶的活力。ALS 酶活力单位以 mmol acetoin/(mg protein · h^{-1}) 来表示。在反应体系中添加苄嘧磺隆至系列浓度，可求出抑制 ALS 酶活性 50% 的药剂浓度（IC_{50} 值）。

【实验材料】

① 药品与试剂：苄嘧磺隆（bensulfuron-methyl）原药，黄素腺嘌呤二核苷酸二钠（FAD-Na$_2$），氯化硫胺素焦磷酸盐（TPP），二硫苏糖醇（DTT），乙酰甲基甲醇，丙酮酸钠，1-萘酚，无水肌酸，考马斯亮蓝 G-250，牛血清蛋白，乙醇，85% 磷酸，$K_2HPO_4 \cdot 3H_2O$，KH_2PO_4，NaOH，$MgCl_2 \cdot 6H_2O$，$(NH_4)_2SO_4$，H_2SO_4。

② 供试生物：牛繁缕[*Malachium aquaticum* (L.) Fries]，取处于三～四对叶期植株的顶端幼嫩叶片。

【实验设备及用品】

分析天平（万分之一），制冰机，高速冷冻离心机，恒温水浴锅，紫外可见分光光度计，研钵，离心管，移液枪，容量瓶，药匙等。

【试剂配制】

① 磷酸缓冲液：25℃下，1 mol/L K_2HPO_4 取 61.5 mL 和 1 mol/L KH_2PO_4 取 38.5 mL 用超纯水定容至 1000 mL，即为 pH=7.0，0.1 mol/L K_2HPO_4-KH_2PO_4 磷酸缓冲液。

② 酶提取液：含 1 mmol/L 丙酮酸钠，0.5 mmol/L $MgCl_2$，0.5 mmol/L TPP，10 μmol/L FAD，1 mmol/L DTT 的 0.1 mol/L pH 7.0 的磷酸缓冲液。

③ 酶溶解液：含 20 mmol/L 丙酮酸钠，0.5 mmol/L $MgCl_2$ 的 0.1 mol/L pH 7.0 的磷酸缓冲液。

④ 酶反应液：含 20 mmol/L 丙酮酸钠，0.5 mmol/L $MgCl_2$，0.5 mmol/L TPP，10 μmol/L FAD 的 0.1 mol/L pH 7.0 的磷酸缓冲液。

⑤ 0.5%肌酸：溶于超纯水。

⑥ 5% 1-萘酚：溶于 2.5 mol/L NaOH 溶液。

⑦ 饱和硫酸铵：80 g $(NH_4)_2SO_4$ 加入 100 mL 超纯水，不断搅拌下加热至 50～60℃，保持数分钟，趁热过滤。冷却后有结晶析出即达到 100%饱和。

表 8-71-1 蛋白浓度标准曲线的绘制实验试剂配制

试管编号	0	1	2	3	4	5	6
标准蛋白溶液体积/mL	0	0.1	0.2	0.4	0.6	0.8	1
超纯水体积/mL	1	0.9	0.8	0.6	0.4	0.2	0
总体积/mL	1	1	1	1	1	1	1

【实验步骤】

（1）标准曲线绘制

① 乙酸甲基甲醇的标准曲线。配制乙酰甲基甲醇母液 2 mmol/L，并稀释成 0.01、0.02、0.04、0.08、0.16、0.32 mmol/L 系列浓度溶液，分别取上述溶液 0.8 mL，加入 1.2 mL 磷酸缓冲液和 0.2 mL 3 mol/L H_2SO_4，再依次加入 1 mL 0.5%肌酸和 1 mL 5% 1-萘酚溶液，混匀，60℃恒温水浴中反应 15 min 后迅速置于冰浴中冷却 1 min，测定吸光度值 A_{525}，以超纯水作空白对照，重复 3 次。以乙酰甲基甲醇浓度（mmol/L）为横坐标，以 A_{525} 为纵坐标绘制标准曲线，求出回归方程 $y=a+bx$。

② 蛋白标准曲线[采用 Bradford(1976)考马斯亮蓝法]。称取考马斯亮蓝 G-250 0.050 g 加入到 25 mL 95%乙醇中溶解，再加入 50 mL 85%磷酸，超纯水定容至 500 mL 过滤后于棕色瓶中保存。称取牛血清蛋白 0.025 g 定容到 250 mL 作为标准溶液，如表 8-71-1 配制 1 mL 不同浓度的系列溶液，分别加入 5 mL 考马斯亮蓝溶液，混匀，以超纯水作为空白对照，于 595 nm 下记录吸光度值，重复 3 次。以牛血清蛋白的含量（mg）为横坐标，以 A_{595} 为纵坐标绘制标准曲线，求出回

归方程 $y=a+bx$。

（2）ALS酶提取

取 2.0 g 幼嫩叶片剪碎放入预冷研钵中，液氮下快速研磨成细粉，转入 50 mL 离心管中，加 16 mL 酶提取液，混匀，冰上放置 10 min，于 25 000 g，4℃下离心 20 min，收集上清液即为粗酶液。在粗酶液中缓慢加入饱和 $(NH_4)_2SO_4$ 溶液至 50% 饱和度，沉淀 2 h 后，于 25 000 g，4℃下离心 20 min，弃上清液，沉淀溶于 12 mL 酶溶解液中，在 −20℃ 保存。以上操作均在 0～4℃ 条件下进行，重复 3 次。

（3）ALS酶离体活性测定

在 10 mL 离心管中加入 0.9 mL 酶反应液，加入配制好的苄嘧磺隆母液，使终浓度达到 0.0003、0.003、0.03、0.3、3、30 $\mu mol/L$，加入 1 mL 酶液，摇匀后在 37℃ 恒温水浴中暗反应 1 h，加入 3 mol/L H_2SO_4 0.2 mL 终止反应。设超纯水对照（在加入酶液前加入 3 mol/L H_2SO_4 0.2 mL），60℃ 水浴脱羧 15 min，加入 1 mL 0.5% 肌酸和 1 mL 5% 1-萘酚，60℃ 水浴显色 15 min，迅速置于冰浴中冷却 1 min，离心后，取上清于 525 nm 比色，记录吸光度值。

可溶性蛋白的测定。吸取酶液 1 mL 于试管中，加入 5 mL 考马斯亮蓝溶液，混匀，以超纯水作为空白对照，于 595 nm 下记录吸光度值，根据标准曲线计算酶液中蛋白含量，以 mg 表示。

【结果与分析】

实验测得的 OD 值记入表 8-71-2，数据可用 DPS 等统计分析软件进行分析。以酶活力抑制率几率值（y）和苄嘧磺隆浓度对数值（x）建立回归方程 $y=a+bx$，求出抑制 ALS 酶活性 50% 的苄嘧磺隆浓度，即 IC_{50} 值。

表 8-71-2　苄嘧磺隆对 ALS 酶活性的抑制作用测定结果记录表

苄嘧磺隆 /($\mu mol/L$)	吸光度值（重复 1 次）		吸光度值（重复 2 次）		吸光度值（重复 3 次）	
	A_{595}	A_{525}	A_{595}	A_{525}	A_{595}	A_{525}
30.0						
3.0						
0.3						
0.03						
0.003						
0.0003						
CK						
回归方程						
IC_{50}/($\mu mol /L$)						
95% 置信限						
相关系数 r						

【注意事项】

（1）离心管等器皿需清洗干净，避免有残留蛋白影响实验结果。

（2）酶的提取过程应保持在 0～4℃ 条件下进行，避免因温度过高导致酶失活。

（3）饱和 $(NH_4)_2SO_4$ 溶液在添加到粗酶液的过程中应保证缓慢均匀，避免局部过饱和。

（4）提取的酶液应尽早进行酶活性测定实验，避免保存过久导致失活。

（5）标准曲线实验反应体系与酶活测定体系需保持一致。

思　考　题

如何避免实验过程中 ALS 酶失活？

实验 72　除草剂对杂草光合作用抑制的测定

光合作用是绿色植物吸收光能将 CO_2 转化为有机物质并释放 O_2 的过程，是植物体内最为重要的同化过程。一些除草剂就是通过抑制杂草的光合作用导致其死亡，从而达到除草目的，如三氮苯类除草剂是经典的光合抑制剂，30 多年来一直是玉米等作物地主要应用的除草剂种类。除草剂主要通过抑制光能转变为化学能的光反应等过程，进而抑制杂草的光合作用。

光合作用是绿色植物在光照下将 CO_2 与 H_2O 合成为糖类的过程，这一过程是在叶绿体的内囊体膜上进行，它包括以下两步。

光反应：$H_2O + ADP + P_i + NADP^+ \longrightarrow O_2 + ATP + H^+ + NADPH$

暗反应：$CO_2 + ATP + NADPH + H^+ \longrightarrow (CH_2O)_n + ADP + Pi + NADP^+$

光合速率是估测植株光合生产能力的主要指标之一，测定光合速率是诊断植物光合系统的运转，研究外界因素对光合系统影响的重要方法。

【实验目的】

本实验通过测定杂草在除草剂处理前后的光合速率变化，了解除草剂对杂草光合系统的抑制作用的评价方法，为从事除草剂生物活性的快速测定和作用机制研究打下基础。

【实验原理】

通过直接测定活体叶片的 CO_2 交换量，可以迅速准确地测出光合速率。近年来便携式光合速率测定仪面世之后，可以在微创或无损的情况下快速测定光合速率，具有操作方便，数据较系统等优点，能同时给出气孔导度、胞间 CO_2 浓度等参数，还可进一步测定叶绿素荧光参数，探究天线色素的转换效率、PSⅡ电子传递速率、光能分配以及热耗散等机制。为研究除草剂对作物光合系统的影响，以及对杂草光合作用的抑制作用提供了强有力的技术支持。

LI-6400 光合作用系统根据气体与叶室气体 CO_2 浓度差、气体流速、叶面积等参数，计算光合速率、呼吸速率和蒸腾速率；根据参考气体 H_2O 与叶室 H_2O 浓度与蒸腾速率计算叶面水分总导度；又据此以叶片两面的气孔密度比率计算水分气孔导度即气孔导度（其倒数即为气孔阻力）；根据气孔水分导度、叶片两面气孔密度比率、叶面边界层阻力计算气孔对 CO_2 的导度；最后，根据气孔 CO_2 导度、蒸腾速率，参考气体 CO_2 浓度、光合速率，计算细胞间 CO_2 浓度（c_i）。所有运算均由仪器内部的计算机系统完成，可在仪器的荧光屏上直接读数。

另外，叶室内装有温度与湿度探头，外有光照强度探头，在测定过程中能够自动记录的重要环境参数有：大气 CO_2 浓度、大气湿度、叶面温度、大气温度、光照强度等，且这些植物生理指标与环境参数测定可在数秒内完成。

【实验材料】

① 实验药品与试剂：80%莠去津（atrezine）可湿性粉剂。

② 供试生物：鳢肠（*Eclipta prostrate* L.），用种子在盆钵中用土壤培养至四～五叶时供试。

【实验设备及用品】

LI-6400 光合作用系统（美国拉哥公司），LI-610 型露点湿度发生器（美国拉哥公司），ASP-1098 自动喷雾装置（浙江大学农药与环境毒理研究所研制）。

【实验步骤】

（1）实验设计

设莠去津处理剂量分别为 0.1、0.5、2.5、12.5、62.5、312.5 g（a.i.）/hm²，以喷清水为对照，共 7 个处理，每处理 10 株植株，3 次重复，施药液量 450 L/hm²。

（2）仪器标定

在使用 LI-6400 前进行标定，约需 1 h。需要使用标准 CO_2 气体（浓度高于被测环境 CO_2 浓度）和湿度发生器（需购买），标定要点如下。

① 进入开机（open）状态，按 f3 键，进入标定（calibration）状态。

② 将 CO_2 去除剂（碱石灰）和水分干燥剂（均在主机左侧）上方的开关彻底打开（逆时针方向），这样气流经过 CO_2 去除剂和水分干燥剂后，变成无 CO_2 和 H_2O 的空气进入红外分析部位。

③ 选择"流速调零"（flow rate zero），调节气体流速为 0，以电信号 ±1 mV/min 为准，用荧屏左右的上下红色箭头键调节（下同）。

④ 选择"红外气体分析仪调零"（IRGA zero），调 CO_2 为零，再调 H_2O 为零，用 f1，f2，f3 功能键调节，要求 CO_2 达到 ±0.1 μmol/mol，H_2O 达到 ±0.01 mmol/mol。

⑤ 将 CO_2 去除剂和 H_2O 干燥剂开关彻底关闭（顺时针方向），然后将探头上进入样品分析室的塑料管（带黑色环者）打开，并与标准 CO_2 钢瓶塑料管连接。

⑥ 选择"红外气体分析仪调跨度"（IRGA span），然后分别调 CO_2-A 和 CO_2-B（参考气体和样品气体 CO_2 红外分析仪，下同），用上下箭头调节，直至与标准气体 CO_2 浓度相差 ±1 μmol/mol 以内。

⑦ 将上述打开处与露点湿度发生器（如 LI-610 型）连接，在 LI-610 随带的室温、相对湿度与露点温度关系图上查出在标定工作环境温度下希望得到的相对湿度（应以测定地点的环境湿度为准）；并在 LI-610 上设置该温度，在"IRGA span"状态下，选择 H_2O-A 和 H_2O-B（参考气体和样品红外 H_2O 红外分析仪，下同），并以 LI-610 标定之。以露点温度相差 0.01℃ 为准。

⑧ 完成上述标定后，选择"流速调零存盘"（store flow rate）和"红外分析仪调零、调跨度存盘"（store zero & span information）存储标定参数。这样，仪器即可在标定的状态下工作。

若一天内需要连续测定，则在早晨标定一次即可。

（3）测定

① 在"open"状态下，按 f4 键，进入测定（new measurement）状态。

② 打开叶室，夹住被测植物叶片，使叶在叶室内的方向与其自然着生方向一致（用自动光源时不必作此要求），若被测叶片面积 <6 cm²，则应准备塑料袋采集新鲜标本，待野外测定完成后回室内测定叶面积。

③ 待荧屏上 CO_2-A、CO_2-B、H_2O-A、H_2O-B、光合作用、蒸腾作用等显示的数据基本稳定后

（约需 3 min），按数字 6，进入自动存储（autolog）状态。

④ 在"autolog"状态，给定文件名，输入测定次数（3 或 4 次即可）、时间间隔（8～10 s 即可）、仪器自动平衡（automatch）的次数（2 次即可）。

⑤ 按数字 1，观察仪器测定和存储数据的次数，待完成给定的次数后，按 f3 关闭文件，进行下次测定。

⑥ 如在同一天内进行多次测定，可连续使用同一文件名，只需在"标志"（remark）时，加以区别即可。

（4）数据转存计算机

① 在"open"状态下，按 f3 进入"应用"（utility）状态。

② 在要转移的文件前标志（按回车键即可，再次按动则标志消失），联机后用"print"命令将数据导出。

【结果与分析】

实验结果记入表 8-72-1，与对照比较，可计算出不同剂量除草剂处理后杂草的光合速率抑制率，再用统计分析软件（如 SAS、DPS 等），可求出抑制光合速率 50% 的除草剂剂量，即 I_{50} 值，以表示除草剂对杂草光合作用抑制作用的强弱。

表 8-72-1　莠去津对杂草的光合速率抑制作用测定结果记录表

莠去津 /[g (a.i.)/hm²]	光合速率		
	重复 1	重复 2	重复 3
312.5			
62.5			
12.5			
2.5			
0.5			
0.1			
CK			
回归方程			
I_{50}/[g (a.i.)/hm²]			
95% 置信限			
相关系数 r			

【注意事项】

LI-6400 内存空间较小，可存约 20 个文件（相当于连续 20 d 的数据），必须将数据转存计算机并删除文件后仪器才能继续工作，LI-6400 自备与计算机兼容的软件，安装该软件后可通过数据线将数据导入计算机。

思　考　题

用 LI-6400 测定杂草的光合速率，需注意些什么？

实验 73　除草剂对 5-烯醇式丙酮酰莽草酸-3-磷酸合酶(EPSPS)抑制作用的测定

草甘膦是全球使用量最大的除草剂品种,广泛应用于非耕地、水域以及免耕作物地除草。该药剂具有在杂草体内传导性好,毒性低等优点,30 多年来长盛不衰。随着抗草甘膦转基因作物的推广应用,该药剂的使用可能进一步扩大。然而,抗草甘膦的杂草生物型目前至少已发现 11 种,该药剂的发展备受关注。在草甘膦转基因作物与杂草抗药性研究过程中,草甘膦靶标酶 5-烯醇式丙酮酰莽草酸-3-磷酸合酶(EPSPS)对药剂的敏感性变化,是研究转基因作物耐药水平和杂草对草甘膦抗性不可或缺的内容。

【实验目的】

通过本实验掌握除草剂对 5-烯醇式丙酮酰莽草酸-3-磷酸合酶活性抑制作用的测定方法。

【实验原理】

莽草酸途径是植物和微生物体内芳香族氨基酸合成的重要途径。5-烯醇式丙酮酰莽草酸-3-磷酸合酶[5-enolpyruvyl shikimate-3-phosphate synthase(EPSPS)]是莽草酸途径的关键酶,催化 3-磷酸莽草酸(S_3P)和磷酸烯醇式丙酮酸(PEP)生成 5-烯醇式丙酮酸-3 磷酸莽草酸(EPSP)。草甘膦是 PEP 的结构类似物,能竞争性抑制 EPSPS 的活性,从而阻断芳香族氨基酸(色氨酸、酪氨酸、苯丙氨酸)的生物合成,最终导致植物死亡。

EPSP 合成酶在植物体内含量较少,性质不稳定,经快速纯化后用于实验更为理想。EPSP 合成酶的酶活,可通过测定其催化底物反应生成的无机磷的量来确定。在 25℃下,酶活力单位定义为 1 min 内使 1 μmol 的 PEP 转化为 EPSP 的酶量,也即 1 min 内产生 1 μmol 无机磷所需的酶量为一个酶活单位(U)。

【实验材料】

① 药品与试剂:草甘膦(glyphosate)原药,考马斯亮蓝 G-250,烯醇式丙酮酸,莽草酸-3-磷酸,葡聚糖 G-50,牛血清白蛋白(BSA),苏糖醇(DTT),聚乙烯吡咯烷酮(PVPP),研钵,Tris,EDTA,甘油,维生素 C,苯脒(Benzamidine),聚乙二醇(PEG2000),NaCl,柠檬酸钾,孔雀绿显色液。

② 供试生物:鳢肠(*Eclipta prostrate* L.)幼苗(温室内发芽后 10~20 d 用于实验)。

【实验设备及用品】

高速冷冻离心机,分光光度计,快速蛋白液相色谱(FPLC)等,纱布,Sephadex G-50 层析柱,Mono-Q 层析柱,磷酸纤维素柱(5 cm×1 cm)。

【试剂配制】

① 酶提取缓冲液 A:该缓冲液 pH 7.5,含 100 mmol/L Tris、1 mmol/L EDTA、10% (V/V)的甘油、1 mg/mL 的 BSA、10 mmol/L 的维生素 C、1 mmol/L 的苯脒和 5 mmol/L 的 DTT。

② 缓冲液 B:除无 BSA 外其他组分与缓冲液 A 相同

③ 缓冲液 C:10 mmol/L 的柠檬酸钾 pH 5.5,1 mmol/L 的 EDTA,10% (V/V)的甘油,10 mmol/L 的维生素 C,1 mmol/L 的苯脒,5 mmol/L 的 DTT。

④ 酶促反应体系:该体系 1 L 含 50 mmol/L HEPES (pH 7.5),1 mmol/L $(NH_4)_6Mn_7O_{24}$,1 mmol/L PEP,2 mmol/L S_3P 和 1000 mg BSA。

【实验步骤】

(1) EPSP 合成酶的提取

提取过程需在 $0\sim4℃$ 下进行。称液氮冷冻的叶片 0.5 g，将 0.1 g 聚乙烯吡咯烷酮（PVPP）放于预先冷冻好的研钵中，加入 0.8 mL EPSP 合成酶提取缓冲液 A，冰浴上研磨至匀浆，用 6 层纱布过滤，20000 g 离心 15 min，上清液为 EPSP 合成酶的粗酶液。

(2) EPSP 合成酶的纯化

纯化过程中，除 Mono-Q 层析在室温条件下进行外，其他步骤均在 $0\sim4℃$ 下进行。粗酶液中加入 45% 的饱和硫酸铵，12000 g 离心 30 min。取上清液并加入硫酸铵至 65% 饱和，12 000 g 离心 30 min。沉淀用 20 mL 缓冲液 A（预冷）溶解，通过经预冷的缓冲液 B 平衡的 Sephadex G-50 层析柱（2.5 cm×90 cm），用平衡缓冲液洗脱，流速 1.5 mL/min，收集 EPSP 合成酶活性组分；用聚乙二醇（PEG2000）浓缩至 $1\sim2$ mL，上 Mono-Q 离子柱层析，Mono-Q 柱预先用缓冲液 B 充分平衡。

上样 1 mL 后用缓冲液 B 及上限洗脱液为 0.5 mol/L 的 NaCl 梯度洗脱，流速 1 mL/min，收集 EPSP 合成酶活性组分，并装入透析袋，用缓冲液 C 透析过夜，用聚乙二醇浓缩至 $1\sim2$ mL，上磷酸纤维素（5 cm×1 cm）柱层析。磷酸纤维素预装柱用缓冲液 C 平衡后，上样 1 mL，开始用缓冲液 C 洗脱，直至记录仪指针上升后又下降回到基线，再用缓冲液 C 中含有 1 mmol/L 的 PEP 的缓冲液洗脱，洗脱至记录指针上升后又回到基线。最后用缓冲液 B 中含 1 mmol/L 的 S_3P 和 1 mmol/L 的 PEP 的缓冲液洗脱，流速 0.5 mL/min。合并含 EPSP 合成酶的部分并放入透析袋，于缓冲液 B 中透析过夜。

(3) EPSP 合成酶酶活的测定

① 无机磷标准曲线的建立。用 ddH_2O 将 0.1 mmol/L KH_2PO_4 溶液稀释成 20、40、60、80 和 100 μmol/L 的 KH_2PO_4 标准溶液，各取 50 μL 于 1.5 mL 的 Eppendorf 管中，加入孔雀绿显色液 800 μL，精确反应 1 min；加入 100 μL 34%（w/v）柠檬酸钠溶液终止显色反应，室温静置 15 min，在分光光度计下读取 OD_{660}；空白对照用 50 μL ddH_2O 代替 KH_2PO_4 标准液，其余操作相同。

② 草甘膦对 EPSP 合酶活性的抑制作用测定。40 μL 酶促反应体系，在 25℃ 水浴中预热 5 min，加入 10 μL 的酶液，同时加入草甘膦药液使最终浓度分别达到 0、2、8、32、128、512、2048 μmol/L，25℃ 下精确反应 10 min；迅速放入沸水中终止酶反应，冷却至室温。加入 800 μL 孔雀绿显色反应 1 min 后，加入 100 μL 34%（w/v）的柠檬酸钠溶液，终止显色反应。在分光光度计下读取 OD_{660}，空白对照为加入酶液后立即加入孔雀绿进行显色反应。

(4) 蛋白含量的测定

采用 Bradford(1976) 的方法测定。

【结果与分析】

实验结果记入表 8-73-1，与对照比较，可计算出不同浓度草甘膦处理杂草的 EPSP 合成酶活性抑制率。再用统计分析软件（如 SAS、DPS 等），可求出抑制 EPSP 合成酶活性 50% 的草甘膦浓度，即 IC_{50} 值，以表示杂草 EPSP 合成酶对草甘膦的敏感性。

表 8-73-1　　草甘膦对 5-烯醇式丙酮酰莽草酸-3-磷酸合酶(EPSPS)的抑制作用测定记录表

草甘膦	吸光度值(重复 1 次)		吸光度值(重复 2 次)		吸光度值(重复 3 次)	
	A_{595}	A_{660}	A_{595}	A_{660}	A_{595}	A_{660}
2048						
512						
128						
32						
8						
2						
CK						
回归方程						
$IC_{50}/(\mu mol /L)$						
95% 置信限						
相关系数 r						

【注意事项】

（1）EPSP 合成酶的提取和纯化过程中，除 FPLC Mono-Q 层析在室温条件下进行外，其他步骤均在 0～4℃下进行。

（2）加 PVPP 是为了防止内源酚类物质的干扰，其加入量为叶片量的 5% 左右较合适。

思　考　题

EPSP 合成酶提取时，如何尽可能保护酶的活性不受破坏？

实验 74　　杀菌剂对菌体呼吸作用的测定

生命个体所需要的能量是通过大的有机分子(如糖、脂肪、蛋白质)降解来提供的。在真菌体中，这一过程发生在线粒体中并由此合成了高能介质 ATP。抑制呼吸作用的杀菌剂可分别干扰这一生化过程的许多部位，进而影响了真菌的正常生命活动。许多杀菌剂都可干扰真菌的能量供应并且都能强烈抑制孢子萌发，如铜制剂、硫磺，二硫基氨基甲酸酯(代森锌、福美双)、克菌丹等，它们可抑制参与呼吸作用的多种酶，这种多点抑制作用也避免了对这些保护性杀菌剂产生抗性。最近，抑制呼吸作用的杀菌剂研究进展尤为活跃。

【实验目的】

了解杀菌剂对菌体呼吸作用的影响及其测定方法。

【实验原理】

植物病原菌和其他异养微生物一样，通过呼吸作用摄入的氧，使有机养料尤其是 D-葡萄糖氧化放出自由能以供给生命活动所需要的能量，这样有机养料作为呼吸基质氧化的最终产物就以二氧化碳排出。

溶解在水中氧的测定是用电学的测定方法，连续地在记录纸上记录溶解在水中氧的减少和增加，即能测定出反应混合液中的溶解在水中的氧。该方法常采用所谓用作氧电极的白金电极和饱和 KCl 甘汞电极为正负极的记谱，即溶剂在水中的氧基于电极上还原而产生电流的方法。该方法由于采用封闭系统容器的缘故，不仅可以测定由于菌体细胞呼吸所消耗的氧，还能测定或观察与其共轭的氧化磷酸化,通过光合成所放出的氧气及光合磷酸化等。

【实验材料】

① 供试药剂:93%嘧菌酯原药(azoxystrobin),用甲醇配成 1.0×10^4 μg/mL 母液。

② 供试菌株:油菜菌核病菌。

③ 培养基:PDA 培养基(马铃薯 200 g,葡萄糖 20 g,琼脂粉 20 g,水 1 L),AEB 培养基(酵母提取物 5 g,$NaNO_3$ 6 g,KH_2PO_4 1.5 g,KCl 0.5 g,$MgSO_4$ 0.25 g,丙三醇 20 mL,去离子水 1 L)。

【实验设备及用品】

摇床,SP-2 溶氧仪,烘箱,三角瓶,培养皿,移液器等。

【实验步骤】

(1) 供试菌的准备

将油菜菌核病菌在 PDA 培养基上 25℃培养 2 d,用灭菌打孔器(ϕ 5 mm)在菌落边缘制取菌碟,接种于含有 100 mL AEB 液体培养基的 250 mL 三角瓶中,每瓶 10 个菌碟,25℃、175 r/min 条件下摇培 24 h。

(2) 药剂抑制菌体呼吸作用的测定

在摇培 24 h 的三角瓶中加入嘧菌酯使药剂浓度分别为 0、0.5、5 和 50 μg/mL,每浓度处理 6 瓶,再摇培 12 h 后,过滤收集菌丝,收集到的各个处理的 3 瓶菌丝放入 80℃烘箱中烘干 12 h 至恒重,称量菌丝干重,每个处理的另 3 瓶菌丝,用蒸馏水冲洗 3 次,每 10 mg 鲜重菌丝悬浮于 0.1 mol/L 葡萄糖磷酸缓冲溶液(pH 为 7.2) 2 mL 中,在氧电极上测定上述设定浓度的嘧菌酯对菌丝的呼吸抑制作用。

【结果与分析】

实验仪记录的数据中,溶氧仪的反应杯体积为 X(mL),某温度下所跑基线横向格数为 Y(格),某温度下水中溶解氧浓度 Z(μmol/mL,从表中查得)。所以每格代表溶解氧量为 $(Z \times X)/Y$。

$$菌丝耗氧量 = 横向格数(处理) \times [(Z \times X)/Y] \qquad (8\text{-}74\text{-}1)$$

根据记录仪记录的斜率计算出单位时间内单位菌丝干重的耗氧率。

$$呼吸速率 = (菌丝耗氧量 / 测定时间)/ 菌丝干重 \qquad (8\text{-}74\text{-}2)$$

【注意事项】

(1) 氧电极对温度变化非常敏感,膜对温度的渗透系数为(3%~5%)/℃。测定时需维持温度恒定,反应杯中出现气泡则表明溶液尚未完全平衡。

(2) 反应杯中不应有气泡,否则会造成信号不稳,有经常性的随机干扰,记录线扭曲。由于空气泡中比水中的含氧量高 20 多倍,反应杯中有气泡时溶液中的氧就会扩散到气泡或气泡中的氧扩散到溶液中,结果就会造成电极反应迟钝,空白测定时,信号就会表现出缓慢漂移。

(3) 电极使用一段时间后,在阳极上形成一层氧化膜,电极的灵敏度下降,用清洗剂清洗银极(阳极),然后用蒸馏水冲洗干净,不能用锋利的器皿清洗电极。

思　考　题

测定菌体呼吸作用的方法还有哪些?

实验 75　杀菌剂对细胞膜渗透性的测定

细胞膜是防止细胞外物质自由进入细胞的屏障,它既使细胞维持稳定代谢的胞内环境,又能调节和选择物质进出细胞。细胞膜在不断变化的环境中,必须保持自身的稳恒状态,才能生存。三唑类杀菌剂是一类麦角甾醇合成抑制剂,能够引起病原菌细胞膜透性发生变化,使细胞内物质向外渗漏、沉积,从而导致细胞壁加厚,最终导致菌丝细胞解体死亡。

【实验目的】

掌握电导率法测定多菌灵对小麦赤霉病菌菌丝体细胞膜渗透性的影响。

【实验原理】

三唑类杀菌剂是一类麦角甾醇合成抑制剂,能够引起病原菌细胞膜透性发生变化,使细胞内物质向外渗漏、沉积,从而导致细胞壁加厚,最终导致菌丝细胞解体死亡。

电导率法是衡量溶液中离子强度高低的一个特征参数,它与细胞中变化较大的组分诸如核酸、氮碳的含量无关,而与溶液中的离子浓度有关。根据其相对电导率值的高低,能间接反应出菌丝细胞膜透性的变化情况。

【实验材料】

① 供试菌株:禾谷镰孢菌(*Fusarium graminearum*)。

② 供试药剂:98%戊唑醇(Tebuconazole)原药,溶于甲醇中制成 5000 $\mu g/mL$ 的母液。

【实验设备及用品】

生化培养箱,酒精灯,三角瓶,培养皿,打孔器,电导率仪等。

【实验步骤】

① 从培养 2 d 的菌落边缘打取 5 mm 的菌碟转入含有 100 mL PSB 的三角瓶(每瓶 5 个菌碟),振荡培养 36 h(175 rpm,25℃)后,加入多菌灵使其终浓度为 0.5 $\mu g/mL$,以不加药剂作为对照。

② 振荡培养 12 h,用双层纱布过滤菌丝,剔除菌碟,用无菌水冲洗两次并真空抽滤 20 min,称取 0.5 g 菌丝溶于 20 mL 的蒸馏水中搅拌混匀,分别在 0、5、10、20、40、60、80、100 min 用电导率仪测定其电导率值,100 min 后,将菌丝置于沸水中煮 5 min,待冷却后测定其最终电导率值。

【结果与分析】

根据以下公式计算其相对电导率:

$$相对电导率 = \frac{不同时间电导率}{最终电导率} \times 100\% \tag{8-75-1}$$

以时间为横轴、相对电导率为纵轴作曲线,比较不同时间及用药前后相对电导率的变化。

【注意事项】

(1) 测定电导率之前要充分将菌丝搅拌均匀。

(2) 电导率仪需要在恒温条件下操作。

思　考　题

影响细胞膜渗透性的因素有哪些?

实验 76　多菌灵对真菌细胞形态毒理学影响特征观察

形态毒理学研究是杀菌剂作用方式研究中的一个重要方面。通过形态毒理学研究,可以直观的了解杀菌剂的作用方式,为进一步研究杀菌剂作用机理奠定良好的基础。苯并咪唑类杀菌剂(如多菌灵、苯菌灵)的杀菌机理是其与β-微管蛋白结合,从而干扰微管的形成和有丝分裂。本实验通过观察多菌灵对禾谷镰孢菌分生孢子萌发及菌丝有丝分裂的影响,了解多菌灵对禾谷镰孢菌的作用方式。

【实验目的】

通过本实验,熟悉和掌握多菌灵对禾谷镰孢菌细胞形态毒理学的研究方法和操作步骤,以及实验结果分析等。

【实验原理】

苯并咪唑类杀菌剂(如多菌灵、苯菌灵)的杀菌机理是其与β-微管蛋白结合,从而干扰微管的形成和有丝分裂。通过观察多菌灵对禾谷镰孢菌分生孢子萌发及菌丝有丝分裂的影响,了解多菌灵对禾谷镰孢菌的作用方式。

【实验材料】

① 供试菌株:禾谷镰孢菌(*Fusarium graminearum*)。

② 改进 Helly's 液:5%升汞,3%重铬酸钾,使用时加入 0.018%的甲醛。

③ 供试药剂:0.01%多聚赖氨酸,5%升汞,3%重铬酸钾,0.018%的甲醛,70%乙醇,1 mol/L盐酸。

【实验设备及用品】

生化培养箱,显微镜,酒精灯,三角瓶,培养皿,打孔器,擦镜纸,玻璃纸等。

【试剂配制】

① 98%多菌灵(carbendazim)原药:溶于 0.1 mol/mL 的盐酸溶液中制成 5000 μg/mL 的母液。

② 改进 Helly's 液:5%升汞,3%重铬酸钾,使用时加入 0.018%的甲醛。

③ Giemsa 染液:Giemsa 原液(Giemsa 染料 1 g,甘油 50 mL,甲醇 50 mL),使用时用 0.05 mol/L的磷酸缓冲液 PBS(pH 7.0)稀释 10 倍成 Giemsa 染液。

【实验步骤】

(1) 禾谷镰孢菌分生孢子悬浮液的制备

菌株在 PDA 平板 25℃培养 3 d,沿菌落边缘取 10 块菌碟接种 3%绿豆汤液体培养基,25℃,175 r/min;摇培 7 d 后双层擦镜纸过滤,3500 r/min 离心 5 min,收集沉淀,灭菌水清洗 2 次;最后用灭菌水调节孢子浓度至 $1×10^6$ 个/mL。

(2) 多菌灵对禾谷镰孢菌分生孢子萌发的形态学和细胞学观察

将分生孢子涂在经 0.01%多聚赖氨酸处理的盖玻片上,风干,立即倒置放在铺有玻璃纸的含 10 μg/mL 多菌灵的 PDA 平板上,25℃萌发 6 h、12 h、24 h,分别取下盖玻片,Giemsa 染色观察幼殖体形态和有丝分裂,同时以不含多菌灵的 PDA 平板作对照。

Giemsa 染色步骤如下。

① 固定。改进 Helly's 液固定 10 min,然后用 70%的乙醇漂洗 3 次。

② 水解。将固定后的样品放入 1 mol/L 的盐酸中，60℃水解 8 min，蒸馏水清洗 3 次。

③ 染色。将水解后的样品放入 Giemsa 染液染色30 min，染液封固，指甲油封片。

（3）多菌灵对禾谷镰孢菌菌丝体的形态学和细胞学观察

将分生孢子涂在经 0.01%多聚赖氨酸处理的盖玻片上，风干，立即倒置放在铺有玻璃纸的 PDA 平板上；25℃萌发 6 h，然后将盖玻片移到含 10 μg/mL 多菌灵的 PDA 平板上，25℃继续培养 0~2 h；间隔 30 min 分别取下盖玻片，Giemsa 染色观察幼殖体形态和有丝分裂，同时以不含多菌灵的 PDA 平板作对照。

【结果与分析】

观察多菌灵在禾谷镰孢菌不同生长阶段（分生孢子萌发、菌丝体生长）对其有丝分裂的影响，注意禾谷镰孢菌分生孢子萌发过程中的核相变化。

【注意事项】

（1）孢子的浓度调节到 1×10^6 个/mL，不宜过高，也不宜过低。

（2）Giemsa 染液要现配现用。

思 考 题

多菌灵在禾谷镰孢菌体内的作用靶标与在其他生物体内（例如：灰霉）的作用靶标有何区别？

第五篇

农药环境毒理测定及农药残留检测

第九章　农药环境毒理

农药环境毒理是研究农药的环境行为、生态效应、环境管理和污染防治的学科分支，是环境科学与农药科学的组成部分。其目的是评价农药对生态环境的安全性，为农药的合理使用，防治农药的污染和指导新农药的开发和登记提供科学依据。农药的环境行为包括农药在环境中的化学行为与物理行为，是农药在环境中发生的各种物理和化学现象的统称。化学行为主要是指农药在环境中的残留及其降解与代谢过程；物理行为是指农药在环境中的移动及其迁移扩散规律。农药的生态效应是研究环境中的残留农药对各种环境生物影响的剂量关系，及其对生态系统的影响，包括农药对非靶标生物的毒性及在生物体内的富集作用。对非靶标生物的毒性主要包括对害虫天敌的影响，对鱼类的影响，对蚯蚓及土壤微生物的影响，对蜜蜂、家蚕的影响，对鸟类的影响等。具体实验方法及评价指标，可参考国家环保局南京环境科学研究所编写的《化学农药环境安全评价实验准则》。保护的重点是一些有益的昆虫与一些具有经济价值的生物，如天敌、鸟类、鱼类、蜜蜂、家蚕、蚯蚓和土壤微生物等。

（一）农药对环境安全性的影响因素

化学农药对环境的安全性与农药的性质、施用方法及施用地区的气候土壤条件密切相关。

1. 农药的理化性质对生态环境安全性的影响

（1）蒸气压

农药进入环境后，在气、水、土各介质间迁移、扩散与再分配特性，受农药蒸气压影响很大，蒸气压越大，农药就越容易从土壤或水域环境转向大气空间，这样就容易进一步引起农药的光解作用；农药在土壤中的移动性能，受农药蒸气压影响也很大。

（2）水溶性

水溶性的大小，对农药在环境中的迁移、吸附、生物富集以及农药的毒性都有很大影响。水溶性大的农药容易从农田流向水体，或通过渗漏进入地下水，也容易被生物吸收，导致对生物的急性危害；水溶性小的农药，容易被土壤吸附，在环境中不易引起更大范围的污染；水溶性小，脂溶性强的农药，容易在生物体内积累，易引起对生物的慢性危害。

（3）分配系数

分配系数是指农药在互不相溶的两种极性与非极性溶剂中的分配能力，分配系数大的农药容易在非生物物质与生物体内富集，分配系数小的农药，容易在环境中扩散，从而也扩大了农药的污染范围。

（4）化学稳定性

农药的稳定性是指农药进入环境后，遭受物理、化学因子影响时，分解难易程度的指标，是评价农药在环境中稳定性的基础资料。

（5）杂质成分

一般优质的农药，其杂质成分对环境影响不大，但有些农药的杂质成分是影响环境安全性的主要对象，如六六六的几种异构体、氟乐灵中的亚硝胺、甲胺磷中的不纯物等，因此，农药的纯度和不纯物的成分必须在基础资料中提供。

2. 农药施用方式对环境安全性的影响

农药的不同施用方式对农药在环境中的行为与对非靶标生物安全性影响很大，主要影响因子有以下几方面。

(1) 剂型

不同的农药剂型对农药在环境中的残留性、移动性以及对非靶标生物的危害性均有影响，从农药在环境中残留性比较，颗粒剂＞粉剂＞乳剂；对非靶标生物接触危害的程度比较，刚好与残留性成反向关系。

(2) 施药方法

喷施、撒施，特别是用飞机喷洒的方式，影响范围广，对非靶标生物的危害性大；条施、穴施和用作土壤处理的方法，污染范围小，对非靶标生物比较安全。

(3) 施药时间

施药时间的影响主要与气候条件及非靶标生物生长发育的时期有关。在高温多雨季节施用农药，农药容易在环境中降解与消散；在非靶标生物活动期与繁殖期喷洒农药，对非靶标生物杀伤率大；另外，施药时间对农产品是否会遭受污染的关系也十分密切。

(4) 施药剂量

农药对环境的危害性主要决定于农药的毒性与用量两个因子。高毒的农药，只要将其用量控制在允许值范围内，就不会造成对环境的实际危害；相反，低毒农药用量过大，同样会造成危害。

(5) 施药地区与施药范围

施药地区的影响主要与当地的气候与土壤条件有关，在高温多雨地区，农药在环境中消减要比在干旱地区快，在稻田或碱性土中施用农药，一般比在旱地或酸性土中降解要快；施药范围越广，影响面也越大。在水源保护区、风景游览区与珍稀物种保护区施用农药，更应注意安全。

3. 农药对非靶标生物的影响

在靶标生物与非靶标生物并存的环境中，使用农药难免对非靶标生物会造成一定的危害。不同的农药品种，由于其施药对象、施药方式、毒性及其危及生物种类的不同，其影响程度也随之而异。环境生物种类很多，在评价时只能选择有代表性的，并具有一定经济价值的生物品种，其中包括陆生生物、水生生物和土壤生物作为评价指标。

对非靶标生物安全性评价，通常用急性毒性的半致死浓度 LC_{50}、半致死剂量 LD_{50} 或半抑制浓度 EC_{50} 值来表示；对一些在环境中难降解，或是经常大量使用的农药，特别是一些毒性大、脂溶性强的农药，需进一步做慢性实验与富集系数测定实验。

(二) 农药环境安全性评价指标与评价实验程序

1. 农药环境安全评价指标

由于农药的环境安全性评价还兼有安全性综合评价的职能，在进行环境安全评价时，除了提供环境评价必备的资料外，还须提供有关的基础资料与附加实验资料。所谓必备的评价资料，是指《化学农药环境安全评价实验准则》规定的项目，是评价环境安全性的核心资料；而基础资料可参照或引自化工部门、卫生部门或农业部门提供的实验数据；附加资料是指在审查必备资料时，认为还须补充提供的一些实验项目。

（1）必备资料

① 基本理化性质与环境行为特征指标。水溶性、蒸气压、分配系数；挥发作用、土壤吸附作用、淋溶作用、土壤降解作用、水解作用、光解作用、富集作用。

② 非靶标生物的毒性指标。鸟类、蜜蜂、家蚕、天敌（赤眼蜂、蛙类）、鱼类、水蚤、藻类、蚯蚓、土壤微生物。

（2）基础资料

① 农药理化特性指标。农药的通用名、化学名、结构式、有效成分含量及杂质成分、熔点、沸点、密度、外观、吸收光谱-紫外、可见光谱、乳化性、悬浮性、储藏稳定性。

② 推荐的农药使用模式与作物残留资料。剂型、施用方法、施用时间、施用数量、施用地区和施用范围以及农药在作物上的最终残留量和 *MRL* 值。

③ 农药的毒理学指标。农药对温血动物的急性毒性、亚急性毒性、慢性毒性与三致实验资料及 ADI 值。

2. 农药环境安全评价实验程序

由于农药的品种很多，性质和使用方法各异，因此在安全评价时要求提供的指标也随之而异。对拟开发的农药品种，首先要测定其对环境行为密切相关的几个理化指标，包括水溶性、蒸气压、分配系数，然后同时进行对非靶标生物的急性毒性实验与农药的环境行为特征实验。在非靶标生物的毒性实验中，在旱地上喷施、撒施的农药，需做陆生生物的毒性实验，包括对鸟类、蜜蜂、家蚕、天敌、蚯蚓与土壤微生物的影响；用作土壤处理的农药，仅需做对蚯蚓和土壤微生物的影响；种子包衣或用作毒饵的农药，只需做对鸟类的毒性；而对虽用于旱地，但其残留性与移动性都很强，有污染水体危险的农药，需增做对水生生物毒性实验；用于水田或直接用于水域的农药，须做对水生生物的毒性实验，包括鱼类、水蚤和藻类；对一些挥发性、漂移性强，用于水田的农药，应增做对陆生生物的毒性实验。

（三）农药对非靶标生物的评价方法

1. 农药对鱼的评价方法

鱼类毒性实验在研究水污染及水环境质量中占重要地位。通过鱼类急性毒性实验可以评价受试物对水生生物可能产生的影响，以短期暴露效应表明受试物的毒害性。鱼类急性毒性实验不仅用于测定化学物质毒性强度，测定水体污染程度，检查废水处理的有效程度，也为制定水质标准、评价环境质量和管理废水排放提供环境依据。

农药的不慎使用常可引起水体的污染。被污染的水体因污染程度的不同，可对水生生物产生三方面的影响：急性毒性、逃避毒性及累积毒性。从而导致水生生态系统中敏感种的消失、逃避或死亡，污染种的增加（食物链蓄积）。

不同国家和地区根据实际情况常采用常见的鱼种进行实验，国际上常用实验鱼种有斑马鱼、鲤鱼、夏裨鱼、黑头软口鲦、虹鳟等。鲤鱼是我国主要鱼种之一，各地都有养殖，材料易得，是理想的实验鱼种。

衡量上述三种毒性大小的指标是各不相同的。其中，急性毒性的大小用忍受极限中浓度（median tolerance limit，*TLM*）或致死中浓度（median lethal concentration，LC_{50}）来表示。二者的含义是一致的：即在一定条件下，一种农药与某种鱼接触一定时间（24、48、96 h），杀死 50%个体所需的浓度，一般用 mg/L 作为度量单位。日本把农药对鱼的毒性分为三类，以鲤鱼为例，

A 类：TLM 在 10 mg/L 以上，属于低毒；

B 类：TLM 在 1~10 mg/L，属于中等毒性；

C 类：TLM 在 1 mg/L 以下，属于高毒。

逃避毒性的大小可用 AR_{65} 来表示，其含义是在回避实验中，当回避比值为 65% 时的药剂浓度，常用 μg/L 作为度量单位。

累积毒性也就是慢性毒性，常用形态、生理生化、生活力、行为、生殖力、后代的异常变化等指标来表示。

2. 农药对蚯蚓的评价方法

蚯蚓是土壤中生物量最大的动物类群之一，在土壤物理性状的改良以及植物营养循环方面具有重要作用。由于蚯蚓直接暴露于土壤污染物中，并对多种污染物敏感，利用蚯蚓指示土壤污染状况，已成为土壤污染生态毒理诊断的一个重要指标。评价农药对蚯蚓生态毒理的研究方法，目前主要有实验室毒理实验、田间生态毒理实验和生物检定三种方法。实验室毒性实验包括急性毒性实验和慢性毒性实验，具有较好的实用性，可以通过简单、快速和经济的方法测试某些农药对蚯蚓的毒性，从而对农药的生态毒性做出初步的判断。

目前对蚯蚓的毒性评价多采用赤子爱胜蚯蚓（*Eisenia foelide*）。

(1) 滤纸接触

蚯蚓在填充了标准化的滤纸条的玻璃器皿中与不同浓度的化学药品接触 48 h 后测定其死亡率，然后通过标准化的统计方法得到 LC_{50}。这种方法具有快速、简便易行的优点，但是实验仅可给出通过皮肤接触所产生的毒性信息，因此不能全面评估农药对蚯蚓的真实影响。

(2) 人工土壤法

农药对蚯蚓的致害途径，主要是土壤中的残留农药与蚯蚓接触或被蚯蚓吞食所致。因供试土壤种类的不同，对蚯蚓毒性的程度也有差别。为了使实验结果具有可比性，多采用人工配制的标准土壤作为实验材料。人工土壤由 10% 的草炭，20% 的高岭黏土（高岭土大于 50%），69% 的工业石英砂（含 50% 以上 0.05~0.2 mm 的细小颗粒）和 1% 的 $CaCO_3$（化学纯）组成。将农药按一定的级差配成 5~7 个浓度，分别均匀地加入 1 kg 土壤中。调节到一定的湿度后，装于 2 L 的培养缸中，每个处理养入个体大小相近的健壮蚯蚓 10 条，在（20±2）℃和有适量光照条件下进行实验。供试农药用制剂或纯品，对难溶于水的农药，可用丙酮助溶。拌入土壤后先将丙酮挥发后再做实验。蚯蚓的毒性实验需连续进行 14 d，于第 7 d 与 14 d 时测定蚯蚓的死亡率，用概率法求致死中浓度 LC_{50} 与 95% 的可信限值。这种方法较真实地反映了蚯蚓生活的土壤环境，综合考虑了农药对蚯蚓的经皮毒性和经口毒性。上述方法得到的实验结果，按照 LC_{50} 的大小将农药对蚯蚓的毒性划分为 3 个等级：$LC_{50} < 1$ mg/L 的为高毒农药；LC_{50} 1~10 mg/L 的为中毒农药；$LC_{50} > 10$ mg/L 的为低毒农药。

(3) 溶液法

将蚯蚓浸入含不同浓度化学物质的液体中，一定时间后转移至干净的土壤中，培养一段时间后调查蚯蚓的死亡率。

(4) 自然土壤法

采用天然土壤为蚯蚓生活的介质，能够评价农药对某一地区的土壤生物的环境毒性情况。

3. 农药对蜜蜂的评价方法

蜜蜂是昆虫纲膜翅目蜜蜂总科的统称,是自然界传粉昆虫中种类最多、数量最大的类群。约73%的作物传粉由蜜蜂类昆虫完成,甚至对于大多数种子植物而言,蜜蜂是唯一的传粉昆虫类群,极具经济价值和生态价值,对于农业生产和维护生态系统的生物多样性具有重要而深远的意义。蜜蜂的广泛分布、周身被毛、易饲养、可移动性、单一的采集特性等决定了它对环境十分敏感,常被称为环境污染生物指示器。由于化学农药的广泛使用,蜜蜂在为作物传粉的同时也受到田间喷施农药的危害,农药可以通过多种途径危害到蜜蜂:在直接喷洒时,接触蜜蜂使之死亡;可能污染花粉,使蜜蜂取食时致死;严重的是蜜蜂可能将农药带回蜂巢致使整窝蜜蜂死亡。化学农药对蜜蜂的危害表现为急性毒性和慢性毒性两方面,常通过室内毒力测定来完成对蜜蜂急性毒性的危害评价。

国外有些国家同时用蜜蜂和野蜂作实验材料,我国目前多采用养殖最普遍的意大利成年工蜂做实验蜂种。根据蜜蜂在田间与农药接触的方式,实验须做摄入毒性与接触毒性两种,供试的农药可用制剂或纯品。

(1) 摄入法

将一定量的农药溶于糖水或蜂蜜中喂养蜜蜂。对难溶于水的农药,可加少量易挥发性助溶剂,如丙酮。

(2) 接触法

供试农药用丙酮溶解,将蜜蜂夹于两层塑料纱网之间,并固定于框架上;或用麻醉法先将蜜蜂麻醉(麻醉时的死亡率不得大于10%),而后于蜜蜂的前胸背板处,用微量注射器点滴药液。

根据毒性测定结果,参照 Atkins 毒性等级划分标准,按照 LD_{50} 的大小,将农药对蜜蜂接触毒性分为 3 个等级:高毒,$LD_{50}0.001\sim1.99\ \mu g/蜂$;中毒,$LD_{50}2.0\sim10.99\ \mu g/蜂$;低毒,$LD_{50}>11.0\ \mu g/蜂$。

在应用致死中浓度划分农药对蜜蜂的急性毒性等级方面,中国有相应的分级体系,已获得农药管理部门的认可。农药对蜜蜂的经口毒性划分为 4 个等级:$LC_{50}<0.500\ mg/L$ 为剧毒;$LC_{50}0.500\sim20.000\ mg/L$ 为高毒;$LC_{50}20.000\sim200.000\ mg/L$ 为中等毒性;LC_{50} 高于 $200.000\ mg/L$ 的为低毒。

4. 农药对家蚕的评价方法

家蚕是鳞翅目蚕蛾科的一种,是我国农药登记中所列环境生态的非靶标生物之一,与其他昆虫比较,一般对农药比较敏感,有时虽然中毒并没有造成死亡,但会影响蚕的体质和茧质,降低雌蛾的产卵量或使幼虫龄期不一致。因家蚕品种较多,尚难规定统一的实验品种,目前只能因地制宜,选择农药使用地区常用的家蚕品种作实验材料。

农药对家蚕影响的主要途径多半为农田施药引起桑叶污染或大气污染两种。农药对家蚕的常用毒性测定方法主要如下。

(1) 食下毒叶法

将药液先浸渍桑叶,一般浸渍时间为 5 s,待溶剂挥发完再喂蚕,每组 20 条蚕,实验用农药按一定浓度级差配制成 5~7 个处理,并设溶剂空白对照。

(2) 熏蒸法

在一较密闭的容器内,将一定浓度的药液浸渍脱脂棉置于小玻皿中,放在容器内一边,使蚕体不会接触到药液,喂以无毒桑叶。

(3) 口器注射法

将药剂配制成不同浓度药液,用 5 μL 注射器针向家蚕口器中注入 1 μL 药液,处理后的家蚕用新鲜无毒桑叶饲养。

(4) 药膜法

将药剂用丙酮配制成不同浓度的药液,在培养皿中铺一张滤纸,用注射器或移液枪加入 1 mL 药液,待丙酮挥发掉后,在滤纸上形成均匀的药膜,放入家蚕,让其在滤纸上爬行一定时间(一般为 1 min)后,转入干净的培养皿中用新鲜无毒的桑叶喂养。实验在 25~27℃下微光环境进行,记录 24 h、48 h 的死亡率,用 DPS 软件或概率值法(EXCEL)求出 LC_{50} 或 LD_{50} 及 95% 可信限与相关系数。

农药对家蚕 96 h 的急性毒性按 LC_{50} 的大小划分为 4 个等级:低毒,$LC_{50}>200$ mg/L;中等毒性,20 mg/L$<LC_{50}\leqslant200$ mg/L;高毒,0.5 mg/L$<LC_{50}\leqslant20$ mg/L;剧毒,$LC_{50}\leqslant0.5$ mg/L。

5. 农药对土壤微生物的评价方法

土壤微生物是土壤生态系统中最活跃的部分,是生态系统中物质循环的主要分解者和还原者。土壤微生物组成的变化不仅会影响土壤的肥力,而且对植物生长和土传病害的发生会产生较大的影响,也是土壤中农药降解的参与者。农药,特别是除草剂等土壤处理剂大量使用后,绝大部分会残留在土壤中慢慢降解。农药在降解过程中会影响土壤微生物的呼吸作用,各类农药对不同的土壤微生物的影响是不同的。

土壤类型不同,其理化性质和微生物种类也存在差异,供试土壤要用两种有代表性的新鲜土壤,并要提供其 pH、有机质含量、代换量、土壤质地等数据。供试农药最好用制剂,因其更接近生产实际使用情况,也可用原药或纯品。

用土壤中 CO_2 释放量的变化为依据,将农药对土壤微生物的毒性划分成 3 个等级:用 1 mg/kg 处理的土壤,在 15 d 内呼吸作用抑制率>50% 的为高毒农药;用 1~10 mg/kg 处理的土壤,在 15 d 内呼吸作用抑制率>50% 的为中毒农药;在土壤中农药含量大于 10 mg/kg 时,呼吸作用抑制率大于 50% 的为低毒农药。为了更好地接近田间实际,还需要考虑农药对土壤微生物呼吸作用抑制时间长短这一因素,用危害系数的概念表示农药对土壤微生物的影响。

$$危害系数=呼吸作用抑制率(\%)\times抑制时间(月)/农药含量(mg/kg)$$

危害系数分为三级:>200 为严重危害,20~200 为中等危害,<20 为无实际危害。在危害系数测定中,每隔 15 d 测定一次 CO_2 释放量,直到测定值低于前一次,或当危害系数小于 20 时,即可停止实验。

6. 农药对天敌的评价方法

农药对天敌昆虫的安全性评价是农药生态安全性的评价内容之一,理想农药应对有害生物高效而对非目标生物低毒,这些非目标生物是指防治对象以外的其他有益和(或)无害的生物,包括天敌昆虫、资源昆虫,如家蚕、蜜蜂、赤眼蜂等。

赤眼蜂是目前研究最多、应用最广泛、影响最大的卵寄生天敌昆虫之一,开展农药对赤眼蜂的毒性与安全性评价,可为害虫综合防治中科学合理使用化学农药,避免或减轻农药对天敌的不良影响,协调化学防治和天敌的自然控制作用提供科学依据。

杀虫剂对赤眼蜂不同的发育阶段具有不同的毒性。一般认为赤眼蜂对杀虫剂最敏感的时期是其成蜂期。故常用药膜法测定农药对成蜂的急性毒性,用于评价农药对天敌的安全性。

杀虫剂对赤眼蜂的安全性评价根据安全性系数划分为 4 个等级:极高风险性(安全性系数 ≤0.05)、高风险性(0.05<安全性系数≤0.5)、中等风险性(0.5<安全性系数≤5)和低风险性 (安全性系数>5)。

$$安全性系数 = \frac{杀虫剂对赤眼蜂的 LR_{50} 值(mg/m^2)}{该杀虫剂的田间最高推荐剂量(mg/m^2)}$$

其中 LR_{50} 为半数致死用量,是指在室内条件下,引起赤眼蜂 50% 死亡率的杀虫剂的使用量,以单位面积上所附着的杀虫剂有效成分的量表示。

实验 77　农药对鱼急性毒性的测定

施用于农田中的农药通过雨水淋溶或其他途径进入水环境中,经食物链逐级浓缩后对水生生态系统构成了严重威胁,甚至最终危害到人类健康。农药对水生生物的急性毒性与农药的合理使用密切相关,是农药环境安全评价的重要参数。而鱼类急性毒性资料是评价有毒化学物质和工业废水对水生生物的危害最常用的依据之一。

【实验目的】

通过本实验,熟悉和掌握鱼类急性毒性实验的设计、条件、操作步骤,以及实验结果的计算、分析等过程。

【实验原理】

鱼类对水环境的变化反应十分灵敏,当水体中的污染物达到一定程度时,就会引起一系列中毒反应。在规定的条件下,使鱼类接触含不同浓度受试物的水溶液,实验至少进行 24 h,最好以 96 h 为一个实验周期,在 24 h,48 h,72 h,96 h 时记录实验鱼的死亡率,确定鱼类死亡 50% 时受试物的浓度。

【实验材料】

① 供试药剂:2.5% 溴氰菊酯(deltamethrin)乳油,90% 杀虫单(monosultap)可溶性粉剂。

② 供试鱼种:采用鲤鱼(*Cyprinus carpio Linnaeus*)作供试鱼种,采购的鱼苗经室内条件下驯养 7 d 以上,自然死亡率小于 10%,从中选取体长 6~8 cm,体重 4~8 g 的健康鱼苗供测定。

【实验设备及用品】

分析天平(万分之一),鱼缸气泵,PP 塑料盆(8 L),容量瓶(10 mL),移液管(3 mL),吸耳球,量筒(3 L)。

【实验步骤】

(1)预试实验

预试实验目的是找出不引起鱼死亡的最高浓度与导致全部死亡的最低浓度,以便设置正式实验的药剂浓度的上限与下限。预试的浓度可参考已知同类药剂对鱼类的急性毒性资料进行设置。

(2)浓度设置

根据预备实验的结果设计 5~7 个浓度(至少 5 个),可因药剂性质的不同采取等差或等比的比例来设计这个系列浓度,使死亡率在 10%~90% 之间。

将 2.5% 溴氰菊酯乳油或 90% 杀虫单可溶性粉剂用曝气 24 h 后的自来水稀释,配制得到以下系列浓度(mg/L),溴氰菊酯:0.032、0.016、0.008、0.004、0.002、0.001、0.0005 mg/L;杀虫单:25、50、100、150、200、250 mg/L,以不含药清水为对照。

(3)处理与观察

在 8 L 塑料盆中加入 6 L 配制好的药液,标签标明处理浓度,每盆放入 20 尾鲤鱼。接上鱼缸气泵充气,实验前 1 天停止给鱼喂食,实验期间也不喂食,水温控制在 13～14℃之间。分别于 24 h、48 h 观察记录鲤鱼的中毒症状和死亡数,及时清除死鱼。

【结果与分析】

将 24 h 与 48 h 观察记录的鲤鱼死亡数记入表 9-77-1,DPS 软件或 Polo Plus 软件计算出毒力回归式,对该毒力回归线进行 x^2 检验以及相关系数的显著性测验,并求致死中浓度 LC_{50} 及其 95% 置信限。

表 9-77-1　农药对鲤鱼毒性实验记录

溴氰菊酯 /(mg/L)	处理数	死亡数		杀虫单 /(mg/L)	处理数	死亡数	
		24 h	48 h			24 h	48 h
0.032				250			
0.016				200			
0.008				150			
0.004				100			
0.002				50			
0.001				25			
0.0005				CK			
CK							
毒力回归式				毒力回归式			
LC_{50}/(mg/L)				LC_{50}/(mg/L)			
95% 置信限				95% 置信限			
相关系数 r				相关系数 r			

【注意事项】

(1)实验期间,对照组鱼死亡率不得超过 10%。

(2)实验期间,尽可能维持恒定条件。

思　考　题

在农药对鱼的毒性实验中,对实验用水有哪些要求?

实验 78　农药对高等动物(大白鼠)急性毒性的测定

要正确地应用化学农药来防治有害生物,就必须了解和掌握有关农药的各种理化特性和生物活性,其中农药的毒性是农药特性的重要指标。农药毒性实际上就是农药对高等动物的毒力。常以大鼠通过经口、经皮、吸入等方法给药测定农药的毒害程度,推测其对人、畜潜在的危险性。农药对高等动物的毒性通常分为急性毒性、亚急性毒性和慢性毒性。急性毒性(acute toxicity)是指农药一次大剂量或 24 h 内多次小剂量对供试动物(如大鼠)作用的性质和程度。经口毒性和经皮毒性均以致死中量 LD_{50} 表示,单位为 mg/kg,而吸入毒性则以致死中浓度 LC_{50} 表示,单位为 mg/L 或 mg/m³。显然,农药的 LD_{50} 或 LC_{50} 越小,则这种农药的毒性越大。理想的农药应对害虫高效而对防治对象以外的其他有益生物低毒,包括人、畜、野生动物、鱼、天敌等。

【实验目的】

① 了解农药对高等动物急性毒性测定的原理和意义。

② 掌握农药对高等动物急性毒性测定的方法。

【实验原理】

对动物的急性毒性实验一般以大白鼠、小白鼠、豚鼠、家兔、鸡、狗等动物为供试对象,测定方法有口服、注射(皮下或腹腔)、皮肤涂抹和吸入等。通常用测定药剂对大白鼠或小白鼠口服致死中量(LD_{50})及经皮接触致死中量(LD_{50})等作为对高等动物急性毒性大小的指标。LD_{50} 愈小,毒性愈大。杀虫剂对动物的毒性除与药剂种类、含量有关外,还与给药方式,实验动物的种类、体重、性别、年龄及环境条件等因素有关。如体重越大,中毒死亡所需的药量也越高。雌性动物常比雄性动物敏感(可能与雄性动物肝脏活动能力较强有关)。因此,实验动物要求标准化,即其年龄、性别、体重或大小要求一致。

【实验材料】

(1) 供试药剂:2.5%溴氰菊酯(deltamethrin)乳油,吐温 80(医用)及丙酮等。

(2) 供试动物:小白鼠,体重为 18～22 g(雌、雄)。

【实验设备及用品】

容量瓶(10 mL、25 mL),注射器(0.25 mL、0.5 mL),小烧杯,粗天平,恒温箱,玻璃缸或陶瓷缸等。

【实验步骤】

实验方法采用 Horn 的表格查对法,此法是根据 Thompson 流动平均法公式推算而列成查对表格,从表格中可以求 LD_{50} 及 95%置信界限,从而省略了对 LD_{50} 的演算。

本实验选用的查对表规定,实验组数 10 组,每组供试动物(小白鼠)5 头,

各组实验剂量为几何级数剂量系,乘值为 $\sqrt[3]{10}=2.15$,即

$$\left.\begin{array}{c} 1.00 \\ 2.15 \\ 4.64 \end{array}\right\} \times 10^t,此处\ t=0,\pm 1,\pm 2,\pm 3,\cdots$$

用 t 代入上式,即得剂量设计为 1.0,2.15,4.64,10.0,21.5,46.4,100,215,464,1000,2150,4640 mg/kg,… mg/kg,也就是说,实验剂量间递增倍数为 2.15 倍。

根据上面的剂量设计,参考已知同类药剂的小白鼠口服 LD_{50},确定每组喂食供试药剂的剂量。按照每 10 g 体重喂食 0.1 mL 供试药剂乳液,计算出各组需要的乳液浓度。将供试药剂加吐温 80 或西黄嗜胶,用蒸馏水配制而成,用量不超过乳液总量的 5%,也可用植物油或用 5%阿拉伯胶配制脂溶性油剂。喂药时根据每只小白鼠体重,用注射器将药液注射到食道。如体重为 20 g,则注射的药液体积为 0.20 mL。最初选用某一剂量喂食时,如果 5～10 min 内所有的小白鼠都死亡,可换用低剂量实验;如果无显著作用,则需用高剂量;如果较长时间有作用,则所用剂量适中,这时可选用该剂量上下相近的几个剂量进行喂食。处理后小白鼠放在 25℃恒温箱中饲养 2 h 后再喂饲料,分别在 2、4、24 及 48 h 观察中毒情况并记载死亡头数。根据 4 组的实验浓度和死亡头数,可直接从表中查得相应的 LD_{50} 及其 95%置信界限。

另取 5 只小白鼠喂以 5％的吐温 80 乳化剂蒸馏水液作为空白对照,一般以无死亡最好。举例:查表,在

$$
\left.\begin{array}{l}
D_1 = 0.46 \\
D_2 = 1.00 \\
D_3 = 2.15 \\
D_4 = 4.64
\end{array}\right\}
$$
项下,死亡数 1、2、4、5 项查对。

得 LD_{50} 为 1.10,置信界限为 0.550～2.20,但表中该项剂量比实际剂量小 100 倍,故实测 LD_{50} 应为 110 mg/kg,95％置信界限应为 55.0～220 mg/kg。

表 9-78-1　小白鼠急性毒性实验示例

剂　量 /(mg/kg)	死亡率
10.0	0/5
21.5	0/5
46.4	1/5
100	2/5
215	4/5
464	5/5

【结果与分析】

按要求配制农药的系列浓度,处理后调查实验结果,计算供试药剂对小白鼠的口服 LD_{50},并写成报告。

【注意事项】

(1) 实验小白鼠实验前禁食 12 h,不禁水。

(2) 给小鼠灌药时,要先将小鼠转晕,以免被小鼠咬伤。

思　考　题

按照农药毒性分级标准,评价 2.5％溴氰菊酯乳油的毒性。

实验 79　农药对捕食性天敌毒性的测定

当代有害生物综合治理要求施用对重要天敌无不良影响的选择性农药。因此,测定农药对有益生物的安全性已引起极大重视。农药对有益生物副作用的标准测定方法是根据农药的一般特点发展而来,一般来说在室内测定中对某一特定天敌无害的农药,极可能在田间对这一天敌也是安全的,也就无需进一步在半田间或田间条件下进行实验。

农药对天敌昆虫的安全性评价是农药生态安全性的评价内容之一,理想农药应对有害生物高效而对非目标生物低毒,这些非目标生物是指防治对象以外的其他有益和(或)无害的生物,包括天敌昆虫、资源昆虫,如家蚕、蜜蜂、赤眼蜂等。

【实验目的】

熟悉农药对天敌毒性安全评价的内容,掌握赤眼蜂安全性评价的基本技术与方法。

【实验原理】

赤眼蜂是农田许多鳞翅目害虫的重要天敌类群,赤眼蜂发育期的各个阶段均有可能遭受农

药的影响。本实验以稻螟赤眼蜂为测试对象,通过药膜法测定药剂对赤眼蜂成蜂的毒性。

【实验材料】

① 供试生物:稻螟赤眼蜂(Trichogramma japonicum Ashmead),用米蛾卵饲养,米蛾用市售玉米粉在塑料箱内饲养,饲养条件为温度27℃,相对湿度60%~80%,光周期 L∶D＝16 h∶8 h。

② 供试药剂:吡虫啉(imidacloprid)原药,丙酮。

【实验设备及用品】

分析天平,光照培养箱,玻璃指形管,55 mm×25 mm 的闪烁瓶。

【实验步骤】

(1)试虫准备

事先在实验室内用米蛾卵饲养大量稻螟赤眼蜂的成蜂供测定。

(2)配制药液

采用药膜法测定农药对赤眼蜂成蜂的毒力时,直接用溶剂将原药溶解配制成一定浓度的母液,再根据预备实验配制成供试的系列浓度。吡虫啉供试的系列浓度为:0.64、0.32、0.16、0.08、0.04、0.02、0.01 mg/L 以及丙酮对照。

(3)制备药膜

吸取 1 mL 药液于 55 mm×25 mm 的闪烁瓶内,平放并迅速滚动闪烁瓶,使药剂均匀地涂于瓶内壁,待溶剂完全挥发后即成药膜。

(4)生物测定

每瓶内接入约15头羽化2~4 h内的稻螟赤眼蜂成蜂,让其在瓶内自由爬行1 h后转入干净无药指形管内,放入一个米蛾卵卡,用黑布封口并放入培养箱(温度27℃,相对湿度70~90%,光周期 L∶D＝16 h∶8 h),用丙酮作对照,每处理重复 3 次。

【结果与分析】

接入成蜂8 h后检查每管内成蜂总数及死亡数(用毛细管轻触蜂体不动者为死亡),计算死亡率。DPS 软件或 Polo Plus 软件计算出毒力回归式,对该毒力回归线进行 x^2 检验以及相关系数的显著性测验,并求致死中浓度 LC_{50} 及其 95% 置信限。

表 9-79-1　药膜法测定农药对赤眼蜂成蜂的毒力记录表

药剂浓度/(mg/L)	处理成蜂数量	死亡成蜂数	死亡率
0.64			
0.32			
0.16			
0.08			
0.04			
0.02			
0.01			
CK			
毒力回归式			
LC_{50}/(mg/L)			
95%可信限			
相关系数 r			

【注意事项】

制作药膜时,务必使药剂非常均匀地涂于瓶内壁。

思 考 题

对赤眼蜂的农药安全性评价为何采用药膜法?有何优点?

实验 80　农药对蚯蚓急性毒性的测定

研究农药对环境的影响,越来越需要农药对环境中非靶标生物的毒性资料。蚯蚓是一种陆生土壤生物,蚯蚓作为土壤无脊椎动物的代表,在保持和改善土壤结构、提高土壤肥力、改善土壤通气性方面有着重要作用;同时,蚯蚓是鸟类等许多动物的食物来源,作为食物链的一环,其农药残留倾向于生物累积并对鸟类等具毒性作用。由于蚯蚓有助于分解固体废弃物并能富集重金属,在环境质量评价和污染监测领域已得到广泛的利用。大量使用农药会改变蚯蚓的存在及数量,并导致土壤生态系的变化,因此,研究农药对蚯蚓的毒性作用具有十分重要的意义。

同时由于蚯蚓体型较大,对其生命周期内的很多参数都容易测定。因此,蚯蚓在评价农药污染对土壤生态系统的影响方面有着独特的重要地位,与其他土壤无脊椎动物相比,蚯蚓和土壤污染的相关研究也相对较丰富。

【实验目的】

了解农药对蚯蚓毒性安全评价的方法,掌握农药对蚯蚓的毒性评价标准。

【实验原理】

关于蚯蚓的实验室毒理实验有多种方法,如滤纸法、溶液法、人工土壤法、自然土壤法,其中被广泛采用的是 OECD 规定的滤纸接触法和人工土壤法。

滤纸接触法是在培养皿底铺衬滤纸,加入系列浓度的药液,以刚好湿润滤纸。将清肠后的蚯蚓冲洗干净,并用滤纸吸干蚯蚓体表的水分,放入培养皿中。每个培养皿放入蚯蚓 10 条。用塑料薄膜封口,并用解剖针扎孔。将培养皿放入人工气候箱中培养,培养条件:温度为 20 ± 1℃,湿度为 $75\%\pm7\%$,光照为 1333lx(间歇光照,即 12 h 光照,12 h 黑暗)。分别于 24 h、48 h 观察记录死亡数及中毒症状,蚓体对针刺无反应判为死亡,48 h 后结束实验。

【实验材料】

① 实验动物:赤子爱胜蚯蚓(*Eisenia foelide*),体重大约 0.3~0.5 g,大小一致,环带明显的健康成年蚯蚓。

② 实验药剂:60%乙草胺(acetochlor)乳油。

【实验设备及用品】

分析天平,恒温箱,通风橱,培养皿,滤纸。

【实验步骤】

本实验采用滤纸接触法测定农药对蚯蚓的急性毒性。

① 蚯蚓清肠。取若干培养皿,在底部铺上滤纸,加少量水,以刚浸没滤纸为宜,将蚯蚓放在滤纸上,将培养皿放入温度为 (20 ± 1)℃、湿度约 80%~85%的人工气候箱中,清肠 24 h。

② 实验浓度的选择。实验测试的浓度分别是 1000 $\mu g/cm^2$、100 $\mu g/cm^2$、10 $\mu g/cm^2$、

$1 \mu g/cm^2$、$0.1 \mu g/cm^2$、$0.01 \mu g/cm^2$，经过测试确定最大无作用浓度和最小全致死浓度，在该浓度范围内，按照级差设定 5～7 个浓度用于正式实验。

③ 器皿药剂处理。将乙草胺乳油用丙酮配制成一系列浓度的溶液，实验时在 9 cm 培养皿内垫入直径 11 cm 的滤纸一张(滤纸包住培养皿边缘)，吸取 1 mL 相应浓度的药剂加到滤纸上，以丙酮为对照，在通风橱中放置 30 min，待丙酮完全挥发后加 1 mL 蒸馏水润湿滤纸，每个浓度组设 3 个平行，并设置一个空白对照组。

④ 培养及观察。将清肠后的蚯蚓冲洗干净，吸干表面水分后取 10 条放入培养皿中，用塑料薄膜封口，用解剖针扎孔后置于(20 ± 1)℃恒温箱中黑暗培养，分别于 24 h、48 h 各计数一次，记录死亡数和中毒症状，以前尾部对机械刺激无反应视为死亡。

⑤ 数据处理。对实验数据进行统计学处理，利用概率值法(EXCEL)或 DPS 软件计算出急性毒性实验的毒力回归式、致死中浓度LC_{50}、相关系数 r 及 95％置信限。

【结果与分析】

将实验数据进行统计学处理，利用概率值法(EXCEL)或 DPS 软件计算出急性毒性实验的毒力回归式、致死中浓度LC_{50}、相关系数 r 及 95％可信限。

表 9-80-1　农药对蚯蚓的急性毒性实验记录

药液浓度 /$(\mu g/cm^2)$	蚯蚓死亡数									
	24 h					48 h				
	一组	二组	三组	平均	死亡率	一组	二组	三组	平均	死亡率
1000										
100										
10										
1										
0.1										
0.01										
毒力回归方程										
$LC_{50}/(\mu g/cm^2)$										
95％置信限										
相关系数 r										

【注意事项】

实验前，对蚯蚓进行清肠处理 24 h。

思　考　题

(1) 根据《化学农药环境安全评价实验准则》，评价该药对蚯蚓的毒性。

(2) 试述滤纸法测定农药对蚯蚓急性毒性的优缺点。

实验 81　农药对蜜蜂急性毒性的测定

蜜蜂是昆虫纲膜翅目蜜蜂总科的统称，是自然界传粉昆虫中种类最多、数量最大的类群，约73％的作物传粉由蜜蜂类昆虫完成，甚至对于大多数种子植物而言，蜜蜂是唯一的传粉昆虫类群,极具经济价值和生态价值,对于农业生产和维护生态系统的生物多样性具有重要而深远的意义。蜜蜂独特的生物学特性决定了它对化学农药的危害十分敏感,因此,精确地测定化学农药对蜜蜂的毒性和评价化学农药对蜜蜂的危害,对保护蜜蜂等非靶标生物和新农药的开发与推广都具有重要作用。用科学的方法精确测定农药对蜜蜂的毒性,对于蜜蜂的安全保护和成功应用蜂类为农作物授粉至关重要。同时,合理评价农药对蜜蜂的危害也是新农药开发中不可或缺的组成部分。化学农药对蜜蜂的危害表现为急性毒性和慢性毒性两方面,常通过室内的毒力测定来完成对蜜蜂急性毒性的危害评价。

在众多测定化学农药对蜜蜂的毒性方法中,急性毒性的测定是最主要的手段,是评价化学农药对蜜蜂危害的基础。蜜蜂的急性毒性测定主要有急性经口和急性触杀两种方法。急性经口毒性测定主要有连续摄入法和初始摄入法两种:连续摄入法是基于《化学农药安全评价实验准则》中推荐的检测农药对蜜蜂的经口毒性的方法,现已广泛应用于农药产品的登记实验;初始摄入法是许多国家和国际组织所采用的为国际经济合作与发展组织(OECD)推荐的方法,这种方法测定的结果在国际流行的生态风险评价体系中常被作为农药风险评价的重要依据。急性触杀毒性测定原理是化学药剂可以通过蜜蜂体壁进入虫体,进而导致蜜蜂死亡。根据接触的方式不同,可分为点滴触杀法、药膜法、喷雾(粉)法和浸虫法。

化学农药对蜜蜂的急性毒性一直被认为是评价化学农药对蜜蜂等非靶标生物危害的重要依据。合理的急性毒性测定方法是科学合理评价化学农药对蜜蜂危害的前提,同时,合理的评价指标与评价体系对于环境安全性评价和农药的开发与利用也具有重要意义。

【实验目的】

熟悉用摄入法和接触法测定农药对蜜蜂急性毒性的测定方法;掌握农药对蜜蜂毒性的评价标准。

【实验原理】

实验前先作预备实验,初步确定供试农药对蜜蜂的最高安全浓度与最低全死亡浓度。实验时在此范围内以一定的浓度级差配制成 5～7 个不同的处理浓度,并设有相应的溶剂或空白对照。实验宜在(25±2)℃微光条件下进行,记录 24 h 死亡率,用概率法求出 LC_{50} 或 LD_{50}。

【实验材料】

① 供试药剂:1.8%阿维菌素(abamectin)水乳剂。

② 供试蜂种:意大利蜜蜂(*Apis mellifera* L.),成年工蜂。

【实验设备及用品】

① 实验蜂笼。为长方形框架,一般为木制,长×宽×高=15 cm×10 cm×10 cm,上下两面蒙上塑料纱网,一面固定,另一面活动。

② 储蜂笼。为长方形框架,一般为木制,一面为可抽式玻璃,其余各面均为塑料纱网,长×宽×高=30 cm×30 cm×60 cm。

③ 塑料网袋。长×宽=30 cm×28 cm,纱网孔径为 2.5 mm。

④ 蜜蜂饲料。为市售蜂蜜对水后的蜂蜜水,蜂蜜和水的体积比为 1:2。

【实验步骤】

(1) 药液的配制

将 1.8%阿维菌素水乳剂用水配制成 1.125,2.25,4.5,9.0,18 mg/L 的系列浓度。

（2）接触法实验

① 将蜜蜂从蜂箱内转入储蜂笼,实验时将蜜蜂移入塑料网袋中,每次 15～20 只。轻轻拉紧塑料网袋后,用图钉将其固定于泡沫板上,蜜蜂被夹在两层塑料纱网之间。

② 通过塑料纱网的网孔在蜜蜂的前胸背板处,用 10 μL 平头微量注射器分别点滴不同浓度供试药液 2.0 μL。

③ 将蜜蜂放入实验蜂笼中,每笼 15～20 只,隔网用脱脂棉喂食适量的蜂蜜水,另设溶剂对照和空白对照,重复 3 次,24 h 后记录中毒死亡情况。

④ 根据点滴量和药液浓度将 LC_{50} 换算成 LD_{50},利用概率值法（EXCEL）或 DPS 软件计算出毒力方程、LD_{50} 及相关系数。按照分级标准确定农药对蜜蜂的毒性级别。

（3）摄入法实验

① 将储蜂笼中的蜜蜂移入实验蜂笼中,每笼 15～20 只。

② 将 2 mL 蜂蜜和 4 mL 不同浓度的药液混匀组成药蜜混合液,装在 50 mL 的小烧杯中,并以适量脱脂棉浸渍形成饱和吸水状态棉球,以药蜜不扩散为宜。实验时将小烧杯扣向下倒置于实验蜂笼上面的塑料纱网上,通过网眼供蜜蜂摄取。

③ 定时观察蜜蜂摄食情况,随时添加药蜜,另设溶剂对照和空白对照。每处理 15～20 只蜜蜂,重复 3 次。

④ 24 h 后观察记录各级浓度的蜜蜂中毒死亡情况,利用概率值法（EXCEL）或 DPS 软件计算出毒力方程、LD_{50} 及相关系数 r。

【结果与分析】

将数据和结果记录在表 9-81-1 和表 9-81-2 中。

表 9-81-1　农药对蜜蜂接触毒性实验记录

药液浓度/(mg/L)	36	18	9	4.5	2.25	1.125
每蜂给药量/(μg/蜂)						
蜜蜂数/只						
死亡数/只						
死亡率/(%)						
毒力回归方程						
LD_{50}/(μg/蜂)						
95%置信限						
相关系数 r						

表 9-91-2　农药对蜜蜂摄入毒性实验记录

药液浓度/(mg/L)	36	18	9	4.5	2.25	1.125
蜜蜂数/只						
死亡数/只						
死亡率/(%)						
毒力回归方程						
LC_{50}/(mg/L)						
95%置信限						
相关系数 r						

【注意事项】

注意定时观察蜜蜂摄食情况，随时添加药蜜。

思 考 题

(1) 参照 Atkins 毒性等级划分标准，评价该药对蜜蜂的毒性。

(2) 比较接触法和摄入法，简述二者测定农药对蜜蜂毒性的优缺点。

实验 82　农药对家蚕毒性的测定

农药环境安全评价是农药登记管理的重要内容，申请登记的农药应提供详细的农药环境行为特征和对非靶标生物毒性实验资料。根据农药特性和用途，至少应提供鱼、鸟、家蚕、蜜蜂的毒性资料。家蚕（*Bombyx mori Linnaeus*）是我国农业生态系统中重要的经济昆虫。由于家蚕在人们长期驯养过程中，人为地提供适合其生长发育的环境条件，使家蚕经济性状得到充分表现，却使其抗逆性减弱，对有毒物质的抵抗力更差，抗逆性明显低于野外昆虫。因此，家蚕是一种对化学农药等有毒物质非常敏感的昆虫，极易发生急性或慢性中毒。因此，明确农药对家蚕的毒性并进行评价非常必要。

对家蚕急性毒性高的农药，通过急性毒性测定结果即可评价出其对家蚕的影响。而对家蚕急性毒性较低的农药，仅从一个龄期或两个龄期来验证对家蚕的毒害是不够全面的，应从家蚕的整个世代，特别是茧量、茧质乃至丝质的各项技术指标来综合调查、分析、评价对家蚕的影响。农药对家蚕影响的主要途径，多半为农田施药引起桑叶污染或大气污染两种。食下毒叶法反映了农药对家蚕的胃毒、触杀和熏蒸的综合毒性，更接近于农药对家蚕的实际危害情况，也比较符合实际情况，又可简化实验程序，快速提供实验结果。

【实验目的】

了解农药对家蚕毒性安全评价的方法，掌握农药对家蚕的毒性评价标准。

【实验原理】

在测定农药对家蚕毒性时，首选食下毒叶法，该法反映了杀虫剂对家蚕的胃毒、触杀和熏蒸的联合毒性，更接近于杀虫剂对家蚕的实际危害情况。对于挥发性强的农药，尚须结合熏蒸毒性实验，还有药膜法和口器注射法等。家蚕在不同生长发育阶段，对农药的反应不尽相同。除蚁蚕外，二龄起蚕对农药最敏感，宜选用二龄起蚕为毒性实验材料。供试农药用制剂，也可用原药或纯品。难溶于水者可用助溶剂助溶。

【实验材料】

10％氯氰菊酯（cypermethrin）乳油，家蚕（二龄起蚕），桑叶。

【实验设备及用品】

电子天平，容量瓶，培养皿。

【实验步骤】

① 将 10％氯氰菊酯乳油用水稀释，配制成 5、2.5、1.25、0.625、0.3125、0.15625 mg/L 6 个系列浓度。

② 把桑叶在药液中浸渍 5 s，取出后自然晾干表面水分，放入直径为 9 cm 的玻璃培养皿中。每组接入家蚕二龄起蚕 30 头，每个浓度设 3 个重复，以清水出来为对照。

③ 于 48 h、96 h 检查中毒死亡情况，死亡标准以轻触后不动视为死亡。

【结果与分析】

利用 DPS 软件或概率值法(EXCEL)求出 LC_{50} 或 LD_{50} 及 95％可信限与相关系数 r,并记录于表 9-82-1 中。

表 9-82-1　农药对家蚕毒性实验记录

药液浓度 /(mg/L)	家蚕死亡数							
	48 h				96 h			
	处理 1	处理 2	处理 3	平均值	处理 1	处理 2	处理 3	平均值
5								
2.5								
1.25								
0.625								
0.3125								
0.15625								
CK								
毒力回归方程								
LC_{50}/(mg/L)								
95％置信限								
相关系数 r								

【注意事项】

(1) 桑叶浸渍后需自然晾干表面水分。

(2) 往培养皿里接入家蚕时,注意不要弄伤家蚕。

思　考　题

根据实验结果,参照急性毒性标准,评价 10％氯氰菊酯乳油对家蚕的毒性。

实验 83　农药对土壤微生物呼吸作用的测定

随着农药种类和用量日益增多,在新农药开发和使用中,研究农药对土壤微生物呼吸作用强度的影响,已成为不少国家评价农药生态环境安全性的一个重要指标。化学药剂施入土壤中能抑制土壤中真菌、细菌和放线菌的生长,改变土壤中真菌与细菌的比例,进而影响土壤微生物总活性,通常用土壤的呼吸影响率来表征,即土壤微生物活动中所释放 CO_2 的量,可用来衡量土壤微生物的总活性,也是农药环境安全性评价的一项重要指标。研究农药对土壤呼吸作用的影响,了解农药对土壤微生物的影响以及可能对土壤生态环境造成的危害,可为农药的安全使用提供依据。

【实验目的】

① 掌握农药对土壤呼吸作用毒性安全评价的方法。

② 掌握农药对土壤呼吸作用的毒性评价标准。

【实验原理】

通常采用 CO_2 释放量来表示土壤微生物呼吸作用的强弱。测试 CO_2 释放量的方法有直接吸收法和通气法两种,前一种方法应用较多。直接吸收法(密闭法)滴定测定,其原理为在一个密闭系统内放置土壤及过量的 NaOH 标准溶液,土壤微生物在呼吸过程中释放出来的 CO_2 由 NaOH 吸收,在 $BaCl_2$ 存在条件下,用 HCl 滴定剩余的 NaOH,根据消耗的盐酸量求得释放出的 CO_2 量。

【实验材料】

① 供试土壤:采集 0~20 cm 耕层土壤,风干,过 2 mm 筛,备用。

② 50% 多菌灵(carbendazim)可湿性粉剂,葡萄糖,氢氧化钠,盐酸。

【实验设备及用品】

电子天平,广口瓶,小烧杯,培养箱。

【实验步骤】

① 将 50% 多菌灵可湿性粉剂用水稀释,配制成 500、50、5 mg/L 三个系列浓度。

② 取过筛后风干土壤 50 g,加入 1 g 葡萄糖,与 10 mL 一定浓度的药液混匀,装入 100 mL 小烧杯中。将小烧杯和装有 20 mL 1 mol/L NaOH 溶液的小烧杯都放入 2 L 的广口瓶中,密封瓶口,放在(25±1)℃的恒温箱中培养,每个浓度 3 个重复;设空白清水对照,3 个重复;单独空白碱液对照,3 个重复。

③ 第 5、10、15 d 时更换密闭瓶中的碱液,用 1 mol/L HCl 溶液滴定,计算土壤微生物呼吸作用释放出的 CO_2 量。

【结果与分析】

(1) CO_2 释放量的计算

由上面酸碱滴定结果计算出 CO_2 的释放量,其计算公式如下。

$$W = (V_0 - V_1)c \times 44$$

式中,W:50 g 土于 5 d 时 CO_2 的释放量,mg;V_0:滴定空白碱液所需 HCl 体积,mL;V_1:滴定吸收 CO_2 后的碱液所需 HCl 体积,mL;c:HCl 溶液的摩尔浓度,mol/L。

(2) 呼吸作用抑制率的计算

分别计算不同药剂浓度对土壤微生物呼吸作用的抑制率,计算公式为

$$呼吸抑制率 = \frac{空白处理 CO_2 释放量 - 药剂处理 CO_2 释放量}{空白处理 CO_2 释放量} \times 100\% \qquad (9-83-1)$$

(3) 危害系数的计算

危害系数的计算公式为

$$危害系数 = \frac{呼吸作用抑制率(\%) \times 抑制时间(月)}{药剂浓度(mg/kg)} \qquad (9-83-2)$$

【注意事项】

土壤与药液要充分混匀,广口瓶瓶口严格密封。

思 考 题

根据上面计算得到的呼吸作用抑制率和危害系数,评价 50% 多菌灵可湿性粉剂对土壤微生物的毒害水平。

第十章 农药残留检测

农药的发明和使用大大提高了农作物产量,但由此引起的农药不合理使用所造成的环境污染问题,农产品中的农药残留问题,越来越受到各国政府和公众的关注。随着国外不断发布更加严格的农药残留最大允许限量,以及日本肯定列表制度的出台,我国农产品、食品进出口贸易正面临严重的农残困扰。农药残留检测是对痕量组分的分析技术,要求检测方法具有精细的操作手段、更高的灵敏度和更强的特异性。农药残留分析的全过程可以分为样本采集、制备、储藏、提取、净化、浓缩和测定等步骤及对残留农药的确证。

现在全世界使用的农药品种越来越多,主要包括杀虫剂、除草剂、杀菌剂、植物生长调节剂等,由于农药的不合理使用、过度使用及使用更稳定的化学物质作为农药,在农产品中的农药残留越来越严重且降解缓慢。农产品中农药残留已逐渐呈现农药鸡尾酒效应,使得农产品品质不断下降,并影响到农产品的出口创汇。进入 21 世纪后,食品安全、环境保护问题越来越受到重视,食品的农残污染问题已成为影响人们生活质量和食品贸易的一大障碍,特别是目前在中国加入 WTO 环境中,农药残留更成为影响农产品出口的一大技术壁垒,因此,必须加强农产品中农药残留的检测与监控。

目前,农药残留的常用检测方法主要有两类:一类是快速检测;另一类是实验室的定量检测。其中,快速检测主要是应用胆碱酯酶能分解乙酰胆碱或其他酯类,而有机磷和氨基甲酸酯类农药能抑制胆碱酯酶,使其分解失去活性,通过检测乙酰胆碱或其他酯类化合物的分解产物,便可判断样品中是否含有有机磷或氨基甲酸酯类农药。但是这种检测方法只能定性反映有机磷和氨基甲酸酯类农药总体残留情况,既不能准确定量、也不能区分农药种类,无法区分违禁、高毒、中毒还是低毒农药。

实验室的定量检测方法主要有色谱法、光谱法、色谱-质谱联用法等。色谱技术因其高分离效能,是农药残留分析的主要方法;色谱-质谱联用技术因其能同时定性和定量分析及质谱检测器的通用性,而广泛应用于不同种类、不同成分的多农药残留检测;光谱技术具有分析快速简单的特点,近年来也被用于多农药残留检测。

实验 84　气相色谱法测定蔬菜中毒死蜱残留

有机磷农药是 20 世纪 40 年代发展起来的一类广谱性农用杀虫剂,其特点是高毒性,杀虫范围广。有机磷农药杀虫效率高、易分解,已成为目前最常用的一类农药。但大量使用后,对人类生活的影响日益增大,而且还对生态环境造成严重的污染与危害。在食品安全、环境影响乃至人们的日常生活方面,有机磷农药残留污染已成为一个非常严重的问题。与其他杀虫剂相比,有机磷农药毒性较强,但由于具有广谱、高效、价格便宜等优点,在水果蔬菜种植中仍被广泛使用。因此,加强果蔬中有机磷农药残留检测就显得十分必要。

蔬菜中有机磷农药的残留检测方法主要有酶联免疫法、分光光度法、液相色谱法、气相色谱法、色谱-质谱联用法等,气相色谱可快速同时分析多种组分,适合于农药残留检测。气相色谱常用的检测器有电子捕获检测器(ECD)、火焰光度检测器(FPD)、氢火焰离子化检测器(FID)和氮磷检测器(NPD)。本实验采用气相色谱法,火焰光度检测器测定蔬菜中有机磷农药毒死蜱的残留量。

【实验目的】

① 掌握气相色谱法检测蔬菜中有机磷农药残留的方法、数据处理和结果计算方法。

② 了解气相色谱仪的原理和使用方法。

【实验原理】

样品中有机磷农药用有机溶剂提取,再经液液分配、微型柱净化等步骤除去干扰物质,用火焰光度检测器(FPD-P 滤光片)检测,根据色谱峰的保留时间定性,外标法定量。

【实验材料】

丙酮,二氯甲烷,乙酸乙酯,甲醇,正己烷等均为色谱纯;磷酸,氯化钠,氯化铵,无水硫酸钠等为分析纯;硅胶(60～80 目 130℃烘 2 h),助滤剂(celite545),凝结液(5 g 氯化铵+10 mL 磷酸+100 mL 水,用前稀释 5 倍),新鲜蔬菜样品,毒死蜱(chlorpyrifos)标准品(含量≥98%)。

【实验设备及用品】

组织捣碎机,离心机,超声波清洗器,旋转蒸发仪,气相色谱仪[带火焰光度检测器(FPD-P 滤光片)]等。

【实验步骤】

(1) 提取

方法一。先将待测新鲜蔬菜样品,测其含水量,取 50 g 蔬菜样品匀浆,称取匀浆组织液 10 g,置于三角瓶中,加入与新鲜蔬菜样品 10 g 干物质重量相等的水和 20 mL 丙酮,振荡 30 min,抽滤,取 20 mL 滤液于分液漏斗中。

方法二。先将待测新鲜蔬菜样品,测其含水量,取 50 g 蔬菜样品匀浆,称取匀浆组织液 5 g,置于 50 mL 离心管中,加入与新鲜蔬菜样品 5 g 干物质重量相等的水和 10 mL 丙酮,置于超声波清洗器中,超声提取 10 min,在 5000 r/min 离心 10 min,取上清液 10 mL 至分液漏斗中。

(2) 净化

在提取液中,加入 1 g 助滤剂 celite545 和 2 倍提取液体积的凝结液,轻摇后静置 5 min,经两层滤纸的布氏漏斗抽滤,并用少量凝结液洗涤分液漏斗和布氏漏斗。将滤液转移至分液漏斗中,加入 3 g 氯化钠,依次用 50 mL,50 mL,30 mL 二氯甲烷提取,合并 3 次二氯甲烷的提取液,经无水硫酸钠漏斗过滤至浓缩瓶中,在旋转蒸发仪(35℃水浴)上浓缩至少量,用氮气吹干,取下浓缩瓶,加入少量正己烷至刚好溶解浓缩物为宜。以少许棉花塞住 5 mL 医用注射器出口,用 1 g 硅胶以正己烷湿法装柱,敲实,将浓缩瓶中液体倒入,再以少量正己烷和二氯甲烷的混合液(9∶1)洗涤浓缩瓶,倒入柱中。依次以 4 mL 正己烷和丙酮混合液(7∶3),4 mL 乙酸乙酯,8 mL 丙酮和乙酸乙酯混合液(1∶1),4 mL 丙酮和甲醇混合液(1∶1)洗柱,汇集全部滤液经旋转蒸发仪(45℃水浴)浓缩近干,加入少量丙酮溶解浓缩物,并移至安瓿瓶定容至 1 mL 待测。

(3) 测定

① 气相色谱操作条件。

色谱柱	HP-5 毛细管柱,30 m×0.32 mm×0.25 μm
气体流速	氮气(N_2,99.999%),0.35 MPa;氢气(H_2,H_2-90 型氢气发生器),0.25 psi;空气(99.997%),0.35 MPa
温度	进样口温度 250℃;检测器温度 250℃
柱温	程序升温,初始温度 150℃,保持 5 min,然后以 5℃/min 升到 260℃,保持 20 min

② 测定。依次取标样及待测样品 1.0 μL 进样,以保留时间定性,以峰面积外标法定量。

③ 外标法定量计算公式

$$R = \frac{c_标 \times S_样 \times V_终}{S_标 \times W} \tag{5-3}$$

式中,R:样本中农药残留量,mg/kg;$c_标$:标准溶液浓度,mg/L;$V_终$:样本溶液最终定容体积,mL;$S_标$:标准溶液的峰面积;$S_样$:样本溶液的峰面积;W:称样质量,g。

(4) 毒死蜱标准曲线制作

精确称取毒死蜱标准品 0.0010 g(精确至 0.0002 g)于 100 mL 容量瓶中,用丙酮溶解定容。采用梯度稀释的方法用丙酮配制 0.05、0.1、0.5、1.0、5.0、10.0 mg/L 的标准工作溶液,按照上述的色谱条件进行气相色谱检测,每个浓度重复进样 3 次。以标准溶液的质量浓度为横坐标,相应的峰面积平均值为纵坐标,绘制标准曲线,计算相关系数及检出限(检出限按照 3 倍噪声计算)。

(5) 添加回收率测定

将没有施用过毒死蜱农药的新鲜蔬菜捣碎,称取蔬菜样品 20.0 g 至烧杯中,吸取 10 mg/L 的毒死蜱标准溶液 1 ml,加入到样品中,摇匀,放置过夜,按照上述样品提取、净化、检测方法进行气相色谱检测。每个浓度设置 4 个重复。根据检测结果计算回收率和相对标准偏差。

回收率计算公式为

$$R = \frac{X}{X_0} \times 100\% \tag{10-84-1}$$

式中,R:样品加标回收率;X:样品检测出农药的含量,mg/kg;X_0:样品中添加的农药含量,mg/kg。

【结果与分析】

实验结果记入表 10-84-1。

表 10-84-1　蔬菜中有机磷农药残留检测结果

编号：

姓　　名				检测日期：	
项目名称			样品性质：		检测室温：
仪器状态	仪器型号及编号：		检测器类型：		气化室温度：
	色谱柱：		柱温：		检测器温度：
	载气 N_2：　　　H_2：　　　Air：　　　尾吹 N_2：　　　分流比：				
其他设备					
样品前处理：					
检测方法：					

续表

标准曲线					计算公式	
测试项目		$Y=aX+b$ $a=$　　$b=$　　相关系数 $r=$			检出限	
回收率/(%)						
平均回收率/(%)						
相对标准偏差						

样品编号	采样日期	采样地点	项目：			结果/(mg/kg)
			进样量 V_1/mL	峰面积	标准曲线计算所得浓度 c/(mg/L)	

N.D 表示未检出

【注意事项】

（1）用硅胶装柱时所用棉花须经甲醇浸泡或超声净化提取过的，也可用同样净化过的玻璃棉代替。

（2）实验所用有机试剂若纯度低于色谱纯级的，需重新蒸馏使用。

思　考　题

（1）在样品净化过程中，加入少量氯化钠的作用是什么？

（2）在提取液净化装柱时所用填料硅胶是怎样活化的？

（3）农药残留分析对提取溶剂的要求是什么？提取目的是什么？

实验 85　基质固相分散萃取检测苹果中氯氰菊酯残留

农药残留和食品安全问题在国际社会受到广泛关注，食品农产品的农药残留检测项目日益增多、限量要求日益严格。在分析仪器高度发展的今天，样品的处理技术在农药残留分析中占据越来越重要的位置。现在的前处理技术多采用自制填充柱、固相萃取（SPE）小柱或基质固相分散萃取技术（MSPD）。采用填充柱净化法和 MSPD 法费时并消耗大量的有机试剂；采用 SPE 小柱净化，经常多种结合使用，导致成本较高。2003 年美国农业部提出了 MSPD 净化方法，N-丙基乙二胺（PSA）吸附剂具有弱的阴离子交换能力，有利于吸附样品基质中的有机酸、糖以及色素。根据气相色谱的 μECD 检测器进行溶剂转溶，实现了对复杂基质中多种农药残留的快速检测。

【实验目的】

掌握基质固相分散萃取的样品前处理技术，运用气相色谱仪检测水果中多种残留农药的方法、数据处理和结果计算方法，了解相关前处理设备的使用和维护。

【实验原理】

将水果样品匀浆称量后，采用分散型萃取技术净化样品，然后浓缩定容，使用 DB-1701 毛细管柱（30 m×0.32 mm，0.25 μm）作为分离柱，用配有 ECD 检测器和自动进样器的气相色谱仪进行农药残留检测分析，根据色谱峰的保留时间定性，外标法定量。

【实验材料】

① 氯氰菊酯（cypermethrin）标准品。

② 正己烷、乙腈等均为色谱纯，冰醋酸（优级纯），无水乙酸钠（分析纯），无水硫酸镁（分析纯（500℃马弗炉内烘 5 h，冷却取出装瓶备用）。

③ PSA 粉（N-丙基乙二胺），C18 粉，氨基粉（NH$_2$），石墨碳黑粉。

④ 0.1% 冰醋酸-乙腈溶液（移取 1 mL 冰醋酸加入 1000 mL 乙腈混匀）。

【实验设备及用品】

气相色谱仪，ECD 检测器，自动进样器，涡流混匀器，研磨机，均质机，离心机。

【实验步骤】

（1）标准工作液的配制

称取氯氰菊酯农药标准品 10.0 mg 于 100 mL 棕色容量瓶中，用正己烷溶解并定容后，用正己烷稀释成 1.0、2.0、5.0 mg/L 系列浓度。

（2）样品制备、提取及净化

取待测苹果样品适量匀浆，称取样品匀浆液 10 g，置于 100 mL 塑料离心管中，加入 0.1% 醋酸-乙腈溶液 10 mL，正己烷 5 mL，无水硫酸镁 5.0 g，无水乙酸钠 2.0 g，用玻璃棒搅拌均匀，于均质机上高速均质 2 min，5000 r/min 高速离心 8 min，取上清液于 15 mL 塑料离心管中，氮气吹干，准确加入 0.1% 醋酸-乙腈＋正己烷溶液（1∶1）2 mL，1400 r/min 涡漩混合 2 min，溶解液转移入盛有适量 PSA、C$_{18}$ 粉、石墨碳黑粉的离心管中，以 1400 r/min 涡漩混合 2 min 离心，取上清液 1 mL，置于离心管中氮吹至近干，用少量正己烷溶解并定容至 1 mL，过 0.22 μm 滤膜，供 GC 测定。

（3）色谱条件

色谱柱	DB-1701 毛细管柱，30 m×0.32 mm，0.25 μm
气体流速	高纯氮（纯度＞99.99%，1.4 mL/min），恒流
温度	进样口温度 250℃；ECD 检测器温度 300℃
柱温	程序升温，初始温度 60℃，保持 1.25 min；以 20℃/min 的速度升温至 180℃，保持 7 min；以 10℃/min 的速度升温至 230℃，保持 7 min；以 10℃/min 的速度升温至 270℃，保持 15 min 载气（N$_2$）流速：1.4 mL/min，恒流
进样量	1 μL

（4）标准曲线制作

将系列浓度的氯氰菊酯标准工作溶液，按照上述的色谱条件进行气相色谱检测，每个浓度重复进样 3 次。以标准溶液的质量浓度为横坐标，相应的峰面积平均值为纵坐标，绘制标准曲线，计算相关系数及检出限（检出限按照 3 倍噪声计算）。

(5) 添加回收率测定

将没有施用过氯氰菊酯的新鲜苹果捣碎，称取样品 20.0 g 至烧杯中，吸取 5 mg/L 的氯菊酯标准工作溶液 1 ml，加入到样品中，摇匀，放置过夜，按照上述样品提取、净化、检测方法进行气相色谱检测。每个浓度设置 4 个重复。根据检测结果计算回收率和相对标准偏差。

回收率计算公式为

$$R = \frac{X}{X_0} \times 100\% \tag{10-85-1}$$

式中，R：样品加标回收率；X：样品检测出农药的含量，mg/kg；X_0：样品中添加的农药含量，mg/kg。

【结果与分析】

实验结果记入表 10-85-1。

表 10-85-1 苹果中农药残留检测检测结果

实验编号：

姓 名		检测日期：		
项目名称		样品性质：		检测室温：
仪器状态	仪器型号及编号：	检测器类型：		气化室温度：
	色谱柱：	柱温：		检测器温度：
	载气 N₂： H₂： Air： 尾吹 N₂： 分流比：			

其他设备

样品前处理：

检测方法：

标准曲线			计算公式	
测试项目	$Y = aX + b$ 　　$a=$　$b=$　相关系数 $r=$		检出限	

回收率/(%)

平均回收率/(%)

相对标准偏差

样品编号	采样日期	采样地点	项　目			结果/(mg/kg)
			进样量 V_1/mL	峰面积	标准曲线计算所得浓度 c/(mg/L)	

N.D 表示未检出

【注意事项】

样品离心时要将各离心样品在天平上配平后,再对称放入离心机中进行离心。

思 考 题

(1) 在标准曲线制作中对线性相关系数有哪些要求?

(2) 在样品提取时加入 0.1%醋酸-乙腈溶液有什么作用?

实验 86　高效液相色谱法检测土壤中除草剂残留

除草剂是土壤中环境激素类物质的主要来源之一。目前,被广泛使用的除草剂,如莠去津、异丙甲草胺、环嗪酮,它们的化学性质稳定,既具有较强的亲脂性,能持久存在于土壤环境中,破坏土壤结构,阻碍或抑制土壤微生物和植物的生命活动;也具有较强的水溶性,可以通过渗透和降水的淋溶作用污染地表水体系。另外,除草剂还可以通过食物链累积放大,致使生物体天然激素分泌失调,导致病变,危害人类健康。因此,除草剂对环境和人类健康造成的危害备受关注。

目前,除草剂在土壤中的残留检测方法包括气相色谱法、高效液相色谱法及色谱-质谱联用方法。近几年,农药残留分析的样品前处理趋于简单化和环境友好化,目前应用较广的土壤前处理方法有固相萃取(SPE),加速溶剂萃取(ASE),微波辅助萃取(MAE)和超声波辅助萃取(USE)。这些方法取代了传统的耗费大量时间和溶剂的索式萃取法,但是需要较昂贵的萃取仪器,且通常需要后续的较繁琐的净化步骤,有的萃取过程还需要在特定条件下进行。

【实验目的】

掌握高效液相色谱法检测土壤中常用除草剂残留的方法、数据处理和结果计算方法,了解高效液相色谱仪的使用。

【实验原理】

将土壤样品萃取净化后,以甲醇和水为流动相梯度洗脱待测目标物,进行高效液相色谱测定,根据色谱峰的保留时间定性,外标法定量。

【实验材料】

① 农药:莠去津(atrazine),苯噻酰草胺(mefenacet),异丙甲草胺(metolachlor)和环嗪酮(hexazinone)4 种除草剂标准品(纯度>98%),0.1%甲醇单标储备液,混标储备液(0.5 mg/L)。

② 试剂:甲醇,乙腈,甲酸(均为 HPLC 级),农残级无水 $MgSO_4$,N-丙基乙二胺(PSA),石墨化碳黑(GCB),C_{18}粉。

【实验设备及用品】

0.22 mm 水系滤膜,P 型 1000 mL、100 mL 和 25 mL 移液器,离心机,Mill-iQ 超纯水器,Waters ACQUITYUPLCTMBEH 高效液相色谱仪。

【实验步骤】

(1) 土壤样品的制备

土壤样品经自然风干,粉碎过 60 目筛,室温下保存备用。准确称取 1.0 g 过筛土壤样品,置于 15 mL 离心试管中,加入甲醇至液面微高于土壤样品,使土壤中的残留除草剂充分溶解。

(2) 一步分散固相萃取净化

在离心管中加入 0.5 mL 水,静置 20 min,再加入 4 mL 乙腈,振荡萃取 2 min,加入 0.1 g 无水 $MgSO_4$,振荡 20 s,加入 0.1 g PSA(或 0.1 g PSA+ 0.1 g C_{18},或 0.1 g PSA+0.03 g GCB)吸

附剂,振荡 2 min,以 10000 r/min 高速离心 3 min,取上清液直接过膜上机检测。

(3)高效液相色谱分析条件

色谱柱	C$_{18}$色谱柱,50 mm×2.1 mm i.d.,1.7 mm
柱温	30℃
样品温度	20℃
进样体积	5 μL
流动相	A 为甲醇,流动相 B 为水,流速为 0.25 mL/min
梯度洗脱	0~3 min,40%~98% A;3~4 min,98%~40% A;4~6 min,40% A
检测波长	230 nm

(4)标准曲线制作

分别精确称取莠去津、苯噻酰草胺、异丙甲草胺和环嗪酮标准品 10.0 mg(精确至 0.0002 g)于 100 mL 容量瓶中,用甲醇溶解定容。采用梯度稀释的方法用甲醇配制系列浓度的标准工作溶液,按照上述的色谱条件进行高效液相色谱检测,每个浓度重复进样 3 次。以标准溶液的质量浓度为横坐标,相应的峰面积平均值为纵坐标,绘制标准曲线,计算相关系数及检出限(检出限按照 3 倍噪声计算)。

(5)添加回收率测定

将没有施用过上述除草剂的土壤中,定量添加除草剂标准溶液,使添加农药浓度为 0.5 mg/kg,摇匀,放置过夜,按照上述样品提取、净化、检测方法进行检测。每个浓度设置 5 个重复。根据检测结果计算回收率和相对标准偏差。

回收率计算公式为

$$R = \frac{X}{X_0} \times 100\% \tag{10-86-1}$$

式中,R:样品加标回收率;X:样品检测出农药的含量,mg/kg;X_0:样品中添加的农药含量,mg/kg。

【结果与分析】

实验结果记入表 10-86-1。

表 10-86-1　土壤中除草剂残留检测结果

实验编号:

姓　　名				检测日期:	
项目名称			样品性质:		检测室温:
仪器状态	仪器型号及编号:		检测器类型:		气化室温度:
	色谱柱:		柱温:		检测器温度:
	载气 N$_2$:　　　H$_2$:　　　Air:　　　尾吹 N$_2$:　　　分流比:				
其他设备					
样品前处理:					
检测方法:					

续表

测试项目	标准曲线						计算公式	
	$Y=aX+b$ $a=$　　$b=$　　相关系数 $r=$						检出限	
回收率/(%)								
平均回收率/(%)								
相对标准偏差								

样品编号	采样 日期	采样 地点	项　目			结果/(mg/kg)
			进样量 V_1/mL	峰面积	标准曲线计算 所得浓度 c/(mg/L)	

N.D 表示未检出

【注意事项】

样品离心时需在天平上配平后再离心样品。

思　考　题

(1) 在样品前处理过程中,常用的萃取方法有哪些?

(2) 在液相色谱测定中,使用有机溶剂作流动相时,对有机溶剂有何要求?

实验 87　GC-MS 联用检测水体中农药残留

国外在检测水体农药污染中,经常应用固相萃取技术,它能避免液液分配所带来的许多问题,如不完全的相分离、玻璃器皿易碎和产生大量的有机废液等。与液液分配相比,固相萃取更有效,容易达到定量萃取、快速和自动化,同时也减少了溶剂用量和工作时间。

【实验目的】

通过对水体残留农药的固相萃取(SPE)、GC-MS 联用检测、数据处理和结果计算,了解气相色谱-质谱仪(GC-MS)的使用。

【实验原理】

水样用乙腈提取后,进行固相萃取净化,浓缩定容,在选择离子模式(SIM)下,使用毛细柱 CpSil8 CB,30 m×0.25 mm×0.25 μm 作为分离柱,用 GC-MS 气质色谱仪进行测定。

【实验材料】

① 农药标准品：乙草胺（acetochlor）、西玛津（simazine），三唑酮（triadimefon）等（含量均≥95％）。

② NaCl（分析纯），乙腈，正己烷，丙酮，乙酸乙酯，甲醇，正丁醇，均为色谱纯。

【实验设备及用品】

GC-MS Varian 2000，MS3800 型气相色谱-质谱联用仪，SPE 柱〔ISOLUTETMENV＋200 mg/3 mL柱体积，LichrolutTM SPE 装置（Merck 公司）〕，真空泵。

【实验步骤】

（1）固相萃取

① 水样预处理。先用缓冲液调整水样 pH 为 7～8，再向水样中添加 2％～3％乙腈，目的是活化 SPE 填料，在利用 SPE 提取之前，向水样中加入 2 g NaCl，如果是环境水样，最好先过滤，以防固体颗粒堵塞 SPE 柱。

② SPE 柱活化。在常压状态下，用 5 mL 正己烷洗涤 SPE 柱（应在柱中浸润 5 min），真空抽干，再用 5 mL 丙酮洗涤 SPE 柱（应在柱中浸润 5 min），真空抽干，用蒸馏水洗涤 SPE 柱，并使柱中保留少许蒸馏水。

③ 水样提取。向用蒸馏水洗涤过的 SPE 柱，添加水样，在小于 20 MPa 的压力下提取，保持流速为 5 mL/min（呈滴状），当所有的水样都通过小柱后，用蒸馏水洗涤小柱 2 次，2.5 mL/次，继续抽空以除去柱中残余水分。

④ 样本洗脱。在常压下，先用正己烷洗涤小柱 2 次，2.5 mL/次，每次 5 min，真空抽干，再用丙酮洗涤小柱 2 次，2.5 mL/次，每次 5 min，真空抽干后，合并提取液到 10 mL 刻度试管中。

⑤ 样本浓缩。先向试管中添加 5 mL 正丁醇作保持剂，用氮气流吹扫溶剂，温度保持在 40℃以下，当溶剂体积小于 1 mL 时，取出并用丙酮定容至 1 mL，以用于气相色谱-质谱联用仪测定。

（2）气相色谱-质谱色谱条件

毛细管柱	CpSi18 CB，30 m×0.25 mm×0.25 μm
进样	进样口温度 200℃；分流进样，分流比：10∶1
载气（He）	1.2 mL/min
色谱柱程序柱温	初始温度 60℃，保持 0.5 min，20℃/min 升温至 160℃，然后以 5℃/min 升温至 230℃，再 25℃/min 升温至 285℃，保持 1 min
质谱选择离子参数	乙草胺的参考定量离子 1∶224，参考定量离子 2∶147；西玛津的参考定量离子 1∶201，参考定量离子 2∶138；三唑酮的参考定量离子 208

（3）定量方法

利用选择离子进行定量分析。

（4）方法确证

① 分别配制乙草胺、西玛津、三唑酮系列浓度单标或混标标准工作溶液，按照上述的色谱条件进行气相色谱-质谱检测，每个浓度重复进样 3 次。以标准溶液的质量浓度为横坐标，相应的峰面积平均值为纵坐标，绘制标准曲线。

② 根据标准曲线回归得到线性方程、相关系数及检出限（检出限按照 3 倍噪声计算）。

③ 同一浓度样品平行进样 6 次,根据色谱峰面积计算精密度。

④ 通过添加回收率测定评价方法的准确度。

【结果与分析】

实验结果记入表 10-87-1。

表 10-87-1　水体中农药残留检测结果

实验编号:

姓　　名				检测日期:	
项目名称			样品性质:		检测室温:
仪器状态	仪器型号及编号:		检测器类型:		气化室温度:
	色谱柱:		柱温:		检测器温度:
	载气 N_2:　　　H_2:　　　Air:　　　尾吹 N_2:　　　分流比:				
其他设备					
样品前处理:					
检测方法:					

测试项目	标准曲线			计算公式	
	$Y = aX + b$ $a=$　　　$b=$　　　相关系数 $r=$			检出限	
回收率/(%)					
平均回收率/(%)					
相对标准偏差					

样品编号	采样日期	采样地点	项　　目			结果/(mg/kg)
			进样量 V_1/mL	峰面积	标准曲线计算所得浓度 c/(mg/L)	

N.D 表示未检出

分析者:　　　　　　　　　　审核:

【注意事项】

实验所用有机试剂若纯度低于色谱纯级的,需重新蒸馏使用。

思　考　题

(1) 在用 GC-MS 作定量分析时,需采用什么测定模式?

(2) 在水样预处理中,向水样中添加 2%～3% CH_3CN 目的是什么?

附　录

F.1　生物统计概率值换算表

%	0.0	0.1	0.2	0.3	0.4	0.5	0.6	0.7	0.8	0.9
0		1.9098	2.1218	2.2522	2.3479	2.4242	2.4879	2.5427	2.5911	2.6344
1	2.6737	2.7096	2.7429	2.7738	2.8027	2.8299	2.8556	2.8799	2.9031	2.9251
2	2.9463	2.9665	2.9859	3.0046	3.0226	3.0400	3.0569	3.0732	3.0890	3.1043
3	3.1192	3.1337	3.1478	3.1616	3.1750	3.1881	3.2009	3.2134	3.2256	3.2367
4	3.2493	3.2608	3.2721	3.2831	3.2940	3.3046	3.3151	3.3253	3.3354	3.3454
5	3.3551	3.3648	3.3742	3.3836	3.3928	3.4018	3.4107	3.4195	3.4282	3.4368
6	3.4452	3.4536	3.4618	3.4699	3.4780	3.4859	3.4937	3.5015	3.5091	3.5167
7	3.5242	3.5316	3.5389	3.5462	3.5534	3.5605	3.5675	3.5745	3.5813	3.5882
8	3.5949	3.6016	3.6083	3.6148	3.6213	3.6278	3.6342	3.6405	3.6468	3.6531
9	3.6592	3.6654	3.6715	3.6775	3.6835	3.6894	3.6953	3.7012	3.7070	3.7127
10	3.7184	3.7241	3.7298	3.7354	3.7409	3.7464	3.7519	3.7574	3.7628	3.7681
11	3.7735	3.7788	3.7840	3.7893	3.7945	3.7996	3.8048	3.8099	3.8150	3.8200
12	3.8250	3.8300	3.8350	3.8399	3.8448	3.8497	3.8545	3.8593	3.8641	3.8689
13	3.8736	3.8783	3.8830	3.8877	3.8923	3.8969	3.9015	3.9061	3.9107	3.9152
14	3.9197	3.9242	3.9286	3.9331	3.9375	3.9419	3.9463	3.9506	3.9550	3.9593
15	3.9636	3.9678	3.9721	3.9763	3.9806	3.9848	3.9890	3.9931	3.9973	4.0014
16	4.0055	4.0096	4.0137	4.0178	4.0218	4.0259	4.0299	4.0339	4.0379	4.0419
17	4.0458	4.0498	4.0587	4.0576	4.0615	4.0654	4.0693	4.0731	4.0770	4.0808
18	4.0846	4.0884	4.0922	4.0960	4.0998	4.1035	4.1073	4.1110	4.1147	4.1184
19	4.1221	4.1258	4.1295	4.1331	4.1367	4.1404	4.1440	4.1476	4.1512	4.1548
20	4.1584	4.1619	4.1655	4.1690	4.1726	4.1761	4.1796	4.1831	4.1866	4.1901
21	4.1936	4.1970	4.2005	4.2039	4.2074	4.2108	4.2142	4.2176	4.2210	4.2244
22	4.2278	4.2312	4.2345	4.2379	4.2412	4.2446	4.2479	4.2512	4.2546	4.2579
23	4.2612	4.2644	4.2677	4.2710	4.2743	4.2775	4.2808	4.2840	4.2872	4.2905
24	4.2937	4.2969	4.3001	4.3033	4.3065	4.3097	4.3129	4.3160	4.3192	4.3224
25	4.3255	4.3287	4.3318	4.3349	4.3389	4.3412	4.3443	4.3474	4.3505	4.3536
26	4.3567	4.3597	4.3628	4.3659	4.3689	4.3720	4.3750	4.3781	4.3811	4.3842
27	4.3872	4.3902	4.3932	4.3962	4.3992	4.4022	4.4052	4.4082	4.4112	4.4142
28	4.4172	4.4201	4.4231	4.4260	4.4290	4.4319	4.4349	4.4378	4.4408	4.4437
29	4.4466	4.4495	4.4524	4.4554	4.4583	4.4612	4.4641	4.4670	4.4698	4.4727
30	4.4756	4.4785	4.4813	4.4842	4.4871	4.4899	4.4928	4.4956	4.4985	4.5013
31	4.5041	4.5070	4.5098	4.5126	4.5155	4.5183	4.5211	4.5239	4.5267	4.5295
32	4.5323	4.5351	4.5379	4.5407	4.5435	4.5462	4.5490	4.5518	4.5546	4.5573
33	4.5601	4.5628	4.5656	4.5684	4.5711	4.5739	4.5766	4.5793	4.5821	4.5848

%	0.0	0.1	0.2	0.3	0.4	0.5	0.6	0.7	0.8	0.9
34	4.5875	4.5903	4.5930	4.5957	4.5984	4.6011	4.6039	4.6066	4.6093	4.6120
35	4.6147	4.6174	4.6201	4.6228	4.6255	4.6281	4.6308	4.6335	4.6362	4.6389
36	4.6415	4.6442	4.6469	4.6495	4.6522	4.6549	4.6575	4.6602	4.6628	4.6655
37	4.6681	4.6708	4.6734	4.6761	4.6787	4.6814	4.6840	4.6866	4.6893	4.6919
38	4.6945	4.6971	4.6998	4.7024	4.7050	4.7076	4.7102	4.7129	4.7155	4.7181
39	4.7207	4.7233	4.7259	4.7285	4.7311	4.7337	4.7363	4.7389	4.7415	4.7441
40	4.7467	4.7492	4.7518	4.7544	4.7570	4.7596	4.7622	4.7647	4.7673	4.7699
41	4.7725	4.7750	4.7776	4.7802	4.7827	4.7853	4.7879	4.7904	4.7930	4.7955
42	4.7981	4.8007	4.8032	4.8058	4.8083	4.8109	4.8134	4.8160	4.8185	4.8211
43	4.8236	4.8262	4.8287	4.8313	4.8338	4.8363	4.8389	4.8414	4.8440	4.8465
44	4.8490	4.8516	4.8541	4.8566	4.8592	4.8617	4.8642	4.8668	4.8693	4.8718
45	4.8743	4.8769	4.8794	4.8819	4.8844	4.8870	4.8895	4.8920	4.8945	4.8970
46	4.8996	4.9021	4.9046	4.9071	4.9096	4.9122	4.9147	4.9172	4.9197	4.9222
47	4.9247	4.9272	4.9298	4.9323	4.9348	4.9373	4.9398	4.9423	4.9448	4.9473
48	4.9498	4.9524	4.9549	4.9574	4.9599	4.9624	4.9649	4.9674	4.9699	4.9724
49	4.9749	4.9774	4.9799	4.9825	4.9850	4.9875	4.9900	4.9925	4.9950	4.9975
50	5.0000	5.0025	5.0050	5.0075	5.0100	5.0125	5.0150	5.0175	5.0201	5.0226
51	5.0251	5.0276	5.0301	5.0326	5.0351	5.0376	5.0401	5.0426	5.0451	5.0476
52	5.0502	5.0527	5.0552	5.0577	5.0602	5.0627	5.0652	5.0677	5.0702	5.0728
53	5.0753	5.0778	5.0803	5.0828	5.0853	5.0878	5.0904	5.0929	5.0954	5.0979
54	5.1004	5.1030	5.1055	5.1080	5.1105	5.1130	5.1156	5.1181	5.1206	5.1231
55	5.1257	5.1282	5.1307	5.1332	5.1358	5.1383	5.1408	5.1434	5.1459	5.1484
56	5.1510	5.1535	5.1560	5.1586	5.1611	5.1637	5.1662	5.1687	5.1713	5.1738
57	5.1764	5.1789	5.1815	5.1840	5.1866	5.1891	5.1917	5.1942	5.1968	5.1993
58	5.2019	5.2045	5.2070	5.2096	5.2121	5.2147	5.2173	5.2198	5.2224	5.2250
59	5.2275	5.2301	5.2327	5.2353	5.2378	5.2404	5.2430	5.2456	5.2482	5.2508
60	5.2533	5.2559	5.2585	5.2611	5.2637	5.2663	5.2689	5.2715	5.2741	5.2767
61	5.2793	5.2819	5.2845	5.2871	5.2898	5.2924	5.2950	5.2976	5.3002	5.3029
62	5.3055	5.3081	5.3107	5.3134	5.3160	5.3186	5.3213	5.3239	5.3266	5.3292
63	5.3319	5.3345	5.3372	5.3398	5.3425	5.3451	5.3478	5.3505	5.3531	5.3558
64	5.3585	5.3611	5.3638	5.3665	5.3692	5.3719	5.3745	5.3772	5.3799	5.3826
65	5.3853	5.3880	5.3907	5.3934	5.3961	5.3989	5.4016	5.4043	5.4070	5.4097
66	5.4125	5.4152	5.4179	5.4207	5.4234	5.4261	5.4289	5.4316	5.4344	5.4372
67	5.4399	5.4427	5.4454	5.4482	5.4510	5.4538	5.4565	5.4593	5.4621	5.4649
68	5.4677	5.4705	5.4733	5.4761	5.4789	5.4817	5.4845	5.4874	5.4902	5.4930
69	5.4959	5.4987	5.5015	5.5044	5.5072	5.5101	5.5129	5.5158	5.5187	5.5215
70	5.5244	5.5273	5.5302	5.5330	5.5359	5.5388	5.5417	5.5446	5.5476	5.5505
71	5.5534	5.5563	5.5592	5.5622	5.5651	5.5681	5.5710	5.5740	5.5769	5.5799
72	5.5828	5.5858	5.5888	5.5918	5.5948	5.5978	5.6008	5.6038	5.6068	5.6098
73	5.6128	5.6158	5.6189	5.6219	5.6250	5.6280	5.6311	5.6341	5.6372	5.6403
74	5.6433	5.6464	5.6495	5.6526	5.6557	5.6588	5.6620	5.6651	5.6682	5.6713

续表

%	0.0	0.1	0.2	0.3	0.4	0.5	0.6	0.7	0.8	0.9
75	5.6745	5.6776	5.6808	5.6840	5.6871	5.6903	5.6935	5.6967	5.6999	5.7031
76	5.7063	5.7095	5.7128	5.7160	5.7192	5.7225	5.7257	5.7290	5.7323	5.7356
77	5.7388	5.7421	5.7454	5.7488	5.7521	5.7554	5.7588	5.7621	5.7655	5.7688
78	5.7722	5.7756	5.7790	5.7824	5.7858	5.7892	5.7926	5.7961	5.7995	5.8030
79	5.8064	5.8099	5.8134	5.8169	5.8204	5.8239	5.8274	5.8310	5.8345	5.8381
80	5.8416	5.8452	5.8488	5.8524	5.8560	5.8596	5.8633	5.8669	5.8705	5.8742
81	5.8779	5.8816	5.8853	5.8890	5.8927	5.8965	5.9002	5.9040	5.9078	5.9116
82	5.9154	5.9192	5.9230	5.9269	5.9307	5.9346	5.9385	5.9424	5.9463	5.9502
83	5.9542	5.9581	5.9621	5.9661	5.9701	5.9741	5.9782	5.9822	5.9863	5.9904
84	5.9945	5.9986	6.0027	6.0069	6.0110	6.0152	6.0194	6.0237	6.0279	6.0322
85	6.0364	6.0407	6.0450	6.0494	6.0537	6.0581	6.0625	6.0669	6.0714	6.0758
86	6.0803	6.0848	6.0893	6.0939	6.0985	6.1031	6.1077	6.1123	6.1170	6.1217
87	6.1264	6.1311	6.1359	6.1407	6.1455	6.1503	6.1552	6.1601	6.1650	6.1700
88	6.1750	6.1800	6.1850	6.1901	6.1952	6.2004	6.2055	6.2107	6.2160	6.2212
89	6.2265	6.2319	6.2372	6.2426	6.2481	6.2536	6.2591	6.2646	6.2702	6.2759
90	6.2816	6.2873	6.3930	6.2988	6.3047	6.3106	6.3165	6.3225	6.3285	6.3346
91	6.3408	6.3469	6.3532	6.3595	6.3658	6.3722	6.3787	6.3852	6.3917	6.3984
92	6.4051	6.4118	6.4187	6.4255	6.4325	6.4396	6.4466	6.4538	6.4611	6.4684
93	6.4158	6.4833	6.4909	6.4985	6.5063	6.5141	6.5220	6.5301	6.5382	6.5464
94	6.5548	6.5642	6.5718	6.5805	6.5893	6.5982	6.6072	6.6164	6.6258	6.6352
95	6.6449	6.6546	6.6646	6.6747	6.6849	6.6954	6.7060	6.7169	6.7279	6.7392
96	6.7507	6.7624	6.7744	6.7866	6.7991	6.8119	6.8250	6.8384	6.8522	6.8663
97	6.8808	6.8957	6.9110	6.9568	6.9431	6.9600	6.9774	6.9954	7.0141	7.0335
98	7.0537	7.0558	7.0579	7.0600	7.0621	7.0642	7.0663	7.0684	7.0706	7.0727
98.1	7.0749	7.0770	7.0792	7.0814	7.0836	7.0858	7.0880	7.0902	7.0924	7.0947
98.2	7.0969	7.0992	7.1015	7.1038	7.1601	7.1084	7.1107	7.1130	7.1154	7.1177
98.3	7.1201	7.1224	7.1248	7.1272	7.1297	7.1321	7.1345	7.1370	7.1394	7.1419
98.4	7.1444	7.1469	7.1494	7.1520	7.1545	7.1571	7.1596	7.1622	7.1648	7.1675
98.5	7.1701	7.1727	7.1754	7.1781	7.1808	7.1835	7.1862	7.1890	7.1917	7.1945
98.6	7.1973	7.2001	7.2029	7.2058	7.2086	7.2115	7.2144	7.2173	7.2203	7.2232
98.7	7.2262	7.2292	7.2322	7.2353	7.2383	7.2414	7.2445	7.2476	7.2508	7.2539
98.8	7.2571	7.2603	7.2636	7.2668	7.2701	7.2734	7.2768	7.2801	7.2835	7.2869
98.9	7.2904	7.2938	7.2973	7.3009	7.3044	7.3080	7.3116	7.3152	7.3189	7.3226
99.0	7.3263	7.3301	7.3339	7.3378	7.3416	7.3455	7.3495	7.3535	7.3575	7.3615
99.1	7.3656	7.3698	7.3739	7.3781	7.3824	7.3867	7.3911	7.3954	7.3999	7.4044
99.2	7.4089	7.4135	7.4181	7.4228	7.4276	7.4324	7.4372	7.4422	7.4471	7.4522
99.3	7.4573	7.4624	7.4677	7.4730	7.4783	7.4838	7.4893	7.4949	7.5006	7.5063
99.4	7.5121	7.5181	7.5241	7.5302	7.5364	7.5427	7.5491	7.5556	7.5622	7.5690
99.5	7.5758	7.5828	7.5899	7.5972	7.6045	7.6121	7.6197	7.6276	7.6356	7.6437
99.6	7.6521	7.6606	7.6693	7.6783	7.6874	7.6968	7.7065	7.7164	7.7266	7.7370
99.7	7.7478	7.7589	7.7703	7.7822	7.7944	7.8070	7.8202	7.8338	7.8480	7.8627
99.8	7.8782	7.8943	7.9112	7.9290	7.9478	7.9677	7.9889	8.0115	8.0357	8.0618
99.9	8.0902	8.1214	8.1595	8.1947	8.2389	8.2905	8.3528	8.4316	8.5401	8.7190

F.2　概率值与权重系数换算表

理论概率值 $\hat{y}$	0.0	0.1	0.2	0.3	0.4	0.5	0.6	0.7	0.8	0.9
1	0.001	0.001	0.001	0.002	0.002	0.003	0.005	0.006	0.008	0.011
2	0.015	0.019	0.025	0.031	0.040	0.050	0.062	0.076	0.092	0.110
3	0.131	0.154	0.180	0.208	0.238	0.269	0.302	0.336	0.370	0.405
4	0.439	0.471	0.503	0.532	0.558	0.581	0.601	0.616	0.627	0.634
5	0.637	0.634	0.627	0.616	0.601	0.581	0.558	0.532	0.503	0.471
6	0.439	0.405	0.370	0.336	0.302	0.269	0.238	0.208	0.180	0.154
7	0.131	0.110	0.092	0.076	0.062	0.050	0.040	0.031	0.025	0.019
8	0.015	0.011	0.008	0.006	0.005	0.003	0.002	0.002	0.001	0.001

F.3　x^2 值表

自由度 df	概率值（P）		自由度 df	概率值（P）		自由度 df	概率值（P）	
	0.05	0.01		0.05	0.01		0.05	0.01
1	3.84	6.63	11	19.68	24.72	21	32.67	38*.93
2	5.99	9.21	12	21.03	26.22	22	33.92	40.29
3	7.81	11.34	13	22.36	27.69	23	35.17	41.64
4	9.49	13.28	14	23.68	29.14	24	36.42	42.98
5	11.07	15.09	15	25.00	30.58	25	37.65	44.31
6	12.59	16.81	16	26.30	32.00	26	38.89	45.64
7	14.07	18.48	17	27.59	33.41	27	40.11	46.96
8	15.51	20.09	18	28.87	34.81	28	41.34	48.78
9	16.92	21.69	19	30.14	34.19	29	42.56	49.59
10	18.31	23.21	20	31.41	37.57	30	43.77	50.89

F.4　农药剂型名称及代码（GB/T 19378-2003）

章条号	剂型名称	剂型英文名称	代码	说　　明
1 原药和母药				
1.1	原药	technical material	TC	在制造过程中得到有效成分及杂质组成的最终产品,不能含有可见的外来物质和任何添加物,必要时可加入少量的稳定剂
1.2	母药	technical concentrate	TK	在制造过程中得到有效成分及杂质组成的最终产品,也可能含有少量必需的添加物和稀释剂,仅用于配制各种制剂。

章条号	剂型名称	剂型英文名称	代码	说　　明
2 固体制剂				
2.1 可直接使用的固体制剂				
2.1.1 粉状制剂				
2.1.1.1	粉剂	dustable powder	DP	适用于喷粉或撒布的自由流动的均匀粉状制剂
2.1.1.2	触杀粉	contact powder	CP	具有触杀性杀虫、杀鼠作用的可直接使用的均匀粉状制剂
2.1.1.3	漂浮粉剂	flo-dust	GP	气流喷施的粒径小于 $10\ \mu m$ 以下，在温室用的均匀粉状制剂
2.1.2 颗粒状制剂				
2.1.2.1	颗粒剂	granule	GR	有效成分均匀吸附或分散在颗粒中，及附着在颗粒表面，具有一定粒径范围可直接使用的自由流动的粒状制剂
2.1.2.2	大粒剂	macro granule	GG	粒径范围在 $2000\sim6000\ \mu m$ 之间的颗粒剂
2.1.2.3	细粒剂	fine granule	FG	粒径范围在 $300\sim2500\ \mu m$ 之间的颗粒剂
2.1.2.4	微粒剂	micro granule	MG	粒径范围在 $100\sim600\ \mu m$ 之间的颗粒剂
2.1.2.5	微囊粒剂	encapsulated granule	CG	含有有效成分的微囊所组成的具有缓慢释放作用的颗粒剂
2.1.3 特殊形状制剂				
2.1.3.1	块剂	block formulation	BF*	可直接使用的块状制剂
2.1.3.2	球剂	pellet	PT	可直接使用的球状制剂
2.1.3.3	棒剂	plant rodlet	PR	可直接使用的棒状制剂
2.1.3.4	片剂	tablet for direct application 或 tablet	DT 或 TB	可直接使用的片状制剂
2.1.3.5	笔剂	chalk	CA*	有效成分与石膏粉及助剂混合或浸渍吸附药液，制成可直接涂抹使用的笔状制剂（其外观形状必须与粉笔有显著差别）
2.1.4 烟制剂				
2.1.4.1	烟剂	smoke generator	FU	可点燃发烟而释放有效成分的固体制剂
2.1.4.2	烟片	smoki tablet	FT	片状烟剂
2.1.4.3	烟罐	smoke tin	FD	罐状烟剂
2.1.4.4	烟弹	smoke cartridge	FP	圆筒状（或像弹筒状）烟剂
2.1.4.5	烟烛	smoke candle	FK	烛状烟剂
2.1.4.6	烟球	smoke pellet	FW	球状烟剂

章条号	剂型名称	剂型英文名称	代码	说　明
2.1.4.7	烟棒	smoke rodlet	FR	棒状烟剂
2.1.4.8	蚊香	smoke coil	MC	用于驱杀蚊虫,可点燃发烟的螺旋形盘状制剂
2.1.4.9	蟑香	cockroach coil	CC *	用于驱杀蜚蠊,可点燃发烟的螺旋形盘状制剂
2.1.5 诱饵制剂				
2.1.5.1	饵剂	bait	RB	为引诱靶标害物(害虫和鼠等)取食或行为控制的制剂
2.1.5.2	饵粉	powder bait	BP *	粉状饵剂
2.1.5.3	饵粒	granuoar bait	GB	粒状饵剂
2.1.5.4	饵块	block bait	BB	块状饵剂
2.1.5.5	饵片	plate bait	PB	片状饵剂
2.1.5.6	饵棒	stick bait	SB *	棒状饵剂
2.1.5.7	饵膏	paste bait	PS *	糊膏状饵剂
2.1.5.8	胶饵	bait gel	BG *	可放在饵盒里直接使用或用配套器械挤出或点射使用的胶状饵剂
2.1.5.9	诱芯	attract wick	AW *	与诱捕器配套使用的引诱害虫的行为控制制剂
2.1.5.10	浓饵剂	bait concentrate	CB	稀释后使用的固体或液体饵剂
2.2 可分散用的固体制剂				
2.2.1 可分散粉状制剂				
2.2.1.1	可湿性粉剂	wettable powder	WP	可分散于水中形成稳定悬浮液的粉状制剂
2.2.1.2	油分散粉剂	oil dispersible powder	OP	用于有机溶剂或油分散使用的粉状制剂
2.2.2 可分散粒状制剂				
2.2.2.1	水分散粒剂	water dispersible granule	WG	加水后能迅速崩解并分散成悬浮液的粒状制剂
2.2.2.2	乳粒剂	emulsifiable granule	EG	加水后成为水包油乳液的粒状制剂
2.2.2.3	泡腾粒剂	effervescent granule	EA *	投入水中能迅速产生气泡并崩解分散的粒状制剂,可直接使用或用常规喷雾器械喷施
2.2.3 可分散片状制剂				
2.2.3.1	可分散片剂	water dispersible tablet	WT	加水后能迅速崩解并分散形成悬浮液的片状制剂
2.2.3.2	泡腾片剂	effervescent tablet	EB	投入水中能迅速产生气泡并崩解分散的片状制剂,可直接使用或用常规喷雾器械喷施

章条号	剂型名称	剂型英文名称	代码	说　明
2.2.4 缓释制剂				
2.2.4.1	缓释剂	bripuette	BR	控制有效成分从介质中缓慢释放的制剂
2.2.4.2	缓释块	bripuette block	BRB *	块状缓释剂
2.2.4.3	缓释管	briquette tube	BRT *	管状缓释剂
2.2.4.4	缓释粒	briquette granule	BRG *	粒状缓释剂
2.3 可溶性固体制剂				
2.3.1	可溶粉剂	water soluble pow-der	SP	有效成分能溶于水中形成真溶液,可含有一定量的非水溶性惰性物质的粉状制剂
2.3.2	可溶粒剂	water soluble gran-ule	SG	有效成分能溶于水中形成真溶液,可含有一定量的非水溶性惰性物质的粒状制剂
2.3.3	可溶片剂	water soluble tablet	ST	有效成分能溶于水中形成真溶液,可含有一定量的非水溶性惰性物质的片状制剂
3 液体制剂				
3.1 均相液体制剂				
3.1.1 可溶液体制剂				
3.1.1.1	可溶液剂	soluble concentrate	SL	用水稀释后有效成分形成真溶液的均相液体制剂
3.1.1.2	水剂	aqueous solution	AS *	有效成分及助剂的水溶液制剂
3.1.1.3	可溶胶剂	water soluble gel	GW	用水稀释后有效成分形成真溶液的胶状制剂
3.1.2 油制剂				
3.1.2.1	油剂	oil miscible liquid	OL	用有机溶剂或油稀释后使用的均一液体制剂
3.1.2.2	展膜油剂	spreading oil	SO	施用于水面形成油膜的制剂
2.3.1.3 超低容量制剂				
3.1.3.1	超低容量液剂	ultra low volume concentrate	UL	直接在超低容量器械上使用的均相液体制剂
3.1.3.2	超低容量微囊悬浮剂	ultra low volume a-queous capsule sus-pension	SU	直接在超低容量器械上使用的微囊悬浮液制剂
3.1.4 雾制剂				
3.1.4.1	热雾剂	hot fogging concen-trate	HN	用热能使制剂分散成细雾的油性制剂,可直接或用高沸点的溶剂或油稀释后,在热雾器械上使用的液体制剂

章条号	剂型名称	剂型英文名称	代码	说　　明
3.1.4.2	冷雾剂	cold fogging concen-trate	KN	利用压缩气体使制剂分散成为细雾的水性制剂,可直接或经稀释后,在冷雾器械上使用的液体制剂
3.2 可分散液体制剂				
3.2.1	乳油	emulsifiable concen-trate	EC	用水稀释后形成乳状液的均一液体制剂
3.2.2	乳胶	emulsifiable gel	GL	在水中可乳化的胶状制剂
3.2.3	可分散液剂	dispersible concen-trate	DC	有效成分溶于水溶性的溶剂中,形成胶体液的制剂
3.2.4	糊剂	paste	PA	固体粉粒分散在水中,有一定粘稠密度,用水稀释后涂膜使用的糊状制剂
3.2.5	浓胶(膏)剂	gel or paste concen-trate	PC	用水稀释后使用的凝胶或膏状制剂
3.3 乳液制剂				
3.3.1	水乳剂	emulsion, oil in wa-ter	EW	有效成分溶于有机溶剂中,并以微小的液珠分散在连续相水中,成非均相乳状液制剂
3.3.2	油乳剂	emulsion, water in oil	EO	有效成分溶于水中,并以微小水珠分散在油相中,成非均相乳状液制剂
3.3.3	微乳剂	micro-emulsion	ME	透明或半透明的均一液体,用水稀释后成微乳状液体的制剂
3.3.4	脂膏	grease	GS	黏稠的油脂状制剂
3.4 悬浮制剂				
3.4.1	悬浮剂	aqueous suspension concentrate	SC	非水溶性的固体有效成分与相关助剂,在水中形成高分散度的黏稠悬浮液制剂,用水稀释后使用
3.4.2	微囊悬浮剂	aqueous capsule sus-pension	CS	微胶囊稳定的悬浮剂,用水稀释后成悬浮液使用
3.4.3	油悬浮剂	oil miscible flowable concentrate	OF	有效成分分散在非水介质中,形成稳定分散的油混悬浮液制剂,用有机溶剂或油稀释后使用
3.5 双重特性制剂				
3.5.1	悬乳剂	aqueous suspo-emul-sion	SE	至少含有两种不溶于水的有效成分,以固体微粒和微细液珠形式稳定地分散在以水为连续流动相的非均相液体制剂

章条号	剂型名称	剂型英文名称	代码	说　明
4 种子处理制剂				
4.1 种子处理固体制剂				
4.1.1	种子处理干粉剂	powder for dry seed treatment	DS	可直接用于种子处理的细的均匀粉状制剂
4.1.2	种子处理可分散粉剂	water dispersible powder for slurry seed treatment	WS	用水分散成高浓度浆状物的种子处理粉状制剂
4.1.3	种子处理可溶粉剂	water soluble pow-der for seed treat-ment	SS	用水溶解后,用于种子处理的粉状制剂
4.2 种子处理液体制剂				
4.2.1	种子处理液剂	solution for seed treatment	LS	直接或稀释后,用于种子处理的液体制剂
4.2.2	种子处理乳剂	emulsion for seed treatment	ES	直接或稀释后,用于种子处理的乳状液制剂
4.2.3	种子处理悬浮剂	flowable concentrate for seed treatment	FS	直接或稀释后,用于种子处理的稳定悬浮液制剂
4.2.4	悬浮种衣剂	flowable concentrate for seed coating	FSC *	含有成膜剂,以水为介质,直接或稀释后用于种子包衣(95% 粒径≤2 μm,98% 粒径≤4 μm)的稳定悬浮液种子处理制剂
4.2.5	种子处理微囊悬浮剂	capsule suspension for seed treatment	CF	稳定的微胶囊悬浮液,直接或用水稀释后成悬浮液种子处理制剂
5 其他制剂				
5.1 气雾制剂				
5.1.1	气雾剂	aerosol	AE	将药液密封盛装在有阀门的容器内,在抛射剂作用下一次或多次喷出微小液珠或雾滴,可直接使用的罐装制剂
5.1.1.1	油基气雾剂	oil-based aerosol	OB A	溶剂为油基的气雾剂
5.1.1.2	水基气雾剂	water-based aerosol	WBA	溶剂为水基的气雾剂
5.1.1.3	醇基气雾剂	alcohol-based aerosol	ABA *	溶剂为醇基的气雾剂
5.2 其他液体制剂				
5.2.1	滴加液	drop concentrate	TKD *	由一种或两种以上的有效成分组成的原药浓溶液,仅用于配制各种电热蚊香片等制剂
5.2.2	喷射剂	spray fluid	SF *	用手动压力通过容器喷嘴,喷出液滴或液柱的液体制剂

章条号	剂型名称	剂型英文名称	代码	说　明
5.2.3	静电喷雾液剂	electrochargeable liquid	ED	用于静电喷雾的液体制剂
5.3 熏蒸制剂				
5.3.1	熏蒸剂	vapour releasing product	VP	含有一种或两种以上易挥发的有效成分,以气态(蒸气)释放到空气中,挥发速度可通过选择适宜的助剂或施药器械加以控制
5.3.2	气体制剂	gas	GA	装在耐压瓶或罐内的压缩气体制剂,主要用于熏蒸封闭空间的害虫
5.3.3	电热蚊香片	vaporizing mat	MV	与驱蚊器配套使用,驱杀蚊虫的片状制剂
5.3.4	电热蚊香液	liquid vaporizer	LV	与驱蚊器配套使用,驱杀蚊虫用的均相液体制剂
5.3.5	电热蚊香浆	vaporizing paste	VA *	与驱蚊器配套使用,驱杀蚊虫用的浆状制剂
5.3.6	固液蚊香	solid-liquid vaporizer	SV *	与驱蚊器配套使用,常温下为固体,加热使用时,迅速挥发并融化为液体,用于驱杀害虫的固体制剂
5.3.7	驱虫带	repellent tape	RT *	与驱虫器配套使用,用于驱杀害虫的带状制剂
5.3.8	防蛀剂	mogh-proofer	MP *	直接使用防蛀虫的制剂
5.3.8.1	防蛀片剂	moth-proofer tablet	MPT *	片状防蛀剂
5.3.8.2	防蛀球剂	moth-proofer pellet	MPP *	球状防蛀剂
5.3.8.3	防蛀液剂	moth-proofer liquid	MPL *	液体防蛀剂
5.3.9	熏蒸挂条	vaporizing strip	VS *	用于熏蒸驱杀害虫的挂条状
5.3.10	烟雾剂	smoke fog	FO *	有效成分遇热迅速产生成烟和雾(固态和液态粒子的烟雾混合体)的制剂
5.4 驱避制剂				
5.4.1	驱避剂	repellent	RE *	阻止害虫、害鸟、害兽侵袭人、畜、或植物的制剂
5.4.1.1	驱虫纸	repellent paper	RP *	对害虫有驱避作用,可直接使用的纸巾
5.4.1.2	驱虫环	repellent belt	RL *	对害虫有驱避作用,可直接使用的环状或带状制剂
5.4.1.3	驱虫片	repellent mat	RM *	与小风扇配套使用,对害虫有驱避作用的片状制剂
5.4.1.4	驱虫膏	repellent paste	RA *	对害虫有驱避作用,可直接使用的膏状制剂

章条号	剂型名称	剂型英文名称	代码	说　明
5.5 涂抹制剂				
5.5.1	驱蚊霜	repellent cream	RC*	直接用于涂抹皮肤，难流动的乳状制剂
5.5.2	驱蚊露	repellent lotion	RO*	直接用于涂抹皮肤，可流动的乳状制剂，黏度一般为 2000～4000 cP
5.5.3	驱蚊乳	repellent milk	RK*	直接用于涂抹皮肤，自由流动的乳状制剂
5.5.4	驱蚊液	repellent liquid	RQ*	直接用于涂抹皮肤，自由流动的清澈液体制剂
5.5.5	驱蚊花露水	repellent floral water	RW*	直接用于涂抹皮肤，自由流动的清澈、有香味的液体制剂
5.5.6	涂膜剂	lacquer	LA	用溶剂配制，直接涂抹使用并能成膜的制剂
5.5.7	涂抹剂	paint	PN*	直接用于涂抹物体的制剂
5.5.8	窗纱涂剂	paint for window screen	PW*	为驱杀害虫，涂抹窗纱的制剂，一般为 SL 等剂型
5.6 蚊帐处理制剂				
5.6.1	蚊帐处理剂	treatment of mosque-to net	TN*	含有驱杀害虫的有效成分的浸渍蚊帐的制剂
5.6.2	驱蚊帐	long-lasting insecti-cide treated mosque-to net	LTN	含有驱杀害虫有效成分的化纤制成的长效蚊帐
5.7 桶混制剂				
5.7.1	桶混剂	tank mixture	TM*	装在同一个外包装材料里的不同制剂，使用时现混现用
5.7.1.1	液固桶混剂	combi-pact solid/liq-uid	KK	由液体和固体制剂组成的桶混剂
5.7.1.2	液液桶混剂	combi-pact liquid/liquid	KL	由液体的液体制剂组成的桶混剂
5.7.1.3	固固桶混剂	combi-pact solid/solid	KP	由固体和固体制剂组成的桶混剂
5.8 特殊用途制剂				
5.8.1	药袋	bag	BA*	含有有效成分的套袋制剂
5.8.2	药膜	mulching film	MF*	用于覆盖保护地含有除草有效成分的地膜
5.8.3	发气剂	gas generating prod-uct	GE	以化学反应产生气体的制剂

＊为我国制定的农药剂型英文名称及代码。

F.5　石硫合剂重量倍数稀释表

原液浓度（符号）

每千克原液加水千克数

终浓度	15	16	17	18	19	20	21	22	23	24	25	26	27	28	29	30
0.1	74.50	79.50	84.50	89.50	94.50	99.50	104.50	109.50	114.50	119.50	124.50	129.50	134.50	139.50	144.50	149.50
0.2	37.00	39.50	42.00	44.50	47.00	49.50	52.00	54.50	57.00	59.50	62.00	64.50	67.00	69.50	72.00	74.50
0.3	24.50	26.15	27.80	29.50	31.15	32.80	34.50	36.15	37.80	39.50	41.15	42.80	44.50	41.15	47.80	49.50
0.4	18.25	19.50	20.75	22.00	23.25	24.50	25.75	27.00	28.25	29.50	30.75	32.00	33.25	34.50	35.75	37.00
0.5	14.50	15.50	16.50	17.50	18.50	19.50	20.50	21.50	22.50	23.50	24.50	25.50	26.50	27.50	28.50	29.50
1.0	7.00	7.50	8.00	8.50	9.00	9.50	10.00	10.50	11.00	11.50	12.00	12.50	13.00	13.50	14.00	14.50
2.0	3.25	3.50	3.75	4.00	4.25	4.50	4.75	5.00	5.25	5.50	5.75	6.00	6.25	6.50	6.75	7.00
3.0	2.00	2.17	2.33	2.50	2.67	2.83	3.00	3.17	3.33	3.50	3.67	3.83	4.00	4.17	4.33	4.50
4.0	1.38	1.50	1.63	1.75	1.88	2.00	2.13	2.25	2.38	2.50	2.63	2.75	2.88	3.00	3.13	3.25
5.0	1.00	1.10	1.20	1.30	1.40	1.50	1.60	1.70	1.80	1.90	2.00	2.10	2.20	2.30	2.40	2.50

F.6 石硫合剂容量稀释表

兑水量 使用浓度	原液浓度 10	13	15	17	20	22	25	26	27	28	29	30	31	32	33	34
0.1	106.00	142.00	166.00	191.00	231.00	258.00	300.00	315.00	330.00	345.00	361.00	377.00	393.00	409.00	426.00	442.00
0.2	53.00	70.00	82.00	95.00	114.00	128.00	150.00	157.00	165.00	172.00	179.00	188.00	196.00	204.00	212.00	221.00
0.3	34.70	46.50	56.00	63.10	76.00	86.00	101.00	104.00	110.00	114.00	120.00	126.00	131.00	137.00	142.00	147.00
0.4	25.80	34.60	40.70	47.00	57.00	64.00	75.50	78.00	82.00	86.0	89.0	93.00	97.00	101.00	106.00	110.00
0.5	20.40	27.40	32.50	37.30	45.10	51.00	59.00	62.00	65.00	68.00	71.00	74.00	77.00	81.00	84.00	87.00
0.6	16.80	22.70	26.80	30.90	57.50	42.00	49.10	52.00	54.00	57.00	59.00	62.00	64.00	67.00	70.00	73.00
0.7	14.20	19.30	22.70	23.30	31.90	35.80	42.00	44.00	46.10	48.40	50.00	53.00	55.00	57.00	60.00	62.00
0.8	12.40	16.70	20.00	22.90	27.80	31.20	36.50	38.40	40.20	42.10	44.10	46.00	48.00	50.00	52.00	54.00
0.9	10.80	14.70	17.40	20.20	24.60	27.60	32.20	33.90	35.60	37.20	38.90	40.70	42.50	44.20	46.10	48.60
1.0	9.70	13.20	15.80	18.10	22.00	24.70	29.00	30.40	31.90	33.30	34.80	36.50	38.10	39.70	41.40	43.70
1.5	6.10	8.50	10.10	11.70	14.40	16.20	18.90	19.90	20.90	21.90	23.00	24.00	25.10	26.20	27.30	28.40
2.0	4.32	6.10	7.60	8.50	10.50	11.80	13.90	14.70	15.40	16.20	16.90	17.70	18.50	19.30	20.20	21.00
2.5	3.23	4.62	5.60	6.60	8.10	9.20	10.90	11.50	12.10	12.70	13.30	13.90	14.50	15.20	15.80	16.50
3.0	2.51	3.63	4.46	5.30	6.60	7.50	8.90	9.30	9.80	10.30	10.80	11.30	11.90	12.40	12.90	13.50
3.5	1.96	2.98	3.66	4.37	5.50	6.20	7.40	7.80	8.30	8.70	9.10	9.50	9.90	10.50	10.90	11.40
4.0	1.62	2.47	3.07	3.63	4.65	5.30	6.40	6.70	7.10	7.40	7.80	8.20	8.60	9.00	9.40	9.80
4.5	1.31	2.07	2.60	3.14	3.99	4.58	5.50	5.80	6.10	6.50	6.80	7.10	7.50	7.80	8.20	8.60
5.0	1.03	1.76	2.24	2.72	3.49	4.03	4.84	5.10	5.42	5.70	6.00	6.30	6.60	7.00	7.30	7.60

F.7　常见农药原药的急性毒性及中毒救治方法

农药类型	农药名称	急性经口毒性 $LD_{50}/(mg/kg)$ *	急性经皮毒性 $LD_{50}/(mg/kg)$ *	中毒救治
杀虫剂	敌百虫	雌性 630,雄性 560	2000	阿托品或解磷定静脉注射,禁用吗啡、茶碱、吩噻嗪、利血平
	敌敌畏	雌性 56,雄性 80	107	
	久效磷	8—23	354	
	甲基对硫磷	9	67	
	毒死蜱	163	＞2000	
	辛硫磷	雌性 1976,雄性 2170	雄性 935,雌性 1000	
	三唑磷	雌性 57～59	＞2000	
	氧乐果	50	700	
	甲胺磷	雄性 18.9,雌性 21	—	
	丙溴磷	358	3300	
	马拉硫磷	雄性 1751.5,雌性 1634.5	4000～6150	
	乐果	320～380	700～1150(小鼠)	
	克百威	8～14	3400(兔)	阿托品肌肉注射,禁用解磷定、氯磷定、双复磷、吗啡
	丁硫克百威	209	＞2000	
	涕灭威	1.0	5	
	速灭威	498～580	6000	
	灭多威	雄性 83,雌性 88	＞5000(兔)	
	杀螟丹	325～345	＞1000(小鼠)	阿托品肌肉注射,禁用解磷定、氯磷定、双复磷、吗啡
	杀虫双	雌性 451	无	碱性液体彻底洗胃或冲洗皮肤,忌用胆碱酯酶复能剂
	杀虫单	68	＞10000	
	甲氰菊酯	107～164	600～870	无特殊解毒剂,若大量吞服应洗胃,不可催吐
	氯氰菊酯	251	1600	
	溴氰菊酯	138.7	＞2000(兔)	
	联苯菊酯	54.5	无	
	高效氟氯氰菊酯	580～651	＞5000	
	氰戊菊酯	451	＞5000	
	氟虫脲	＞3000	＞2000	如误服,不要催吐,请医生对症治疗,可以洗胃
	灭幼脲	＞20000	无	
	定虫隆	＞8500	1000	
	虫酰肼	＞5000	＞5000	
	抑食肼	435	＞5000	
	氟虫腈	97	＞2000	皮肤和眼睛用大量肥皂水和清水冲洗,如仍有刺激感立即去医院对症治疗;误服者立即送医院对症治疗

农药类型	农药名称	急性经口毒性 $LD_{50}/(mg/kg)$ *	急性经皮毒性 $LD_{50}/(mg/kg)$ *	中毒救治
	虫螨腈	626	＞2000	接触皮肤或眼睛,立即用肥皂和大量的清水冲洗,延医诊治;不慎吞服,勿催吐,应立即请医生治疗
	茚虫威	1732	＞5000	药剂不慎接触皮肤或眼睛,应用大量清冲洗干净;不慎误服,应立即送医院对症治疗
	吡虫啉	1260	＞1000	
	啶虫脒	雄性217,雌性146	＞2000	对症治疗,洗胃,保持安静
	噻嗪酮	雄性2198,雌性2355	＞5000	无专门的解毒药。一旦发生事故,立即催吐,并送医院对症治疗
	灭蝇胺	3378	＞3100	经口中毒者应立即催吐,用小苏打水或清水洗胃;经皮中毒者在清洗皮肤后,可用炉甘石洗剂或2％～3％硼酸水湿敷;眼睛沾染农药用大量清水或生理盐水多次冲洗,口服扑尔敏、苯海拉明等
	阿维菌素	10	＞2000(兔)	经口中毒者应立即引吐,并给患者服用吐根糖浆或麻黄素,但勿给昏迷患者催吐或灌任何东西。抢救时避免给患者使用增强 γ-氨基丁酸活性的药物如巴比妥、丙戊酸等
	多杀菌素	雄性＞5000,雌性3783		
杀菌剂	波尔多液	794～1470	＞5000	经口中毒者应立即催吐、洗胃。解毒剂为依地酸二钠钙,并配合对症治疗
	氢氧化铜	＞1000	—	
	氧化亚铜	1400	＞4000	
	福美双	378～865	—	迅速催吐、洗胃、导泻
	代森锰锌	10000	—	误服立即催吐、洗胃、导泻;对症治疗

农药类型	农药名称	急性经口毒性 $LD_{50}/(mg/kg)$ *	急性经皮毒性 $LD_{50}/(mg/kg)$ *	中毒救治
	异稻瘟净	600	4000	用阿托品 1～5 mg 做皮下或静脉注射;用解磷定 0.4～1.2 g 静脉注射;禁用吗啡、茶碱、吩噻、利血平;误服者应立即引吐、洗胃、导泻(清醒时才能引吐)
	三乙磷铝	5800	无刺激	
	甲基立枯磷	5000	无刺激	
	五氯硝基苯	1700	＞4000	对症治疗,误食者立即催吐、洗胃
	百菌清	＞10000	＞10000(兔)	
	多菌灵	＞15000	＞15000	对症治疗,不能引吐
	甲基硫菌灵	6640～7500	＞10000	对症治疗,误食者立即催吐、洗胃
	恶霉灵	雄性 4678,雌性 3909	＞10000	
	甲霜灵	669	＞3100	无特效解毒剂,可服活性炭催吐
	腐霉利	雄性 6800,雌性 7700	＞2500	对症治疗,误食者立即催吐、洗胃
	菌核净	1250	＞5000	
	乙烯菌核利	＞10000	＞2500	
	异菌脲	3500	＞1000	
	萎锈灵	3820	＞8000(兔)	
	叶枯唑	3160～8250	—	
	烯酰吗啉	＞3900	＞2000	一旦误服不能催吐,对症治疗
	氟吗啉	雄性＞2700,雌性＞3160	2150	
	三唑酮	1000～1500	＞1000	无解毒药,误食者立即催吐、洗胃
	三唑醇	700	＞5000	
	烯唑醇	639	＞5000	
	丙环唑	1517	＞4000	接触立即清水冲洗
	三环唑	237	＞2000	
	咪鲜胺	1600	＞5000	误食者立即催吐、洗胃
	乙霉威	＞5000	＞5000	误服时可用阿托品
	氯苯嘧啶醇	2500	＞2000(兔)	对症治疗,误食立即催吐、洗胃
	嘧菌酯	＞5000	＞2000	若皮肤接触,应立即用大量清水冲洗,再用肥皂清洗,最后用水冲洗;若眼睛溅药,应立即将眼睑翻开,用清水冲洗,尽快送医
	井冈霉素	＞2000(小鼠)	无刺激	
	春雷霉素	＞8000	＞4000	

农药类型	农药名称	急性经口毒性 $LD_{50}/(\mathrm{mg/kg})$ *	急性经皮毒性 $LD_{50}/(\mathrm{mg/kg})$ *	中毒救治
除草剂	2,4-滴丁酯	620	—	对症治疗
	2 甲 4 氯钠	612～962	—	
	精恶唑禾草灵	2090～3040	—	无特效解毒剂,对症治疗。不能催吐
	乳氟禾草灵	＞5000	—	
	乙氧氟草醚	＞5000	＞5000	若药剂溅入眼中或皮肤上,立即用清水冲洗,并送往医院,若误服,灌水,不可催吐,应送到医院对症治疗
	三氟羧草醚	1540	中度刺激	若误服,应让患者呕吐。对症治疗
	双草醚	3524	—	
	二甲戊乐灵	1250	无刺激	无特效解毒药,若大量摄入清醒时可引吐。对症治疗
	氟乐灵	＞1000	—	尚无特效解毒剂。若摄入量大,病人十分清醒,可用吐根糖浆诱吐,还可在服用的活性炭泥中加入山梨醇
	甲草胺	930	—	无解毒剂。如误食应催吐并用等渗透度的盐溶液或 5% 碳酸氢钠溶液洗胃
	异丙甲草胺	2780	＞3170	
	乙草胺	2148	轻度刺激	
	丙草胺	8537	中度刺激	
	丁草胺	＞2000	—	
	敌稗	1400～2270	—	
	异丙甲草胺	2088～3433	—	
	苯噻酰草胺	＞5000	—	
	禾草丹	＞1000(小鼠)	—	误服可采取吐根糖浆催吐,避免饮酒,对症治疗
	异丙隆	＞3900	—	尚无特效解毒剂。若摄入量大,病人十分清醒,可用吐根糖浆诱吐,还可在服用的活性炭泥中加入山梨醇。对症治疗
	扑草净	2100	—	
	西玛津	＞5000	—	无解毒剂。误食后后催吐,吐后服用活性炭及山梨醇导泻
	莠去津	1780	—	

农药类型	农药名称	急性经口毒性 LD_{50}/(mg/kg) *	急性经皮毒性 LD_{50}/(mg/kg) *	中毒救治
	环嗪酮	>1690	严重刺激	溅入眼中和皮肤上,立即用大量水冲洗15 min以上,如误服应立即催吐。呕吐停止后服用活性炭,如果还没有腹泻,可在炭泥中加入山梨醇。失水和电解质严重紊乱时,需要补充口服液或静脉液。对症治疗,无解毒剂
	溴苯腈	190	—	若不慎溅入眼内或皮肤上,立即用大量清水冲洗。如有误服,不要引吐,如果患者处于昏迷状态,应将其置于通风处,并立即求医治疗。该药无特殊解毒药,应对症治疗
	嗪草酮	500～700	—	
	氯磺隆	5545～6293	—	
	苯磺隆	>5000	轻度刺激	误服时要催吐,无解毒剂,对症治疗
	吡嘧磺隆	>5000	—	
	苄嘧磺隆	>5000	—	
	砜嘧磺隆	>7500	—	
	噻吩磺隆	>5000	—	
	烟嘧磺隆	>5000	—	
	胺苯磺隆	11000	—	
	莎稗磷	472～830	—	误服时,解毒剂为阿托品
	草甘膦	4300	—	有呼吸道感染特征可对症治疗。溅入皮肤和眼睛要用大量清水冲洗。对症治疗
	百草枯	112～150	—	催吐,活性炭调水让病人喝下,无特效解毒剂
	二氯喹啉酸	2190～3060	—	对症治疗,误食立即催吐、洗胃

农药类型	农药名称	急性经口毒性 $LD_{50}/(mg/kg)$ *	急性经皮毒性 $LD_{50}/(mg/kg)$ *	中毒救治
	草除灵	＞4000	—	目前尚无解毒药,可采取吐根糖浆催吐,12岁以上为30 ml,以下减半。呕吐后服活性炭,还可在炭泥中加山梨醇导泻,若病人不清醒,可插管保护呼吸道
	恶草酮	＞8000	—	目前尚无解毒药,可采用吐根糖浆诱吐,呕吐停止后服用活性炭,如果还没腹泻,可在炭泥中加入山梨醇。病人昏迷,则要注意保护呼吸道。若出现严重失水和电解质衰竭,则要静脉注射葡萄糖液,输入生理盐水、林格氏溶液或乳酸盐
	异恶草松	1369～2077	—	如误食,不要催吐,应使病人静卧勿动,请医生对症治疗
	烯草酮	1360～1630	轻微刺激	有呼吸道感染特征可对症治疗。溅入皮肤和眼睛要用大量清水冲洗。对症治疗
	甲氧咪草烟	＞5000	—	
	唑草酯	5134	—	
	唑嘧磺草胺	＞5000	—	
	烯禾啶	3200～3500	—	
	氰氟草酯	＞5000	—	
其他	蔗糖	30000	—	
	氯化钠	3750	—	
	小苏打	3000	—	
	阿司匹林	1700	—	
	咖啡因	200	—	
	尼古丁	50	—	
	河豚毒素	0.01	—	

*：如未特殊说明,均为大白鼠数据。

F.8　中国农药毒性分级标准

毒性分级	级别符号语	经口 LD_{50}/(mg/kg)	经皮 LD_{50}/(mg/kg)	吸入 LC_{50}/(mg/m³)
Ia 级	剧毒	≤5	≤20	≤20
Ib 级	高毒	5～50	20～200	20～200
II 级	中等毒	50～500	200～2000	200～2000
III 级	低毒	500～5000	2000～5000	2000～5000
IV 级	微毒	>5000	>5000	>5000

F.9　世界卫生组织(WHO)农药毒性分级标准

毒性分级	级别符号语	经口半数致死量/(mg/kg)		经皮半数致死量/(mg/kg)	
		固体	液体	固体	液体
Ia 级	剧毒	≤5	≤20	≤10	≤40
Ib 级	高毒	>5～50	>20～200	>10～100	>40～400
II 级	中等毒	>50～500	>200～2000	>100—1000	>400～4000
III 级	低毒	>500	>2000	>1000	>4000

F.10　美国农药毒性分级标准

毒性分级	级别符号语	经口 LD_{50}/(mg/kg)	经皮 LD_{50}/(mg/kg)	吸入 LC_{50}/(mg/L)	眼睛刺激	皮肤刺激
I 级	高毒、剧毒	≤50	≤200	≤0.2	腐蚀性、不可恢复的角膜混浊	腐蚀性
II 级	中等毒	50～500	200～2000	0.2～2.0	在 7 d 内可恢复的角膜混浊、持续 7 d 的刺激	72 h 重度刺激
III 级	低毒	500～5000	2000～20000	>2.0～20	没有角膜混浊、7 d 内可恢复的刺激	72 h 中等度刺激
IV 级	微毒	≥5000	≥20000	≥20	无刺激	72 h 轻度或中度刺激

F.11　欧盟农药毒性分级标准

级别符号语	急性经口 LD_{50}/(mg/kg)		急性经皮 LD_{50}/(mg/kg)		急性吸入 LC_{50}/(mg/L)
	固体	液体[1]	固体	液体[1]	气体及液化气体[2]
剧毒	≤5	≤25	≤10	≤50	≤0.5
有毒	>5～50	>25～200	>10～100	>50～400	>0.5～2
有害	>50～500	>200～2000	>100～1000	>400～4000	>2～20

注：(1) 本表的液体栏中包括固体的饵剂或片状农药。
　　(2) 气体及液化气体栏中包括微粒直径不超过 50 μm 的粉剂农药。

参 考 文 献

(1) Basu S. D. ,李照荣. 几种内吸杀线虫剂对茶实生苗根结线虫病的防治. 1990,4：42-43.

(2) Bradford MM (1976). A rapid and sensitive method for quantification of microgram quanti-ties of protein-dye binding. *Anal Biochem*，72：248-250.

(3) Chao-Wei Bi，Jian-Bo Qiu，Ming-Guo Zhou，etc. Effects of carbendazim on conidialgermi-nation and mitosis ingermlings of *Fusariumgraminearum* and *Botrytis cinerea*. Interna-tional Journal of Pest Management，2009，55：157-163.

(4) J. G. 荷斯法尔. 杀菌剂作用原理. 北京：科学出版社,1962.

(5) Joel E. Ream，Hans C. Steinrücken,1 Clark A. Porter，and James A. Sikorski. (1988) Purification and Properties of 5-Enolpyruvylshikimate-3-Phosphate Synthase from Dark-Grown Seedlings of *Sorghum bicolor*. *Plant Physiol*,87(1)：232-238.

(6) Li J M，Johnson W G，Smeda R J. Interactions betweenglyphosate and imazethapyr on four annual weeds[J]. Crop Protection，2002,21：1087-1092.

(7) Singh B K，Stidham M A，Shaner D L. Assay of acetohydroxyacid synthase[J]. Analytical Biochemistry,1988,171(1)：173-179.

(8) White A D，Graham M A，Owen M D K. Isolation of acetolactate synthasehomologs in common sunflower[J]. Weed Science，2003，51 (6)：845-853.

(9) 万树青. 杀线虫剂生物活性测定. 农药,1994,5：42-43.

(10) 万树青. 杀线虫剂活性测定中线虫死活鉴别的染色方法. 植物保护,1993,3：37.

(11) 于永成,刁青云,李海平. 几种常用杀虫剂对瓜蚜的毒力和对乙酰胆碱酯酶的抑制作用. 植物保护, 2011, 37(1)：86-89.

(12) 中华人民共和国农业部,《农药室内生物测定实验准则,杀菌剂活,第二部分：抑制病原真菌菌丝生长实验 平皿法》中华人民共和国农业行业标准,NY1156.2-2008,2008.

(13) 中华人民共和国行业标准. 农药对作物安全性评价准则第一部分：杀菌剂和杀虫剂对作物安全性评价室内实验方法(NY/T1965.1-2010).

(14) 中华人民共和国行业标准. 农药田间药效实验准则(一)杀菌剂防治禾谷类白粉病(GB/T 17980.22-2000)

(15) 中华人民共和国国家标准.食品中有机磷农药残留量的测定方法.GB/T5009.20-1996.

(16) 中华人民共和国国家标准.食品中有机磷和氨基甲酸酯类农药多种残留的测定.GB/T 17331-1998.

(17) 中国农业百科全书编辑部.中国农业百科全书(农药卷).北京：中国农业出版社,1993.

(18) 亢晓冬,孙霞,沈礼等. 氯虫苯甲酰胺的高效液相色谱分析方法研究. 浙江化工,2010,41 (4)：31-32.

(19) 王怀松,张志斌,蒋淑芝等. 土壤热水处理对根结线虫的防治效果. 中国蔬菜,2007(2)：28-30.

（20）王彦华，俞瑞鲜，赵雪平等．新烟碱类和大环内酯类杀虫剂对四种赤眼蜂成蜂急性毒性和安全性评价．昆虫学报，2012，55（1）：36-45.

（21）王彦华，陈丽萍，赵学平．新烟碱类和阿维菌素类药剂对蚯蚓的急性毒性效应．农业环境科学学报，2010，29（12）：2299-2304.

（22）史树德．植物生理学实验指导．北京：中国林业出版社，2011.

（23）叶恭银，楼兵干，朱金文等．植物保护学．杭州：浙江大学出版社，2006.

（24）帅霞，王进军，任艺等．桃蚜的抗性选育及其两种解毒酶活性研究．西南农业学报，2005，18（3）：462-465.

（25）田间药效实验准则（一），除草剂防治水稻田杂草（GB/T17980.40-2000）.

（26）田俊波．波尔多液的配制方法．化工之友，1997，3，41.

（27）全国农药标准化技术委员会．化学工业标准汇编．北京：中国标准出版社，2000.

（28）全国农药残留实验研究协作组．农药残留量实用检测方法手册（第二卷）．北京：化学工业出版社，2001，5.

（29）农业部农药检定所．农药残留量实用检测方法手册（第一卷）．北京：中国农业科技出版社，1995，3.

（30）农业部农药检定所生测室．农药田间药效实验准则．北京：中国标准出版社，2000.

（31）农药室内生物测定实验准则．除草剂．第七部分．混配的联合作用测定．2006.

（32）刘永杰，沈晋良，贾变桃等．甜菜夜蛾不同世代对氯氟氰菊酯抗性减退及多功能氧化酶系活性变化．昆虫学报，2007，50（4）：349-354.

（33）刘步林．农药剂型加工技术（第二版）．北京：化学工业出版社，1998.

（34）刘贺祥，张连翔，张建林．波尔多液的配制方法及使用．防护林科技，2013，1，96-97.

（35）向文胜，赵长山，陶波，等．耐草甘膦菜豆耐性机理的初步研究．农药学学报，1999，1（3）：33-38.

（36）向文胜，陶波，王相晶等．菜豆幼苗 EPSP 合成酶的分离纯化和它的部分性质．植物生理学报，2000，26（5）：422-426.

（37）吕敏，孙姬姬，王丽红等．植物次生物质对棉蚜谷胱甘肽 S-转移酶和羧酸酯酶活性的诱导作用．中国农学通报，2012，28（3）：253-256.

（38）孙家隆，慕卫．农药学实验技术与指导．北京：化学工业出版社，2009.

（39）孙超，苏建亚，沈晋良等．杀虫剂对二化螟卵寄生性天敌稻螟赤眼蜂室内安全性评价．中国水稻科学，2008，22（1）：93-98.

（40）毕朝位，仇剑波，周明国，等．禾谷镰孢菌 *Fusariumgraminearum* Schwabe 分生孢子萌发过程中的核相变化及有丝分裂过程观察．菌物学报，2008，27（6）：901-907.

（41）吴文君．农药学原理．北京：中国农业出版社，2000.

（42）吴文君．昆虫拒食剂的生物测定方法．昆虫知识，1988（6）：365-367.

（43）吴学民，徐研．农药制剂加工实验．北京：化学工业出版社，2008.

（44）宋航．制药工程专业实验．北京：化学工业出版社，2006.

（45）张文吉．农药加工与使用技术．北京：北京农业大学出版社，1998.

（46）张玉聚，陈国参．除草剂混用原理与应用技术．北京：中国农业出版社．1999.

(47) 张立军，刘新. 植物生理学. 北京：科学出版社，2011.

(48) 张兴，曹高俊，吴文君，等. 手动喷雾器低量喷雾质量指标初步测定. 西北农学院学报，1984，(2)：95-97-101.

(49) 张泽博等. 杀虫剂与杀菌剂的生物测定. 北京，工业出版社，1962.

(50) 张绍松，李成云，丁玉梅等. 番茄根结线虫分离和苗期接种方法研究. 西南农业学报，2008，21(3)：660-661.

(51) 张金林，李川，有杰等. 杀虫剂渗透昆虫体壁的定量分析方法. 植物保护学报，1999，26(2)：191-193.

(52) 张素华. 杀菌剂生物测定方法的研究. 南开大学学报(自然科学版)，2000，33(4)：37-40.

(53) 张琳. 油菜素内酯的生理效应及发展前景. 北方园艺，2011，20：188-191.

(54) 张骞，姜辉，肖斌.29 种农药对家蚕的急性毒性评价，蚕业科学，2011，37(2)：0343-0346.

(55) 张蜀秋. 植物生理学实验技术教程. 北京：科学出版社，2011.

(56) 李天来，赵聚勇，崔娜等. 苗期喷施表油菜素内酯对番茄叶中蔗糖代谢的影响. 植物生理学通讯，2008，3：417-420.

(57) 李开煌，许雄，李砚芬，等. 二十九种农药对稻螟赤眼蜂不同发育阶段的毒力测定. 昆虫天敌，1986，(3)：150-194.

(58) 李世东，李民社，缪作清等. 生物熏蒸用于治理蔬菜根结线虫病的研究. 植物保护，2007，33(4)：68-71.

(59) 李秋英. 石硫合剂的配制和使用，农村科技，2010，7，53.

(60) 沈晋良. 农药加工与管理. 北京：中国农业出版社，2002.

(61) 邵维忠. 农药助剂，农药剂型加工丛书(第三版). 北京：化学工业出版社，2003.

(62) 陈凤凤，顾文秀，郑秋容，等. "拉环法测定液体表面张力"实验讨论. 广东化工，2011，38(6)：208-209.

(63) 陈年春. 农药生物测定技术. 北京：北京农业大学出版社，1991.

(64) 周本新. 农药新剂型. 北京：化学工业出版社，1994.

(65) 周玉书，朴春树，仇贵生等.0.003％芸苔素内酯水剂在葡萄上的应用. 农药，2005，4：179-180.

(66) 罗术东，安建东，李继莲等. 化学农药对蜜蜂的急性毒性测定方法与危害评价. 湖南农业大学学报. 2009，35(3)：320-324.

(67) 郑央萍，杨亦桦，吴益东. 棉铃虫抗辛硫磷品系的代谢抗性机理. 农药学学报，2008，10(4)：410-416.

(68) 夏晓明，王开运，范昆等. 抗戊唑醇禾谷丝核菌的渗透压敏感性及相对渗率变化研究. 农药学学报，2005，7(2)：126-130.

(69) 徐汉虹. 植物化学保护(第四版). 北京：中国农业出版社，2007.

(70) 徐瑞富，蒋学杰，张玉泉. 多菌灵对土壤微生物呼吸作用的影响，河南农业科学，2005，(8)：66-68.

(71) 袁源，李晓刚，熊兴明等. 农药残留检测技术研究进展，广东化工，2011(11)：179-180.

(72) 郭武棣. 液体制剂，农药剂型加工丛书(第三版)，北京：化学工业出版社，2004.

(73) 顾晓军，张志勇，田素芬. 农药风险评估原理与方法. 北京：中国农业科学技术出版社，2008.

(74) 屠豫钦，李秉礼. 农药应用工艺学导论. 北京：化学工业出版社，2006.

(75) 崔海兰. 播娘蒿（*Descurainia sophia*）对苯磺隆的抗药性研究. 北京：中国农业科学院，2009.

(76) 康长安，何娟，杨柳等. 色谱、光谱及联用技术在多农药残留检测中的应用，环境监测管理与技术，2007，19(4)：9-14.

(77) 黄国洋. 农药实验技术与评价方法. 北京：中国农业出版社，2000.

(78) 黄新发，王强，赵学平等. 三种 ALS 抑制剂对四类植物 ALS 的抑制差异. 植物保护学报，2003，30(4)：413-417.

(79) 黄彰欣. 植物化学保护实验指导. 北京：中国农业大学出版社，1993.

(80) 黄彰欣. 植物化学保护实验指导. 北京：中国农业出版社，2009.

(81) 龚坤元，1999. 杀虫剂与昆虫毒理进展. 北京：科学出版社，1964.

(82) 傅若农. 色谱分析概论(第二版). 北京：化学工业出版社，2005，2.

(83) 蒋高明. LI-6400 光合作用测定系统：原理、性能、基本操作与常见故障的排除. 植物学通报刊，1996，13(增刊)：72-76.

(84) 谢慧，朱鲁生，王军等. 涕灭威及其有毒代谢产物对土壤微生物呼吸作用的影响. 农业环境科学学报，2005，24(1)：191-195.

(85) 韩熹莱. 中国农业百科全书农药卷. 北京：农业出版社，1993.

(86) 韩熹莱. 农药概论. 北京：北京农业大学出版社，1995.

(87) 慕立义. 植物化学保护研究方法. 北京：中国农业出版社，1991.

(88) 漆世海. 固体制剂，农药剂型加工丛书(第三版). 北京：化学工业出版社，2003.

(89) 谭福杰，沈晋良，谭建国等. 植物化学保护实验指导书. 北京：南京农业大学.

(90) 樊广华等. LI-6400 光合测定系统使用中故障分析与排除方法. 现代仪器，2001，06：47-48.

(91) 稽保中. 林木化学保护学. 北京：中国林业出版社. 2011.

(92) 颜冬云，蒋新，余贵芬等. 有机磷农药对乙酰胆碱酯酶活性的联合抑制作用. 农药，2006，45(1)：31-34.

(93) 戴修纯，徐汉虹，王佛娇. 我国农药残留检测现状与发展方向，广东农业科学，2006(5)：117-119.

(94) 魏洪义，庞雄飞，王国汉. 几种杀虫剂对斯氏线虫的毒力. 昆虫天敌，1991，13(2)：92-95.